黄河南展宽工程兴建与废弃利用研究

程义吉　宋相河　姜清涛　窦圣强　著

黄河水利出版社

·郑州·

内 容 提 要

本书介绍了黄河南展宽工程建设概况和运行管理方面存在的问题;分析了黄河下游水文、气象、河道、冰塞、冰坝新的特点;对南展宽工程河段防凌能力及小浪底水库运用后的水文水力情况进行了计算分析,提出了南展宽工程不做防凌运用的必要性;对废弃后的南展区进行了综合规划。

本书可供从事防洪防凌、工程管理、水利工程规划的工作者阅读参考。

图书在版编目(CIP)数据

黄河南展宽工程兴建与废弃利用研究/程义吉等著.
郑州:黄河水利出版社,2010.12
ISBN 978 - 7 - 80734 - 952 - 5

Ⅰ.①黄… Ⅱ.①程… Ⅲ.①黄河 - 河道整治 - 研究
②黄河 - 水利工程 - 研究 Ⅳ.①TV882.1

中国版本图书馆 CIP 数据核字(2010)第 248920 号

组稿编辑:王路平 电话:0371 - 66022212 E-mail:hhslwlp@ 126. com

出 版 社:黄河水利出版社
　　　　　地址:河南省郑州市顺河路黄委会综合楼 14 层　　邮政编码:450003
发行单位:黄河水利出版社
　　　　　发行部电话:0371 - 66026940、66020550、66028024、66022620(传真)
　　　　　E-mail:hhslcbs@ 126. com
承印单位:河南地质彩色印刷厂
开本:787 mm × 1 092 mm　1/16
印张:13.25
字数:310 千字　　　　　　　　　　　　　印数:1—1 000
版次:2010 年 12 月第 1 版　　　　　　　印次:2010 年 12 月第 1 次印刷
定价:40.00 元

前 言

　　黄河下游凌汛期，历史上决口频繁，危害严重。自 1855 年黄河改道山东入海至 1938 年计 83 年间，即有 24 年凌汛决口，共决溢 74 次（处）。东营市麻湾至利津县王庄险工河段长约 30 km，两岸堤距平均宽约 1 km，其中最窄的小李险工处仅 441 m；河道曲折多弯，麻湾、王庄险工坐弯几乎成 90°。这段窄弯河道是黄河下游凌汛期极易结冰卡凌，形成冰塞、冰坝，壅高水位，严重威胁堤防安全的河段。历史上凌汛期曾多次发生冰塞、冰坝。1951 年和 1955 年凌汛，黄河大堤曾在利津王庄和五庄决口。为解决该河段防凌问题，保障沿黄人民生命财产安全以及胜利油田开发和工农业生产发展，结合防洪、放淤和灌溉，1971 年国家计委和水电部批准兴建南展宽工程，主体工程建设于 1978 年完成。工程建成后，由于黄河下游一直没有出现严重凌汛，故南展宽工程从未分凌运用过。在此期间，黄河下游防洪防凌形势、河道径流及边界条件、展宽工程区域的社会经济环境等都发生了很大变化，特别是小浪底水库运用后对下游防凌产生了重大影响，可基本解除黄河下游凌汛威胁。因此，2008 年 7 月，国务院在批复的《黄河流域防洪规划》（国函〔2008〕63 号）中，做出"大功、南展宽区、北展宽区 3 个蓄滞洪区防洪防凌运用几率稀少，予以取消"的规定。

　　为贯彻落实以人为本、全面协调可持续的科学发展观，贯彻落实党的十七大提出的"统筹城乡发展，推进社会主义新农村建设"的精神，彻底改变黄河南展区的贫困落后面貌，本书对不作为滞洪区运用后，黄河南展宽区的经济社会发展进行了全面规划。

　　全书共分三编十八章，主要内容如下：第一编（第一章至第二章），介绍了黄河南展宽区兴建的缘由、工程规划设计、工程建设、群众安置、工程建设遗留问题和工程运行管理。第二编（第三章至第十章），分析了黄河下游水文、气象、河道、冰塞、冰坝新的特点；对南展宽工程河段防凌能力及小浪底水库运用后的水文水力进行了计算，提出了南展宽工程不做防凌运用的必要性。第三编（第十一章至第十八章），介绍了规划编制背景与展区经济社会发展现状，以及规划的战略定位、指导思想和原则；确定了展区发展目标、主要任务与空间布局；对展区进行了分项规划，提出了展区发展项目和进度计划及实施保障措施，对建设投资进行了估算。

　　本书编写人员有：黄河河口研究院程义吉，黄河河口管理局姜清涛，垦利黄河河务局宋相河、窦圣强，全书由程义吉统稿。黄委会山东水文水资源局王静高级工程师对第二编给予了指导，特此致谢！

　　由于作者水平所限，书中难免出现疏漏，敬请读者批评指正！

作 者

2010 年 10 月

目　录

第三编 黄河南展宽工程的利用规划

第一编　黄河南展宽工程的兴建与管理运行

第一章　工程建设

第一节　兴建的缘由

黄河下游凌汛灾害,是因为河道冰坝、冰塞形成过程中壅高水位超过了堤防的防御能力造成的。由历史资料统计,黄河下游凌汛期形成的冰坝多出现在弯曲性河段,其中尤以艾山以下的窄河段为甚。

东营市麻湾至利津县王庄险工河段长约 30 km,两岸堤距平均宽约 1 km,其中最窄处仅 441 m。该段窄河道是黄河下游凌汛期极易结冰卡凌,形成冰塞、冰坝,壅高水位,严重威胁堤防安全的河段。历史上凌汛期,上述河段内曾多次发生冰塞、冰坝。1951 年及 1955 年凌汛,黄河大堤曾在利津王庄和五庄决口。1960 年三门峡水库建成投入运用后,利用水库调节河道流量,对防凌起了很大作用。但由于防凌库容有限,水库距下游窄河道较远,凌汛开河预报困难,三门峡水库的防凌调度难以掌握,因此黄河下游还不断出现严重的凌汛。1969 年出现了三封三开的严重凌汛,虽然三门峡水库防凌水位达 327.72 m,下游防凌形势仍十分紧张。1970 年凌汛,济南市老徐庄至齐河县南坦形成冰坝,插冰长达 15 km,济南北店子水位陡涨 4.21 m;超过 1958 年汛期洪水位(泺口洪峰 11 900 m³/s)0.19 m,严重威胁济南市的安全。为解决黄河下游弯曲性河道窄河段防凌问题,1971 年 4 月与同年 9 月水电部批准分别兴建北展宽工程和南展宽工程。

第二节　工程规划设计

一、南展宽工程概况

黄河下游南展宽工程,位于利津县宫家至王庄窄河段南岸,展宽区总面积 123.33 km²,区内滞洪设计水位按章丘屋子处保证水位 13.0 m 修建展宽堤,相应库容为 3.27 亿 m³。黄河南展区位置示意见图 1-1。

南展宽区工程主要包括展宽大堤、分泄洪闸、群众避水村台和排灌涵闸四个部分。

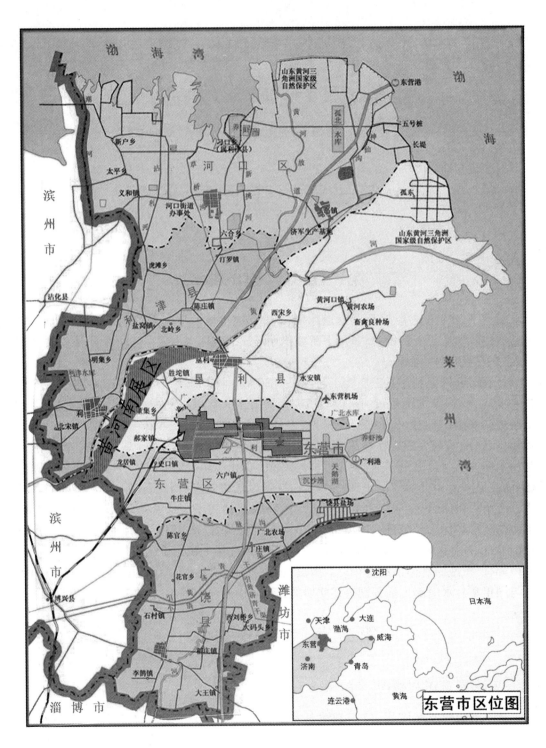

图 1-1　黄河南展区位置示意图

南展宽堤自博兴县老于家皇坝接临黄堤(桩号 189＋121)起至垦利县西冯与临黄堤(桩号 235＋230)相接止,总长 38.651 km。大堤顶高程设计标准按 1962 年设计水平,防艾山 13 000 m³/s 流量相应水位超高 2.1 m,堤顶起点高程 19.39 m,终点高程 14.81 m,堤顶宽 7 m,临背边坡 1∶3,按 1∶8 浸润线出逸点高于 1 m 的标准加修后戗。

为控制蓄滞凌洪,在展宽区上部临黄堤上分别建有麻湾分凌分洪闸和曹店分洪放淤闸;在展宽区下端临黄堤上兴建有章丘屋子泄洪闸。麻湾分凌分洪闸的主要任务是分泄凌洪,设计分凌流量 1 640 m³/s;曹店分洪放淤闸(现已报废堵复)的主要任务是分凌和放淤造滩,设计分凌流量 1 090 m³/s、放淤流量为 800 m³/s;章丘屋子泄洪闸的任务是当展宽工程防凌运用时,将蓄水排回黄河,设计泄水流量 1 530 m³/s。

展宽工程兴建时涉及博兴和垦利 2 县的 6 个公社 80 个村庄的 5.02 万人,见表 1-1。为了保障区内群众在展宽工程运用时的安全,展宽区群众分别安排在展宽区外和展宽区内靠临黄堤筑台定居,修筑村台人口按 1973 年统计数另增加 15% 考虑,每人台顶面积 45 m²,村台高度按展区内设计水位超高 0.6 m,展区外村台高于附近地面 1~1.5 m,边坡 1∶2。

表 1-1　南展宽工程原社会经济情况

县别	总面积 (km²)	耕地 (hm²)	公社 (个)	村庄 (个)	户数 (户)	人口 (人)	房屋 (间)	备注
博兴县		1 600.0	2	19	2 737	11 361	15 439	工程原设计时数据
垦利县		5 226.7	4	61	9 418	38 799	43 278	
合计	123.33	6 826.7	6	80	12 155	50 160	58 717	

为了解决展宽区内外引黄灌溉、排水及因修筑大堤和村台所挖大片土地还耕等问题,在临黄堤上分别建有麻湾、曹店、胜利、路庄、纪冯等 5 座引黄灌溉闸,在展宽堤上分别建有大孙灌溉闸、清户灌排闸、胜干灌排闸、胜干灌溉闸、宁海排灌闸和大孙、胜干、王营(新)、王营(旧)、路干等 5 座排水闸,见表 1-2。

表 1-2　南展宽工程分洪分凌及排灌闸

涵闸名称	堤防 类别	所在 桩号	岸别	设计流量(m³/s)					修(改) 建年份
				分洪	分凌	泄洪	灌溉	排水	
麻湾分凌分洪闸	临黄堤	191＋270	右岸	2 350	1 640				1974
章丘屋子泄洪闸	临黄堤	232＋647	右岸			1 530			1977
麻湾灌溉闸	临黄堤	193＋357	右岸				60		1990
曹店灌溉闸	临黄堤	200＋770	右岸				30		1985
胜利灌溉闸	临黄堤	210＋385	右岸				40		1988
路庄灌溉闸	临黄堤	216＋181	右岸				30		1996
纪冯灌溉闸	临黄堤	224＋450	右岸				4		1983
大孙灌溉闸	南展堤	4＋434	右岸				60		1990

续表 1-2

涵闸名称	堤防类别	所在桩号	岸别	设计流量(m³/s)					修(改)建年份
				分洪	分凌	泄洪	灌溉	排水	
大孙排水闸	南展堤	5+150	右岸					10	1973
清户灌排闸	南展堤	11+635	右岸					12	1984
胜干排水闸	南展堤	21+307	右岸					21	1974
胜干灌溉闸	南展堤	21+397	右岸				35		1990
胜干灌排闸	南展堤	21+500	右岸				15	12/30	1971
王营排水新闸	南展堤	26+508	右岸					20	1976
王营排水老闸	南展堤	26+540	右岸					10/20	1972
路干排水闸	南展堤	36+950	右岸					25	1971
宁海排灌闸	南展堤	30+800	右岸				20	5	2002

注:排水流量"/"左为排涝流量,"/"右为排积水流量。

经过多次区划调整,现南展宽工程涉及东营市的东营、垦利和滨州市的博兴 3 个区县,展宽区移民 5.11 万人,见表 1-3。

表 1-3　南展宽工程社会经济基本情况(2001 年)

县区乡镇	面积(km²)	耕地(hm²)	移民村(个)	移民人口(万人)	移民房屋(万间)	人均纯收入(元)	人均占有粮食(kg)
东营区		1 600	19	1.26	2.35	1 000	580
龙居镇		1 600	19	1.26	2.35	1 000	580
垦利县		5 193.3	54	3.85	4.04	950	762
垦利镇		73.3	1	0.03	0.03	950	1 394
胜坨镇		3 900	37	3.07	3.22	950	744
董集乡		1 220	16	0.75	0.79	950	811
博兴县		—	—	—	—	—	—
乔庄乡		—	—	—	—	—	—
合计	123.33	6 793.3	73	5.11	6.39	960	717

注:表中博兴县只有 3 750 m 的大堤,无滩区。

另外,在展宽区下端于 1996 年建有东张水库,水库占地面积 6.0 km²,设计库容 3 675 万 m³。

二、南展宽工程原设计运用方案及主要技术指标

(一)原设计运用方案

当凌汛水位达到或超过该河段设防水位时,即利用麻湾分凌分洪闸和曹店分洪放淤

闸分凌滞洪,利用章丘屋子泄洪闸退水入黄河。

(二)主要技术指标

1.分凌调洪计算

采用简化近似方法。展宽区、河段相当于一个两级水库,第一级水库在河道,第二级水库在展宽区。先进行第一级水库调洪计算(闸下游尾水按展宽区的回水曲线求得),求得第一级水库的出流过程。上述过程即为第二级水库(展宽区水库)的入流过程。在第二级水库调洪计算中,库容曲线采用动库容,动库容按稳定流计算的回水曲线求得。

2.设计凌汛来水过程

凌汛开河时期最大日平均流量:根据利津站1950~1970年的统计资料,并参考杨房、罗家屋子水文站资料进行修正、插补,求得凌汛开河时期最大日平均流量的平均值为1 126 m^3/s。

3.典型年的选择和设计来水过程的选定

该河段凌汛期形成冰坝的年份有:1950~1951年、1954~1955年、1967~1968年,其中以1954~1955年度最为严重,在171 h内的总水量为9.91亿 m^3。在此时段内,来自三门峡以上的流量一般在500 m^3/s 左右,所以1954~1955年凌汛洪水主要来自三门峡以下。此次凌汛洪水不但形成了冰坝,而且壅水点恰在利津以上綦家嘴附近,壅水水位高达15.31 m,与当地设防水位相等,设计采用1954~1955年度凌汛洪水作为典型年来水过程。考虑到凌峰水量已足够大,所以来水过程不放大。

4.冰坝上游壅水河段水面比降

麻湾分凌分洪闸以上采用0.3‰,麻湾分凌分洪闸以下采用0.1‰。

5.冰坝下过流能力

选用冰坝壅水点下游利津站1955年1月实测凌洪流量作为设计条件下冰坝过流量,冰坝形成后第一天假定冰坝下过流能力为1 000 m^3/s,以后一律为500 m^3/s。

6.设计冰坝位置

设计冰坝位置有两个:一个在曹店闸上游附近,麻湾闸单独运用,闸门开启水位15.50 m,闸前最高水位16.15 m,相应流量1 640 m^3/s;另一个在綦家嘴上游附近,麻湾、曹店两闸联合运用,麻湾闸前最高水位15.49 m,相应流量940 m^3/s,为使麻湾水位不超过当地设防水位17.00 m,麻湾闸设计最大分洪能力为2 350 m^3/s。

第三节 工程建设概况

从博兴麻湾(今东营区)到利津王庄是长达30 km的窄河段,两岸堤距一般1 km左右,最窄处小李险工坐弯几乎成90°,一旦冰凌卡塞,水无泄露,水位陡涨极易成险,甚至决口成灾。据统计,百年来该河段决口31次,其中凌汛决口有15次。新中国成立初期1951年、1955年两次凌汛决口都发生在这一河段。

1963年胜利油田在东营境内黄河南岸探明石油资源,石油部提出确保南岸堤防的议题。到1968年在黄河北岸又发现滨南油田,石油部又提出南北河岸一起保的要求。1970年汛前,水电部副部长钱正英会同山东省、黄河水利委员会(简称黄委)、胜利油田负责人,查勘河口,分析比较,确定了"南展、北分、东大堤"等近期河口治理意见。山东惠民地区革委会组织黄河修防处等有关部门进行查勘规划,在进行社会经济调查、勘察规划的基础上,提出规划报告。1971年9月水电部报经国家计委批准兴建黄河南展宽工程。

黄河南展宽工程主旨是以防凌防汛为主,结合防洪、放淤和灌溉,保障沿黄人民生命财产安全以及油田开发和工农业生产发展,改变展区生产条件。展宽工程涉及博兴、垦利2县6个公社,面积123.3 km²,平均展宽河道3.5 km,近期库容3.27亿m³。工程包括:展宽大堤;临黄堤上兴建麻湾、曹店分凌分洪进水闸和章丘屋子泄洪闸;南展堤上兴建大孙、清户、胜干、王营、路干等灌排闸;修筑展区村台38个,安置人口4.89万人,以及调整展宽区内外灌排系统和恢复生产等。工程建成后,成为黄河防凌、防洪的措施之一。通过放淤造滩改土后,逐步展宽河道,变单式窄河道为复式宽河道,有益于排泄凌洪。同时将低洼盐碱展区变为沃壤的滩区,改善展区生产条件和人民生活。

第四节　群众安置

为妥善安排展区群众生产、生活,尽快地改变展区自然面貌,在兴建分泄凌洪主体工程的同时,修建展宽区灌溉配套工程。

一、展宽堤灌排闸工程

为解决展宽区雨涝、分洪运用后的积水及灌溉,在展宽堤上修建5处7座涵洞式排灌闸,1处电力扬水站,设计排水能力159 m³/s,灌溉引水能力85 m³/s。各闸除清户闸为农建一师三团施工外,其余均由当地民工及山东黄河河务局工程大队组成施工队伍,惠民修防处组织施工。

(1)大孙排水闸:位于展宽堤桩号5+150处,为1孔涵洞,孔口高、宽均为2 m,底板高程8.9 m,设计防洪水位16.68 m,设计流量10 m³/s;完成土方2.97万m³,石方0.12万m³,混凝土300 m³;耗用钢材15 t,木材71 m³,水泥167.5 t,人工4.16万工日,投资24.51万元。由张新堂任指挥,邓创豪为技术负责人。于1972年10月动工,1973年5月完竣。

(2)清户灌排闸:位于展宽堤桩号11+635处,为5孔1联穿堤钢筋混凝土厢式灌排涵闸。其中4孔用于灌溉,1孔用于排涝和放淤积水,设计引水流量30 m³/s。每孔净宽3 m,净高:灌孔2.8 m,排孔3.3 m。灌溉孔底板高程8.5 m,排孔底板高程8 m。闸前设计水位11.5 m,最高运用水位15.14 m(相当于大河8 000 m³/s水位)。设计排涝流量12 m³/s。完成土方8万m³,石方2 400 m³,混凝土1 700 m³,耗用钢材104.7 t,木材294.7 m³,水泥661.1 t,用人工8.78万工日,投资72.58万元。由张玉田任指挥,朱春英为技术负责人,农建一师三团、山东黄河河务局工程队及高清、垦利、桓台县调集民工、技工组成施工队伍,1972年3月开工,7月竣工。1984年曹店新引黄闸建成后,该闸因原设计指标偏低,不适应灌排需要,又于1984年改建。

(3)胜干灌排闸:位于展宽堤桩号21+500处,为3孔,每孔净宽2 m,高2 m,底板高程7.5 m的钢筋混凝土厢式涵闸,设计灌溉流量15 m³/s,设计排水流量30 m³/s。完成土方7.55万m³,石方2 300 m³,耗用钢材39.0 t,木材204.7 m³,水泥378.0 t,用工9.84万工日,投资50.94万元。由张玉田任指挥,朱春英为技术负责人。1971年10月开工,1972年5月告竣。该闸建成后,因设计原因为排灌合一,结果有灌无排,不能满足展区内排水需要。又于1974年建胜干第二座排水闸,位于展宽堤桩号21+307处,为3孔,每孔净高、宽各2 m,底板高程7 m,设计水位8.7 m,排水流量21 m³/s。完成土方7.12万m³,石方0.19万m³,混凝土900 m³,耗用钢材58 t,木材153.2 m³,水泥485 t,用人工4.12万工日,投资53.09万元,当年9月完工。

(4)王营排水闸:位于展宽堤桩号26+540处,为1孔,净高2 m,净宽2 m,底板高程6.3 m的钢筋混凝土厢式涵闸。设计防洪水位14.14 m,排水流量20 m³/s。完成土方2.76万m³,石方1 200 m³,混凝土300 m³,耗用钢材18.17 t,木材55.2 m³,水泥177 t,用人工3.59万工日,投资22.17万元。由张新堂任指挥,邓创豪为技术负责人。1972年3月开工,5月完成。

因原规划设计径流模数偏低,不能满足实际排水需要,1976年4月又在展宽堤桩号26+508处增建第二座排水闸,为2孔,每孔净高2.5 m,净宽2.5 m,底板高程5.8 m,设计排水水位8.1 m,防洪水位17.0 m,排水流量20 m³/s。完成土方4.65万m³,石方2 200 m³,混凝土1 100 m³,耗用钢材45.88 t,木材134.6 m³,水泥468.4 t,用人工4.71万工日,投资54万元。由吕学斌任指挥,王启概为技术负责人。1976年4月开工,10月完竣。

(5)路干排水闸:位于展宽堤桩号36+950处,为3孔,每孔净高2 m,净宽2 m,底板高程6.5 m,实际引水流量15 m³/s,排涝流量12 m³/s,排淤积水流量25 m³/s。完成土方7.84万m³,石方2 700 m³,混凝土700 m³,耗用钢材33.75 t,木材171.5 m³,水泥352.4 t,用人工7.30万工日,投资48万元。由张新堂任指挥,付元恒为技术负责人。1971年12月开工,次年5月完成。

由于原设计灌排合一,造成水质污染,不适应展区内外实际需要,于1979年修建一号坝电力扬水站代替路干闸向垦利双河镇、西宋、永安、下镇供水。该站位于义河险工5号坝,装机10组,扬程5.6 m,用水泥356 t,投资51.48万元。扬水站分别在临黄堤和格堤上修建穿堤厢式涵洞2处,设计流量10 m³/s,设计水位:临黄堤涵洞13.70 m,格堤涵洞14.30 m,防洪水位均为16.85 m,启闭能力10 t。底板高程:临黄堤11.95 m,格堤12.20 m,堤顶高程均为17.08 m,由垦利县水利局设计、施工、管理。

二、灌排截渗工程

展区灌溉规模,渠系不变,凡展宽堤切断流路者均在展宽堤上相应兴修过水涵洞,并与排除放淤积水和涝水统一考虑规模和水系调整,全展区按地势流向、径流模数,设计成4片配套调整。

(1)清户干渠以南为第一片,流域面积29.68 km²,排涝流量10 m³/s,由清户闸排入老广蒲沟,由大孙闸排入新广蒲沟。在排涝运用中,有关社(乡)队(村)出现争议,经南展宽工程指挥部与博兴、垦利县革委生产指挥部会商、协商,达成协议:博兴县同意在两县交界处兴建清户干渠,垦利县同意清户干渠以南涝(积)水按展宽工程排灌水系恢复自然流势的规划实施,排入老广蒲沟,并由展宽工程投资开挖由清户闸至打渔张总干渠排沟1条及修建相应的建筑物。

（2）清户干渠以北、胜干以南为第二片，流域面积 35 km²，排涝流量 12 m³/s，由胜干闸排入清户沟。

（3）胜干以北、路干以南为第三片，流域面积 44 km²，排涝流量 14 m³/s。由王营闸排入广利河。

（4）路干以北为第四片，流域面积 22.6 km²，排涝流量 4 m³/s。由路干闸排入溢洪河。

上述四片，排涝标准按 1964 年雨型，排涝模数为 0.23 m³/(s·km²)。排沟深度按平槽排水设计。穿堤涵洞规模按排涝流量和排除积水强度确定。1971 年冬至 1973 年先后由垦利、博兴和农建一师三团出工，完成展区灌排渠系调整 17 条，总长 82.2 km 及相应建筑物。1980 年又由垦利县出工，完成从清户至刘王庄长 9.9 km 的截渗沟及清户沟疏浚 8 km，总计完成土方 252 万 m³，投工 93 万工日，投资 126.49 万元。

20 世纪 70 年代末至 80 年代初展区配套工程设施相继完成。1979 年 7 月建成麻湾电力扬水站，设计流量 5 m³/s，解决龙居乡展区内土地灌溉问题；1981 年试办章丘屋子泄洪闸倒灌淤改成功；1982 年建成罗家扬水站，设计流量 1.6 m³/s，设计扬程 12.2 m，解决董集乡部分农田灌溉和人畜用水；1983 年改建纪冯扬水站及其穿堤涵洞，设计流量 4 m³/s，设计扬程 5.9 m，满足宁海乡部分土地的灌溉问题。

上述配套设施形成了完整的灌排系统。鉴于施工时间较长，挖占土地较多，主管部门派员调查，惠民地区行署遵照山东省政府有关批示，对展区内村台加固、群众吃水、放淤改土还耕以及化肥补助等做了适当安排。

三、修筑村台工程

为解决展区群众定居问题，需筑村台安置。根据有利生产，便于生活、交通以及安全的原则，31 个村台靠临黄堤建，7 个村台建在展宽堤外，采取人工修筑和机械积淤方法，分期完成。人工修筑由邹平、桓台、高青、博兴、垦利、利津、滨县、沾化、阳信、惠民、广饶等县和惠民地区水利专业队伍出工 12 万人次。自 1972 年至 1977 年基本完成，共修筑土方 1 233 万 m³。机淤村台 3 个，从 1972 年春开始修筑机淤围堤，利用麻湾、路庄虹吸管轴流泵、胜利提升站、纪冯扬水站、"东方红" 54 座机及吸泥船，至 1977 年共淤筑土方 626.5 万 m³。38 个村台总面积 328 万 m²。永久性占地 284.3 hm²，挖压地 1 314.1 hm²。共完成土方 1 859.43 万 m³，用人工 756.06 工日，投资 1 875.79 万元。

四、群众迁建

自 1975 年始，博兴、垦利两县及有关公社（乡镇）成立迁建组，负责所辖范围群众旧房拆迁、新房建设工作。迁建房所需投资、材料、粮、煤指标，由所在县按标准规定编列计划，地区展宽工程指挥部审核，山东黄河河务局批复，按进度拨付县迁建组掌握使用。

展宽区内有博兴县乔庄、龙居公社（今属东营区）和垦利县董集、辛庄、宁海公社计 80 个自然村，居民 48 976 人，为保证分洪安全，确定在展宽区内外修筑村台建房安置。修筑村台考虑到人口自然增长和在外职工离、退休后需要安置等因素，按 1973 年麦季实有人数另增加 15% 作为计划安置人口数，每人 45 m²（包括集体房屋道路面积）。1977 年基本完成,交付使用,部分群众陆续迁往村台建房居住,1979年6月底,完成搬迁任务的80%。是年汛期,在群众的迫切要求下,经中共惠民地区委员会批准,进行展区大放淤,搬迁任务随之全部完成。

展宽区内房屋。1973年统计共58 143间(其中公房915间)。因施工期长,房屋有新建,至1980年最终核实为80 142间。房屋迁建费每间正房(人住房)国家补助款130元,粮食指标30 kg,煤30 kg,木材0.01 m³,由群众拆迁另建。1980年底由南展宽工程指挥部会同地区建设银行全面核实,与垦利、博兴两县全部结清,国家共支付房屋拆迁费(包括附属设施)1 079.84万元,粮食指标216.46万kg,煤炭1 490 t,木材2 981.5 m³。

五、展区放淤改土

展区内自20世纪70年代初,试搞小片放淤,取得成功。1979年汛期利用曹店、胜利闸、路庄虹吸管在垦利县境内实施大放淤,放水26 d,引水总量为6.24亿 m³,淤改土地0.55万 hm²,通过放淤改变了展区的生产面貌。

到1988年,黄河南展宽工程兴建以来共投资6 000多万元,主体工程和大部分配套工程已经完成并交付使用。截至1988年南展宽工程完成情况见表1-4。

表1-4 截至1988年南展宽工程完成情况

工程项目	建设规模	完成投资(万元)	主要工程量(万 m³)		
			土方	石方	混凝土
一、堤防工程	南展新堤38.651 km	689.21	970.75		
二、建闸	3座进水闸,10座排灌闸	2 083.29	140.49	8.04	8.36
三、群众安置	建村台38个,迁建房屋72 945间	2 989.53	1 859.43		
四、截渗排水	截渗沟9.9 km,排灌沟9.2 km	126.49	252.16		
五、恢复生产	整理恢复渠系工程、放淤	182.40	142.48	0.08	0.03
六、其他	广播线及公路补助等	21.45			
合计		6 092.37	3 365.31	8.12	8.39

第二章 工程运行管理

第一节 工程管理

一、工程管理

南展宽堤上起博兴县老于家村,临黄堤桩号 189 + 121,下至垦利县西冯村,临黄堤桩号 235 + 230,临黄堤长 46.109 km,南展宽堤总长 38.651 km,设计标准按艾山 1962 年 13 000 m³/s 流量相应水位超高 2.1 m,堤顶起点高程 19.39 m(大沽基点,下同),终点高程 14.81 m,纵比降 1.185:10 000,堤高一般 6~8 m,顶宽 7 m,临背边坡 1:3,堤脚外临背护堤地宽 10 m,大堤按 1:8 浸润线出逸点高于 1.0 m 加修后戗。

在南展宽区上首临黄堤桩号 191 + 270 处,建有麻湾分凌分洪闸,设计分凌流量 1 640 m³/s,设计分洪流量 2 350 m³/s;在打渔张险工临黄堤桩号 200 + 523 处,建有曹店分洪放淤闸,设计分凌流量 1 090 m³/s(于 1992 年报黄委会批准报废);在南展区末端临黄堤桩号 232 + 647 处,建有章丘屋子分凌泄洪闸,设计泄洪流量 1 530 m³/s。同时,为解决南展宽区内排涝和东营市、胜利油田用水问题,在南展宽堤上修建有大孙、清户、胜干、王营、路干等灌排闸,设计流量 210 m³/s。南展宽区内主干渠 4 条,长 21 km。

为安置群众迁移,在南展宽区内沿临黄堤修筑村台 38 个,村台高度按南展宽堤设计水位超高 0.6 m;南展宽区高于附近地面 1~1.5 m,边坡 1:2,每个生产大队修筑辅道一条。

南展宽区平均宽度 3.5 km,面积 123.3 km²,设计库容 3.27 亿 m³。2000 年后,国家加大了黄河下游防洪工程投资力度,对南展宽区内的临黄堤进行了淤背加固。为解决南展宽区及周边地区人民群众生产生活用水问题,在南展宽区下首,于 1996 年修建了 3 000 万 m³ 库容的东张水库。以上工程减少了原南展宽区的防凌库容,现库容 2.1 亿 m³。

二、南展宽区工程运用情况

南展宽区工程建成后,于 1979 年汛期利用曹店、胜利闸、路庄虹吸管在垦利县境内实施大放淤,放水 26 d,总引水量 6.24 亿 m³,总落淤 3 260 万 m³,淤地面积 0.55 万 hm²。通过放淤改变了南展宽区的生产面貌。南展宽区工程建成后,由于黄河下游没有发生过大的凌汛,分凌一直未运用过。

第二节 工程建设遗留和运用现存的问题

一、南展宽工程遗留问题

南展宽工程建成以来,黄河下游没发生过大的凌汛,工程一直没有分凌运用,造成年久失修老化。

（一）工程存在的问题

（1）按原规划设计尚有部分尾工,主要项目是截渗排水和恢复生产,放淤还田和农田基本建设尚待继续完善。

（2）原总体规划指导思想是,展宽区通过放淤造滩完成后,临黄堤险工视为护滩工程,退守南展堤实现河道展宽。在建设过程中,这一指导思想发生了变化,将展宽区改为滞洪运用方式,在第三次大复堤时仍加修临黄堤,只是临黄堤上的曹店、麻湾、章丘屋子闸的防洪标准和设计水平年均不适应（曹店闸为二级建筑物,设计水平年为1979年,1989年已将闸首弃之临黄堤之外。麻湾闸为一级建筑物,设计水平年为1983年;章丘屋子闸为一级建筑物,设计水平年为1995年）;展宽堤并未加培,堤顶低于1983年设计标准2.4 m;1979年大面积放淤,落淤效果不一,群众对展区的放淤造滩要求各不相同,原规划放淤造滩目标短期内未实现。

（3）展宽堤设计标准远远不能满足作为临黄堤所应达到的防洪要求。按1962年艾山流量13 000 m³/s相应水位超高2.1 m设计,由于河槽逐年抬高,河道过流能力减少,设计洪水位逐年抬高,加之该工程当初仅以分凌分洪作为建设标准,按照2000年设防标准,该段堤顶比设计防洪标准平均低2.4 m。

（4）修建在南展宽工程上的三座分凌分洪闸年久老化,其中曹店闸早在1992年已经黄委会批准报废,另外两座闸分泄洪能力也已达不到设计要求。章丘屋子泄洪闸底板、闸墩、闸门老化严重,启闭机年久失修,已不能使用;麻湾分凌分洪闸工程建成已30余年,闸室部分混凝土结构表面严重炭化剥蚀,钢结构部分构件严重锈蚀,严重影响了该闸的安全运用,已成为黄河防洪的险点,已采取闸前围堰措施度汛。

（二）群众生产生活存在的主要问题

随着黄河三角洲发展步伐的加快,展区长期存在的问题愈来愈突出,严重阻碍了当地生产生活的发展。

（1）展区宅基地狭小,群众居住条件差。展区房台面积按1973年麦季实有人数增加15%考虑,每人45 m²。30多年来,随着人口的增长和公用设施的不断兴建,展区人均村台面积逐渐减少,人均居住面积仅为9.7 m²,比东营市农村人均少14.5 m²,不少群众祖孙三代同居一室,磕磕碰碰、邻里纠纷时有发生。有8个村庄的5 332人只好迁入展区在旧村址上建房,给分凌分洪造成了障碍。展区村台紧靠临黄大堤,造成大量柴草、垃圾等堆积在大堤堤坡上,摆摊、摊晒等活动时有发生,给黄河工程管理带来了很大困难。

（2）随着农村产业结构调整,在各级党委、政府的积极扶持下区内群众发展了养殖业,但因受展区制约,宅基地缺少,不仅严重影响了畜牧养殖业的发展,而且卫生环境也被破坏,极易引发各类疾病。

（3）南展宽区的建设打乱了原有的灌排水系,造成了灌排不畅的局面。水是制约农业发展的主要因素之一,展区农业用水全部依靠黄河水源和自然降雨,虽然先后修建了曹店、麻湾、胜利、路庄等引黄闸及配套设施,基本解决了南展宽区农田灌溉问题。但排水问题一直没有得到有效解决,经常发生涝灾,导致土地盐碱化,农业产量长期低而不稳,致使展区经济发展缓慢,群众收入与展区外的农民收入差距日趋拉大。2006年,区内农民人均纯收入仅为 2 480 元,比东营市人均少 646 元,人均最低的仅有 1 250 元,是东营市经济落后、群众生活最贫困的地区。对此,群众反映强烈。

二、南展宽工程现存问题

几十年来,南展宽工程承担分凌分洪的任务没有改变,致使南北展宽区内经济发展受到了极大制约,生产落后,群众生活困难。各级人大代表和政协委员年年有建议和提案,群众年年有上访,展宽区群众的生产生活问题已成为地方各级政府关心的焦点。同时,展宽工程本身也存在着诸多问题。

(一)展宽堤工程不能满足防洪要求,建筑质量差

展宽堤堤身单薄残缺,尤其是堤防施工时正值"文革"时期,大堤填筑质量较差,加之长期以来维护费用不足,堤身蛰陷、裂缝、残缺现象较为严重,一旦运用很难保证安全。

(二)工程尚存部分尾工至今没有完成

展宽区工程于 1971 年冬动工兴建,1980 年国民经济调整时期,国家计委确定为缓建项目。按原计划剩余的尾工有新堤后戗工程和沿堤截渗排水沟等,至今没有完成。

(三)展宽堤穿堤建筑物存在问题较多

灌排水涵闸已建成 20 多年,不同程度存在混凝土老化、裂缝等问题。

(四)展宽区内群众房台面积小,生活困难

当时展宽区避水村台面积系按每人 45 m² 修建,几十年来,由于人口自然增长,村台居住区面积已相对减少到每人 30 m²,房舍拥挤,群众居住条件很差,部分群众不得已又搬回展区内居住。南展区内修堤筑房台所挖土地尚未完成改造,盐碱地较多,群众吃水困难。

(五)展宽区内经济落后

由于展宽区具有分滞洪水的任务,展区经济发展受到严重制约。目前区内几乎没有任何村镇企业,群众生活水平低下,已成为当地贫困区,引起了地方政府、人大的高度重视。

第二编 黄河南展宽工程废弃条件研究

第三章 黄河下游防凌形势趋势分析

第一节 黄河下游凌情概况

黄河下游干流自河南省孟津县桃花峪到山东省垦利县黄河入海口河道全长 786 km，该河段地处北纬 34°55′至 38°00′，东经 113°30′至 118°40′之间。河道自河南兰考东坝头以下，呈西南—东北走向，上宽下窄；冬季经常受寒潮侵袭，日平均气温上、下河段相差 3~4 ℃，且正负交替出现，河道流量一般在 200~400 m³/s。由于河道、气象、水文等自然条件的相互影响，几乎每年都有凌汛发生，并经常插凌封河。封河多由河口始，而后逐段向上插封，一般年份封冻总长约 400 km，最长达 703 km。开河则由上而下，冰水沿程集聚，形成凌峰，且易在狭窄河段或急弯、浅滩处受阻卡塞，形成冰坝，致使河段水位迅速抬高，造成严重凌灾，威胁堤防安全，危及人民生命财产安全。1946 年人民治黄以来，战胜了多次严重凌洪，扭转了历史上五年两决口的险恶局面，取得了 50 多年凌汛期未决口的成就。

据史料统计，1875~1955 年的 81 年中，平均 2.8 年就有一次凌汛决口。新中国成立初期至 20 世纪 70 年代末期的近 30 年中有 8 年发生较严重凌汛(1950~1951 年、1954~1955 年、1955~1956 年、1956~1957 年、1968~1969 年、1969~1970 年、1972~1973 年、1978~1979 年)，形成 9 次冰坝，其中 1950~1951 年、1954~1955 年凌汛冰坝分别造成利津王庄、五庄大堤决口(参见图 3-1、表 3-1)。

在 1950~1990 年的 40 个年度中有 36 年封冻(1952 年、1962 年、1965 年、1975 年未封河)，其中有 17 年封冻上界到河南兰考东坝头以上。封冻最长达河南荥阳汜水河口，封冻长度 703 km(1968~1969 年度)，最短仅到十八户，长度 25.1 km，多年平均封冻长度为 317 km；冰量最多达 1.42 亿 m³(1966~1967 年度)，最少仅 0.011 亿 m³，平均 0.42 亿 m³；冰盖厚度，河口段一般为 0.3~0.5 m，兰考以上河段一般为 0.1~0.2 m，封冻日期最早在 12 月 1 日(1988 年)，最晚 2 月 17 日(1978 年)，平均 1 月 3 日；解冻日期最早在 1 月 1 日(1972 年)，最晚 3 月 20 日(1982 年)，平均 2 月 24 日；开河凌峰流量一般是自上而下沿程增大，最大为 3 430 m³/s(1957 年利津站)，封冻年度凌汛中一般是一封一开，部分年份有 2 次或 3 次封冻和解冻(1968~1969 年度)，参见表 3-2。

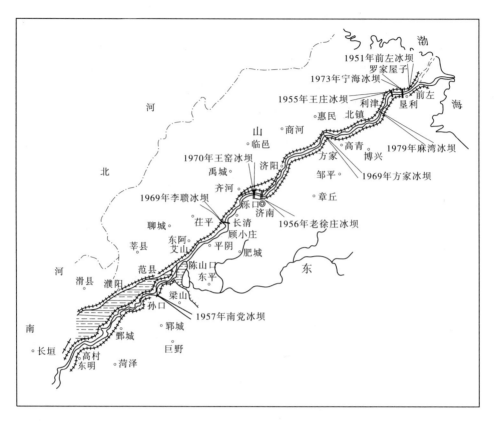

图3-1 黄河下游冰坝位置示意图

黄河下游属不稳定封冻河段,冰情变化较稳定封冻河段要复杂得多、流量变幅大得多。这是由于黄河下游特定的地理位置、河道形态、气温和流量组合所决定的。河口河段纵比降小,受海潮影响口门附近形成拦门沙,一般河形散乱,流速较小,河道呈多股水流入海。因此,河道流凌后大量冰块不能畅流,容易插凌封河。黄河下游陶城铺以下,河道狭窄弯曲,多处呈"L"、"S"形;由于河道弯窄,弯道处溜向顶冲,溜势紊乱等,造成流凌密集,容易造成卡冰、壅水或形成冰坝。下游河道呈西南—东北流向,自上而下纬度逐渐抬高,造成上游段河道较下游段河道冷得晚,回暖早,零下气温段持续时间相对较短;下游段河道较上游段河道冷得早,回暖晚,零下气温段持续时间相对较长。冰情变化规律是上游段河道较下游段河道封冻晚,解冻早,封冻历时短,冰薄;下游段河道则较上游段河道封冻早,解冻晚,封冻历时长,冰厚。流量变化与冰情关系密切,天然条件下,下游冬季(12月至次年2月)的中期流量最小,小流量正值低气温时段,容易封冻,封冻后,水下过流断面小。开河时,上游段开河时间较下游段早,冰水齐下,促使下游段河道水鼓冰开,形成"武开河",这时极易发生冰塞、冰坝等险情。黄河下游冬季水量的90%来自小浪底以上,因此小浪底、三门峡水库联合防凌调度运用,可有效控制下游来水量和来水过程。一般来说,下游河道封冻时河道流量为500 m³/s较为适宜,封冻期流量可控制在300 ~ 400 m³/s;凌汛开河期根据气温预报,考虑小浪底至山东窄河段的距离,注意掌握好逐步加大流量的时机,可利于冰水下泄入海,避免形成凌洪威胁。

表 3-1　黄河下游 1950~1980 年冰坝要素统计

年度		1950~1951	1954~1955	1955~1956	1956~1957	①1968~1969	②1968~1969	1969~1970	1972~1973	1978~1979
最上封冻地点		郑州花园口	荥阳汜水河口	武陟沁河口	郑州石桥	郑州花园口	郑州花园口	开封黑岗口	惠民归仁	原阳大张庄
封冻流量(m³/s)		390(利津)	287(前左)	280(泺口)	192(孙口)	268(艾山)	304(利津)	380(泺口)	308(利津)	779(泺口)
封冻河段长(km)		550	623	500	399	703	703	436	137	490
封冻河段最大冰量(万 m³)		5 300	10 000	5 785	7 340	10 330	10 330	9 000	900	4 000
河槽最大蓄水增量(亿 m³)		3.64	8.85	3.22	7.70	4.85	4.85	8.5	1.84	2.5
产生时间		1月30日	1月29日	1月29日	1月27日	1月19日	第二次汛河 2月11日	1月27日	1月19日	1月23日
所在河段		垦利前左	利津王庄	济南老徐庄	梁山南党	齐河顾小庄(齐河李家岸)	邹平方家(邹平梯子坝)	济南老徐庄(齐河王窑)	利津东坝	博兴麻湾
河道特性		V形弯道，河槽宽浅，有心滩	V形弯道，心滩多	S形弯道，心滩多	U形下段，宽浅沙洲	S形过渡段，宽浅有心滩	河道宽浅，有沙洲，心滩	S形弯道，有心滩	V形，下首宽浅，多心滩	U形弯道，有心滩
冰坝要素	上游平河凌峰(m³/s)	1 160	1 960	2 200	1 010	1 240	1 210	2 450	1 620	1 300
	凌峰水量(亿 m³)	3.08	2.18	2.88	7.06	7.69	6.16	4.44	4.56	无峰
	前沿平均流速(m/s)	0.68	1.26	0.92	0.89	0.83	1.31	1.15	1.08	1.10
	河段冰厚(m)	0.3~0.4	0.3~0.4	0.20	0.2~0.3	0.2~0.3	0.28	0.25	0.2	0.2
	冰量(万 m³)	1 000	1 200	1 920	1 000	790	240	2 160	300	240
	冰坝长(km)	15	24	16	5	11		17	5	4.5
	壅水升高(m)	4.5	4.3	4.0	2.7	4.0	2.4	3.1	1.1	2.0
	影响河段长(km)	70	90	40	30	40	40	40	36	30
	河段壅蓄水量(亿 m³)	1.2	2.1	0.78	0.78	1.54	2.37	1.85	0.22	1.6

表3-2　黄河下游历年凌汛情况统计

年度	最早封河 日期（月-日）	最早封河 地点	最上封河地点	开河日期（月-日） 最早	开河日期（月-日） 最迟	封冻长度（km）	最大冰量（万m³）	封河期最大河合蓄水增量（亿m³） 花—孙	花—泺	花—利	开河凌峰流量（m³/s） 高村	孙口	泺口	利津
1950～1951	01-08	利津	郑州花园口	01-27	01-30	550	5 300		3.52	3.64	810		1 670	1 160
1952～1953	01-17	利津	郑州花园口	01-22	02-26	220	1 040	0.80	1.45	2.3	520	830	945	1 060
1953～1954	01-25	河口	利津宫家	02-10	02-10	80								470
1954～1955	12-27	四号桩	荥阳汜水河口	01-22	02-15	623	10 000	6.14	6.84	8.85	2 180	2 320	2 900	1 960
1955～1956	01-07	四号桩	武陟沁河口	01-30	03-05	500	5 785	1.96	3.22	2.82	1 080	1 750	3 190	2 920
1956～1957	12-14	崔常	郑州石桥	01-23	03-05	399	7 340	6.95	6.6	7.70	920	1 010	1 260	3 430
1957～1958	12-07	小沙	中牟辛庄	02-01	02-22	366	2 575	1.67	2.41	2.91	708	1 200	1 290	1 490
1958～1959	01-08	四号桩	长垣石头庄	01-24	02-26	402	3 213	5.60	5.29	5.55	478	900	1 010	595
1959～1960	12-24	四号桩	兰考东坝头	01-28	02-16	554	2 380	3.51	3.82	3.36	342	327	340	154
1960～1961	12-07	王旺庄	武陟秦厂	12-31	02-22	373	2 070	2.92	4.74	5.46	603	375	403	132
1962～1963	01-18	河口	东阿范坡	01-28	03-02	320	3 363	0.43	0.71	2.21		472	472	995
1963～1964	12-25	汉一	开封高朱庄	02-28	03-05	324	2 890	3.86	1.30	1.99	355	400	407	520
1965～1966	12-21	张家圈	梁山陈垓	02-01	02-15	275	3 104	1.67	2.39	3.24	502	832	617	552
1966～1967	12-26	博兴	荥阳孤柏嘴	01-27	03-01	616	14 236	4.08	4.86	5.92	624	710	622	548
1967～1968	12-16	张家圈	梁山蔡楼	02-20	03-04	323	6 374	3.94	5.90	7.20		490	845	1 050

续表 3-2

年度	最早封河		最上封河地点	开河日期（月-日）		封冻长度（km）	最大冰量（万m³）	封河期最大河谷蓄水增量（亿m³）			开河凌峰流量（m³/s）			
	日期（月-日）	地点		最早	最迟			花—孙	花—泺	花—利	高村	孙口	泺口	利津
1968~1969	01-03	义利庄	郑州花园口	01-18	03-18	703	10 327	4.55	4.55	4.85	1 040	2 650	1 210	880
1969~1970	12-28	惠民	开封黑岗口	01-28	02-17	436	9 000	5.06	7.70	8.50	1 340	2 420	1 500	1 130
1970~1971	02-01	利津	历城付家庄	03-04	03-16	190	2 200	2.94	4.11	5.42				22
1971~1972	12-21	利津	开封黑岗口	01-01	01-19	252	2 312	4.77	5.89	6.90	874	830	1 270	2 230
1972~1973	12-16	河口	惠民归仁	01-18	01-19	137	900	0.62	1.21	1.84			890	1 620
1973~1974	12-26	纪冯	原阳马庄	02-01	03-01	462	5 004	0.55	1.58	1.30	905	790	700	958
1975~1976	01-31	罗家屋子	垦利一号坝	02-09	02-12	40	150	1.11	1.18	0.65				822
1976~1977	12-27	河口	开封黑岗口	02-19	03-08	404	7 104	2.84	2.84	3.14	342	378	335	329
1977~1978	02-17	罗家屋子	惠民簸箕李	02-20	02-21	52	200							290
1978~1979	01-15	十八公里	原阳大张庄	01-23	02-19	490	4 000			2.5		870	1 300	1 040
1979~1980	01-30	十八公里	梁山十里堡	02-19	02-26	304	2 710			2.07			250	405
1980~1981	12-29	济南北店子	郓城苏阁	02-03	03-03	350	4 000			2.44				
1981~1982	01-18	宫家	济南北店子	03-11	03-20	138	1 500			1.2			420	550
1982~1983	01-08	河口	滨州赵四勿	02-02	02-17	110	1 100			0.86				690
1983~1984	01-05	西河口	郓城伟庄	02-16	03-09	330	4 016			2.45				

续表 3-2

年度	最早封河 日期(月-日)	最早封河 地点	最上封河地点	开河日期(月-日) 最早	开河日期(月-日) 最迟	封冻长度(km)	最大冰量(万m³)	封河期最大河谷蓄水增量(亿m³) 花—孙	花—涨	花—利	开河凌峰流量(m³/s) 高村	孙口	涨口	利津
1984～1985	12-24	河口	齐河枯河险工	02-02	03-11	259	3 600			2.71				
1985～1986	12-13	河口	济阳邢家渡	01-13	02-20	200	3 000			2.26				
1986～1987	12-25	河口	历城河套圈	01-18	02-10	190	1 670			3.10				
1987～1988	12-01	清七	惠民白龙湾	02-06	02-26	102	455			1.00				
1988～1989	12-16	西河口	垦利王家院	12-24	01-03	25	112							
1989～1990	01-24	清3	封丘禅房	02-05	02-13	310	2 170			1.34			830	1 200
1991～1992	12-25	十八公里	东明老君堂	01-01	02-16	203	1 000			1.59				
1992～1993	01-18	清6	东阿范坡	02-01	02-10	180	1 200			1.20				119
1995～1996	12-25	十八公里	济南老徐庄		02-15	165	1 200							
1996～1997	12-07	护林	郓城杨集		02-15	233	970							
1997～1998	01-15	一号坝	东明上界		02-12	320	824							
1998～1999	12-04	护林		02-04		99								
1999～2000	12-19	十八公里	东明王高寨		02-24	279	1 022							428

注:1. 未封河年份未统计。

2. "花"指花园口,"孙"指孙口,"涨"指涨口,"利"指利津,后同。

第二节 黄河下游防凌形势分析

近些年来,由于影响黄河下游凌汛的水动力因素、天气热力因素、河床边界条件及上游水库防凌调控能力等因素都发生了很大变化,对下游凌汛产生了很大影响,特别是小浪底水库建成运用后,防凌库容增大,与三门峡水库联合运用控制凌汛期水动力能力大幅度提高,下游防凌形势发生了很大变化。

一、上游水库防凌调控能力增强

(一)三门峡水库在历年防凌中发挥了重要作用

自 1960 年三门峡水库建成运用后,除下游河道未封河年份外(1960~1962 年除外),其余年份均蓄水防凌,最高防凌水位达 427.91 m,最大防凌蓄水量为 18 亿 m^3。1973 年前,三门峡水库运用方式为凌汛开河前控制下泄流量,以减少下游河槽蓄水量;开河时进一步减少出库流量,甚至全部关闭闸门,减小凌峰流量,防止河道下游出现"武开河"的严重局面。1973 年以后,三门峡水库一直进行凌汛封河前调匀并适当加大下泄量的试验,以不断改善三门峡水库防凌运用方式。

三门峡水库防凌调蓄运用,特别是在凌汛开河期的控制运用,发挥了重要作用。以 1966~1967 年度凌汛为例,下游河道封河长度达 616 km,总冰量 1.4 亿 m^3,是历年凌汛中最大的一年;在三门峡水库控制前(1 月 20 日),正常年份花园口至利津河段的槽蓄水量可达 11.2 亿 m^3,按下游河道槽蓄水量和凌峰的关系估算,开河时必将形成较大凌洪,但由于当年三门峡水库于 1 月 20 日全部关闸断流,大大削减了河槽蓄水量及开河流量,加之其他有利因素,1966~1967 年凌汛期,除局部河段有卡凌现象外,没有形成严重凌情。

但是,由于三门峡水库淤积严重,目前防凌蓄水库容有限,加之凌汛期上游水库发电来水,入库水量加大,相应防凌库容更加不足。再是三门峡水库距离凌情严重的山东河段较远,流程较长,当封冻期流量在 200~500 m^3/s 时,水流从三门峡到利津,传播历时一般为 10~15 d,在开河预报尚不准确的情况下,水库关闸控制运用时机不易把握,有限防凌库容不能发挥应有作用。

(二)小浪底水库运用后防凌调控能力增强

小浪底水库建成后,按照设计条件设计水库防凌库容 20 亿 m^3,与三门峡水库联合调度,防凌总库容可达 35 亿 m^3。

根据黄河下游凌汛特征和影响凌汛的因素分析,气温(热力因素)和流量(水动力因素)以及河床的边界条件是影响凌汛的主要因素。调节水动力因素可以有效地控制冰凌灾害的发生。按照水动力因素和冰情演变之间的关系,调节水动力因素主要是调节河道流速、流量,可以改变主要冰情现象(冰塞、冰坝)的发生和发展。从黄河下游的防凌实践并结合有关冰凌理论分析,下游河道凌汛期安全泄量有一个临界值,大于这个临界流量就要产生冰凌灾害,并要求河道的流量过程是均衡的,避免忽大忽小造成封冻冰盖不稳定。这个临界流量在凌汛期中每个阶段都有所不同。利用水库防凌主要是控制河道不超过这个临界流量。在小浪底水库建成前主要利用三门峡水库调节,但三门峡水库防凌库容有限,不能承担下游整个凌汛期所需的蓄水量。因此,在三门峡水库防凌运用的 40 多年中,仍然多次出现较严重的冰凌灾害。

小浪底水库修建后,防凌库容增大,调节流量能力增加,与三门峡水库联合进行防凌调度,对防止冰凌灾害和减轻灾害有重大作用。在《黄河小浪底水利枢纽初步设计报告》中,初步拟定小浪底水库凌汛期下泄流量情况是:每年 12 月份水库保持均匀泄流,在封冻前控制花园口断面流量一般为 500 ~ 600 m³/s,封冻后继续控泄,使花园口流量均匀保持 300 ~ 400 m³/s,这一流量可以在冰下顺利通过。

小浪底与三门峡水库联合调度,先由小浪底水库控制运用,每年 12 月底前预留防凌库容 20 亿 m³,当小浪底水库蓄满后,三门峡水库开始控制,三门峡水库防凌库容 15 亿 m³。

经计算,1954 ~ 1955 年和 1968 ~ 1969 年两个凌汛严重典型年按上述方式运用,开河时泺口、利津以上河道的槽蓄水(增)量均可控制在 4 亿 m³ 和 5 亿 m³ 以下,相应凌峰流量一般不超过 1 000 m³/s。同时,水库调节后,还可以减少孙口以上宽河道的封冻机会,推迟下游窄河段的开河时间,对保证防凌安全是有利的。

(三)水库防凌运用分析

水库防凌运用的方式有多种,但出发点不外是充分发挥水力作用在封河前抵制封河的作用,或在封河后避免造成"武开河"的严重局面。

1. 开河期控制运用

其目的是在开河前控制下泄流量,减少河槽蓄水量,避免"武开河"的消极作用,争取安全开河。几十年来三门峡水库历年采用的就是这种调控运用方式,即在预报下游河道开河日期前,三门峡水库关闸控制,直至断流。如果开河预报比较准确,水库关闸时机掌握适宜,这种运用方式可以减缓凌汛的威胁。但由于目前气象预报尚欠准确,往往是在下游已有开河迹象时,水库才控制运用,一般控制偏晚,所以在封河期形成的槽蓄水量尚没有得到充分削减前就开河,以致造成下游河道严重凌汛。例如 1969 年凌汛期,三门峡水库于 2 月 5 日夜关闸断流,而下游河道 2 月 10 日第二次开河,在下游河道尚未大量减退槽蓄增量的情况下,艾山、孙口站开河凌峰流量仍然在 2 500 m³/s 以上(见表 3-3),造成冰坝壅水,局部河段水位接近 1958 年最高洪水位,防凌形势十分紧张。

表 3-3　1969 年凌汛期下游第二次开河期三门峡水库运用前后花园口至下游各站槽蓄增量变化

河段	高村	孙口	艾山
三门峡水库关闸时(2 月 6 日)槽蓄增量(亿 m³)	2.7	4.4	4.5
下游第二次开河前(2 月 9 日)槽蓄增量(亿 m³)	1.6	3.6	3.2
三门峡水库关闸后减少槽蓄增量(亿 m³)	1.1	0.8	1.3
开河时凌峰流量(m³/s)	1 040	2 560	2 640

三门峡水库的此种运用方式,仅在凌汛开河期关闸控制运用,凌汛期其他时段对天然来水不加调节。这样,有可能造成下游段河道因内蒙古河段封河影响产生的黄河下游段

小流量与寒流遭遇而封河的不利情况。

另外,水库全部关闭闸门与发电尚存在着矛盾,一旦断流,水库发电保证出力将变为零。

2.封河初期大幅度控制泄流,然后逐步增大下泄流量

为及时削减封河初期的河槽蓄水量转化为开河期的增泄水量,以抑制水流可能促成"武开河",要求在封河初期的 10 d 内,控制下泄流量不大于 200 m³/s,然后随冰下过流能力的提高,再逐步增大下泄流量至 400 m³/s,待下游河道全面开河后即取消控制。这种运用方式避免了水库控制运用时机不易掌握的矛盾。据统计,黄河下游河道初封 10 d 左右的槽蓄增量约占封冻期全部增量的 58.4% 。此运用方式可以较快地削减初封期的槽蓄增量,削减开河凌峰,取得安全开河的作用。但是,如果封冻期长,当初封期大幅度控制下泄时,槽蓄增量减少,河道水位下降,而冰盖随之坍塌,使冰下过流能力迅速减小,因此随后而来的水库加大下泄的流量不易全部从冰盖下通过,槽蓄增量又会增大,初封期大幅度控制下泄而减少槽蓄增量的作用将被部分或全部抵消。如果下泄流量增加的幅度过大,甚至这时的槽蓄增量比初封时还要多,开河时槽蓄增量仍可能较大,达不到初封期控制下泄的预期目的。

在初封期大幅度控制下泄流量后,如果下泄流量不再增大或增大幅度较小,能与冰盖下的过流能力相适应,这时可以控制河道槽蓄水量,削减开河时的凌峰,减少凌汛的威胁,但这将大大增加水库的防凌负担。

3.大流量不封河运用

其目的是充分发挥水流抵制封河的作用,使河道不封冻,从而解除凌汛威胁。这种运用方式要求水库在凌汛前预先储蓄足够的水量,以便在凌汛期内加大下泄流量,以抵制河道封冻。

为了解决水库蓄水与库区淤积问题,采用凌汛封河前加大下泄流量不封河,稳定封河后大幅度控制下泄以蓄水春灌的运用方式。这样加大下泄流量的时段缩短,要求水库预蓄的水量减少,避免了在含沙量较大的 10 月或以前蓄水,库区淤积就会相应减少;同时可以适当提高加大下泄流量的幅度,以争取实现不封河。至于凌汛后期大幅度控制下泄流量时,封冻的可能性较大,但由于封河晚,槽蓄量较小,不致造成大的凌汛威胁;再则,后期蓄水时段的缩短,也不致超过规定的防凌库容。这是一种具有实践运用价值的改进方式,还可以在实践运行中研究确定不同情况下实现不封河的"临界流量"。

4.凌汛初期调平运用

其目的是发挥水流抵制封河的作用,避免小流量封河。这种方式要求凌汛期前水库预蓄一定水量,到凌汛初期由水库补水,以调平因内蒙古河段封冻影响在下游河道出现的小流量过程,提高冬季流量,推迟封河日期;推迟下游河道封河时间,适当提高封河流量,减小冬季河道流量变幅,对减轻黄河下游凌汛威胁有一定的作用。这种运用方式可能达到推迟封河的目的,至少可避免小流量封河形成的低冰盖对后期泄流的影响,有利于下游防凌工作。但由于调平后流量尚不够大,在气温偏低的年份不易达到推迟封河的效果;同时,封河后的冰盖也不够高,如果后期来水较大,冰下过流不畅,仍会造成开河时有较大槽蓄水量,对防凌不利。

5. 凌汛期全面调控运用

其目的是发挥水流在封河前抵制封河的作用,抑制水流在封河后可能促成"武开河"的作用。这种方式要求在凌汛前预蓄一定水量,调匀并适当加大封河前的下泄流量;封河后则视槽蓄水量的大小由大到小逐级控制下泄流量,至开河前再进一步减小下泄流量,必要时亦可以关闸断流,以利下游安全开河。

这种运用方式综合了前几种运用方式的优点,封河前调匀并适当加大下泄流量,可以起到推迟封河的作用,在气温偏高的年份甚至可能不封河;即使封了河,冰盖比较高,冰下过流能力较大,有利于封河后的河道泄流。封河后逐步控制运用,可以避免因开河预报不准造成的运用时机不易掌握的缺点;同时,由于逐步减退河槽蓄水量,开河前槽蓄水量较小,可取开河期水库不关闸断流运用,保证水库电站部分机组照常运行;另外,封河后控制下泄流量又与春灌蓄水相结合,可以发挥水库综合利用的作用。1974 年凌汛期,三门峡水库按此方式进行了初步试验运用,但由于预蓄水量较少(包括发电仅蓄水 2.73 亿 m^3),封河前调匀并适当加大下泄流量以推迟封河的效果不明显,但封河后控制均匀下泄显示出一定成效,开河前下游河道槽蓄水量仅 5 亿多 m^3,约为一般年份的一半,开河期三门峡水库发电照常进行,下游比较安全地度过凌汛。

但这种运用方式也存在一些需要研究解决的问题,例如:封河后控制下泄的开始时间及逐级控制的幅度如何掌握? 如计划不周,可能出现防凌库容已蓄满,而下游河道尚未解冻开河的被动局面;也可能由于当年凌汛期气温偏高,在天然径流下本来就不会封河,而水库照常进行调节运用,额外增加了库区的淤积。

(四)与水库防凌运用有关的几个问题

1. 防凌运用与发电的关系

小浪底、三门峡水库防凌运用的原则是发电、引水服从防凌,防凌兼顾发电、引水。在可能的条件下,水库防凌运用尽量争取不关闸断流,使电站保证出力不为零,但当下游防凌出现紧急情况时,水库关闸断流则是必要的。

由于防凌蓄水运用,库水位升高,从而增加了发电水头,机组发满出力时,通过水轮机的流量相应减小,如三门峡水库电站第一台机组,当水头 30 m 时,过机流量是 200 m^3/s,当水头增大到 40 m 时,过机流量则是 150 m^3/s。因此,在防凌运用的较高库水位情况下,过机流量会有所减小,有利于防凌兼顾发电的原则。

2. 蓄水运用对水库淤积的影响

水库在防凌运用期间,要蓄满一定的水量,库水位升至一定高程,使水库的排沙比大为减小,上游来沙淤积在库内,从而增加了库区的淤积。库区淤积量的大小主要与防凌蓄水时间长短和蓄水时段来沙量有关,淤积部位则取决于最高壅水位。所以,为了减轻库区淤积对上游河床高程的影响,应尽量缩短防凌蓄水运用时间,降低最高蓄水位。

3. 防凌蓄水运用对下游河道淤积的影响

水库蓄水防凌运用期间,下泄大量清水,这将造成下游河道冲刷。由于泄放清水的时段较短,流量也不大,下游冲刷河段一般只在河南境内,而山东河段则会增加淤积,但淤积量不大。

二、下游引黄水量增加,河道径流减少,形成凌汛的动力因素减弱

黄河下游修建了大量引黄涵闸等取水工程,目前小浪底以下引黄工程引水能力达 4 171 m³/s(其中河南河段设计引黄能力为 1 638 m³/s,山东河段为 2 533 m³/s),凌汛期引黄水量为增长趋势:花园口—利津河段凌汛期(12 月~次年 2 月,下同)年均引水量,20 世纪 60 年代为 1.0 亿 m³、70 年代为 2.7 亿 m³、80 年代为 7.9 亿 m³、90 年代的 1990~1993 年增加到 11.9 亿 m³(见表 3-4)。山东河段(高村以下河段)凌汛期年均引水量,80 年代前期为 4.2 亿 m³,后期增加到 10.2 亿 m³,90 年代前期增加到 13.1 亿 m³,其后期虽受水资源短缺影响较大,但引水量仍有近 13.0 亿 m³(见表 3-5)。

表 3-4 黄河下游(花园口—利津)凌汛期(12 月~次年 2 月)引水量统计

(单位:亿 m³)

年度	凌汛期引水量			
	12 月	1 月	2 月	总量
1958~1959	2.082 4	0.745 7	4.496 4	7.324 5
1959~1960	4.173 6	4.239 8	5.574 7	13.988 1
1958~1960 平均	3.128 0	2.492 8	5.035 6	10.656 3
1960~1961	1.267 9	0.909 1	3.832 1	6.009 1
1961~1962	0.125 3	0.007 4	0	0.132 7
1962~1963	0	0	0	0
1963~1964	0	0	0	0
1964~1965	0	0	0	0
1965~1966	0	0.127 0	1.192 0	1.319 0
1966~1967	1.216 0	0.254 7	0.248 7	1.719 4
1967~1968	0.004 8	0.023 6	0.014 8	0.043 2
1968~1969	0.047 9	0.019 5	0.044 6	0.112 0
1969~1970	0.072 8	0.115 7	0.429 0	0.617 5
1960~1970 平均	0.273 5	0.145 7	0.576 1	0.995 3
1970~1971	0.698 1	0.485 3	0.476 7	1.660 1
1971~1972	0.752 9	0.094 0	0.060 9	0.907 8
1972~1973	0.583 6	0.058 9	1.959 4	2.601 9
1973~1974	0.565 6	0.163 7	1.357 7	2.087 0
1974~1975	0.002 7	0.003 7	0.048 1	0.054 5
1975~1976	0.805 9	0.925 3	3.245 5	4.976 7
1976~1977	1.924 5	0.393 1	4.386 8	6.704 4

续表 3-4

年度	凌汛期引水量			
	12 月	1 月	2 月	总量
1977～1978	0.152 6	0.091 9	1.020 9	1.265 4
1978～1979	1.424 5	0.221 6	1.086 7	2.732 8
1979～1980	2.304 0	0.316 3	1.036 4	3.656 7
1970～1980 平均	0.921 4	0.275 4	1.467 9	2.664 7
1980～1981	0.127 8	0.022 3	2.512 6	2.662 7
1981～1982	6.450 6	1.787 4	4.640 0	12.878 0
1982～1983	4.263 7	0.561 4	1.722 9	6.548 0
1983～1984	1.556 5	0.173 6	1.855 0	3.585 1
1984～1985	0.486 1	0.283 1	0.411 1	1.180 3
1985～1986	0.374 2	0.117 8	1.262 1	1.754 1
1986～1987	2.056 7	0.543 7	6.640 7	9.241 1
1987～1988	2.237 5	0.746 9	2.893 6	5.878 0
1988～1989	8.879 7	2.834 3	8.603 1	20.317 1
1989～1990	10.169 2	2.798 8	1.998 6	14.966 6
1980～1990 平均	3.660 2	0.986 9	3.254 0	7.901 1
1990～1991	2.301 1	0.988 8	4.225 8	7.515 7
1991～1992	9.007 3	1.428 9	7.084 4	17.520 6
1992～1993	5.935 2	1.516 4	10.859 8	18.311 4
1993～1994	1.174 0	1.820 0	1.423 0	4.417 0
1990～1994 平均	4.604 4	1.438 5	5.898 3	11.941 2

表 3-5 山东黄河凌汛期(12 月～次年 2 月)引水量统计 （单位:亿 m³）

年度	凌汛期引水量			
	12 月	1 月	2 月	总量
1981～1982	5.912	1.572	3.622	11.106
1982～1983	4.075	0.493	0.986	5.554
1983～1984	1.511	0.073	0.971	2.555
1984～1985	0.429	0.230	0.340	0.999
1985～1986	0.270	0.032	0.680	0.982
1986～1987	1.926	0.267	5.252	7.445

续表 3-5

年度	凌汛期引水量			
	12 月	1 月	2 月	总量
1987～1988	2. 133	0. 496	1. 333	3. 962
1988～1989	8. 200	2. 588	7. 917	18. 705
1989～1990	10. 360	2. 183	1. 539	14. 082
1990～1991	3. 407	0. 676	2. 604	6. 687
1981～1991 平均	3. 822	0. 861	2. 524	7. 207
1991～1992	8. 282	1. 232	4. 748	14. 262
1992～1993	5. 885	1. 582	9. 982	17. 449
1993～1994	1. 174	1. 820	1. 423	4. 417
1994～1995	4. 025	1. 639	7. 161	12. 825
1995～1996	7. 865	3. 837	4. 692	16. 394
1996～1997	6. 742	4. 657	7. 232	18. 631
1997～1998	4. 581	3. 484	1. 296	9. 361
1998～1999	5. 924	6. 009	2. 476	14. 409
1999～2000	4. 062	2. 394	3. 749	10. 205
2000～2001	6. 741	3. 168	2. 268	12. 177
1991～2001 平均	5. 528	2. 982	4. 503	13. 013

随着下游引黄用水的增加,相应河道径流减少:利津水文站20世纪60年代年平均径流量为513亿 m³、70 年代为304亿 m³、80 年代为291亿 m³、90 年代为132亿 m³,相应凌汛期(12 月～次年2月)流量亦逐渐减少:利津水文站60年代凌汛期年均径流量为50.9亿 m³、70 年代为41.1亿 m³、80 年代为39.7亿 m³、90 年代为20.1亿 m³(见表3-6、图3-2)。黄河凌汛期下游河道径流量的大量减少,致使形成凌汛的水流动力因素相对减弱,凌汛威胁减缓。

表 3-6　利津水文站历年(水文年)径流量统计

年度	径流量(亿 m³)		(3)/(2)×100%
	水文年	凌汛期(12 月～次年2月)	
(1)	(2)	(3)	(4)
1960～1961	166. 9	7. 337	4. 4%
1961～1962	581. 2	86. 38	14. 9%
1962～1963	532. 5	59. 79	11. 2%

续表 3-6

年度	径流量(亿 m³)		(3)/(2)×100%
	水文年	凌汛期(12 月~次年 2 月)	
(1)	(2)	(3)	(4)
1963~1964	673.0	60.56	9.0%
1964~1965	904.4	92.42	10.2%
1965~1966	278.7	34.83	12.5%
1966~1967	509.4	26.23	5.1%
1967~1968	687.6	53.26	7.7%
1968~1969	515.2	53.60	10.4%
1969~1970	280.8	34.62	12.3%
最大值	904.4	92.42	14.9%
最小值	166.9	7.337	4.4%
平均值	513.0	50.90	9.8%
1970~1971	329.8	35.32	10.7%
1971~1972	309.2	55.55	18.0%
1972~1973	176.4	27.30	15.5%
1973~1974	300.5	28.12	9.4%
1974~1975	247.0	63.03	25.5%
1975~1976	488.1	60.10	12.3%
1976~1977	425.9	29.95	7.0%
1977~1978	208.7	35.55	17.0%
1978~1979	305.8	41.70	13.6%
1979~1980	252.3	34.44	13.7%
最大值	488.1	63.03	25.5%
最小值	176.4	27.30	7.0%
平均值	304.4	41.11	14.3%
1980~1981	161.1	29.34	18.2%
1981~1982	369.9	30.47	8.2%
1982~1983	325.8	40.76	12.5%
1983~1984	480.8	55.94	11.6%
1984~1985	483.4	58.61	12.1%
1985~1986	336.7	51.59	15.3%

续表 3-6

年度	径流量		(3)/(2)×100%
	水文年	凌汛期(12 月～次年 2 月)	
(1)	(2)	(3)	(4)
1986～1987	136.9	23.42	17.1%
1987～1988	99.35	33.95	34.2%
1988～1989	226.5	28.70	12.7%
1989～1990	286.3	44.26	15.5%
最大值	483.4	58.61	34.2%
最小值	99.35	23.42	8.2%
平均值	290.7	39.70	15.7%
1990～1991	239.5	40.67	17.0%
1991～1992	54.20	9.335	17.2%
1992～1993	152.0	26.76	17.6%
1993～1994	217.7	44.31	20.4%
1994～1995	175.5	40.14	22.9%
1995～1996	121.8	10.56	8.7%
1996～1997	164.8	8.253	5.0%
1997～1998	14.82	1.917	12.9%
1998～1999	111.5	9.954	8.9%
1999～2000	65.40	9.444	14.4%
最大值	239.5	44.31	22.9%
最小值	14.82	1.917	5.0%
平均值	132.0	20.1	15.2%
历年最大值	904.3	92.42	34.2%
历年最小值	14.82	1.917	4.4%
历年平均值	334.3	38.53	11.5%

三、气候有逐渐变暖的趋势,影响下游凌汛的热力因素增强

近几十年来,特别是 20 世纪 70 年代以后,黄河下游随着整个气候变暖的大趋势也逐渐变暖升温。据郑州、济南、北镇(现滨州,下同)三市历年气象资料统计分析,黄河下游(郑州、济南、北镇三市均值)凌汛期(12 月～次年 2 月),1951～1959 年度平均气温为 -0.3 ℃,1960～1969 年度平均气温为 -0.4 ℃,1970～1979 年度为 0.1 ℃,1980～1989 年度为 0.1 ℃,1990～1999 年度为 1.4 ℃。1951～1999 年 48 年中气温累计升高 1.7 ℃,

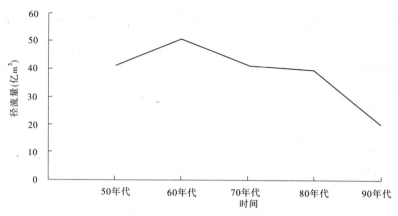

图3-2　利津水文站各年代凌汛期径流量过程线

特别是70年代以后至今的30年中,气温变暖趋势显著,凌汛期平均气温升高0.8 ℃(见表3-7、图3-3)。黄河下游全年气温亦有上述变化趋势,以黄河入海水沙控制站利津水文站为例:1970～1979年度平均气温12.5 ℃,1980～1989年度为12.7 ℃,1990～1999年度为13.2 ℃,70年代至90年代,年平均气温升高0.7 ℃。气候变暖,特别是黄河下游凌汛期气候变暖,直接影响凌情形势,使形成黄河下游凌汛的热力作用有所增强,封河概率减小,强度减轻。但黄河下游自80年代以来已连续发生近20年暖冬天气,是否接近由暖变冷的气候变化周期,还有待进一步研究。

表3-7　黄河下游凌汛期(12月～次年2月)各年代气温变化统计　　　　(单位:℃)

地点	时段	12月	温度差值	1月	温度差值	2月	温度差值	12～2月	温度差值
郑州	1951～1959	1.6	0.0	-0.3	0.1	2.3	-0.5	1.2	-0.1
	1960～1969	1.6		-0.2		1.8		1.1	
	1970～1979	1.8	0.2	-0.1	0.1	2.3	0.5	1.3	0.2
	1980～1989	1.8	0.0	-0.1	0.0	2.0	-0.3	1.2	-0.1
	1990～1999	2.7	0.9	0.6	0.7	4.0	2.0	2.4	1.2
	1951～1969 均值	1.6	0.5	-0.3	0.4	2.1	0.7	1.2	0.4
	1970～1999 均值	2.1		0.1		2.8		1.6	
济南	1951～1959	0.8	-0.1	-1.9	0.5	1.0	-0.1	0	0.1
	1960～1969	0.7		-1.4		0.9		0.1	
	1970～1979	1.6	0.9	-0.8	0.6	1.4	0.5	0.7	0.6
	1980～1989	1.4	-0.2	-0.7	0.1	1.8	0.4	0.8	0.1
	1990～1999	2.5	1.1	0.2	0.9	3.5	1.7	2.1	1.3
	1951～1969 均值	0.8	1.0	-1.7	1.3	1.0	1.2	0.1	1.1
	1970～1999 均值	1.8		-0.4		2.2		1.2	

续表 3-7

地点	时段	12月	温度差值	1月	温度差值	2月	温度差值	12~2月	温度差值
北镇	1951~1959	-1.1	-0.4	-3.9	-0.2	-1.3	-0.4	-2.1	-0.4
	1960~1969	-1.5	1.0	-4.1	1.1	-1.7	0.4	-2.5	0.9
	1970~1979	-0.5	-0.6	-3.0	-0.2	-1.3	0.6	-1.6	-0.1
	1980~1989	-1.1	1.3	-3.2	0.9	-0.7	1.7	-1.7	1.3
	1990~1999	0.2		-2.3		1.0		-0.4	
	1951~1969 均值	-1.3	0.8	-4.0	1.2	-1.5	1.2	-2.3	1.1
	1970~1999 均值	-0.5		-2.8		-0.3		-1.2	
郑州—北镇	1951~1959	0.4	-0.1	-2.0	0.1	0.7	-0.4	-0.3	-0.1
	1960~1969	0.3	0.7	-1.9	0.6	0.3	0.5	-0.4	0.5
	1970~1979	1.0	-0.3	-1.3	0.0	0.8	0.2	0.1	0.0
	1980~1989	0.7	1.1	-1.3	0.8	1.0	1.8	0.1	1.3
	1990~1999	1.8		-0.5		2.8		1.4	
	1951~1969 均值	0.4	0.7	-2.0	1.0	0.5	1.1	-0.3	0.8
	1970~1999 均值	1.1		-1.0		1.6		0.5	

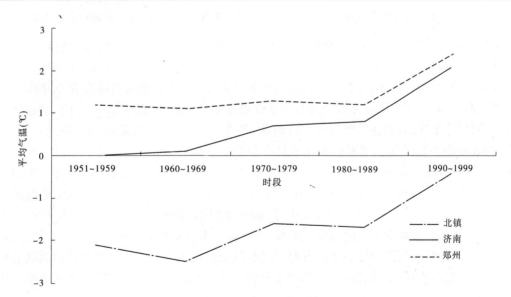

图 3-3　北镇(滨州)、济南、郑州凌汛期各时段平均气温过程线

四、水温变化对下游凌汛的影响

一切冰情现象的基础——冰晶,是在水的支出热量超过水的收入热量,在水温稍低于0℃的条件下形成的,而气温对凌汛的影响也是通过水温的变化体现出来的。因此,水温

的变化与凌汛的关系就更为密切。

（一）水温与气温的关系

河道的水温随着时间和河段的不同而有差异，这些变化与大气温度、太阳辐射、水源温度、流速、水深以及风力等有关。黄河下游水浅流缓，又是地上河，影响冬季水温变化的主要因素是气温，水温随着气温的升降而相应变化（见图3-4、图3-5）。

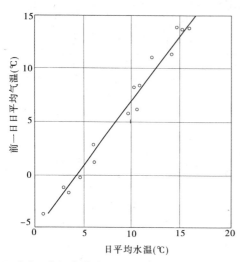

图3-4　黄河内蒙古昭君坟站前一日日平均气温与当日平均水温关系

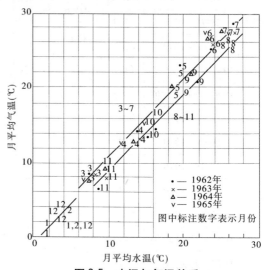

图3-5　水温与气温关系
（郑州气象台月平均气温—花园口月平均水温）

物体温度的升降，一则在于热能的多少，二则在于比热的大小。热能增加，则温度上升，热能减少，则温度下降。以同样的热能加入比热大的物质，温度上升缓；加入比热小的物质，温度上升急。由于水的比热大，而空气的比热小，因此水温的升降变化总是滞后于气温的变化，而且变化幅度亦较为缓和。在气温逐渐上升的春、夏季（3～7月），水温随之升高，但稍低于气温；而在气温逐渐下降的秋、冬季（8～11月），水温也在下降，但又稍高于气温（见图3-5）。所以气温的变化虽具有急剧多变的特性，而水体的热力过程却具有调和平缓的特性。待冬季气温转负后，一部分水转化为冰，释放出的潜热使水温维持在0℃上下，几乎不变，这时水温与气温间的差值，随气温下降幅度的加大而增加（见图3-6、图3-7和表3-8）。河流封冻以后，由于盖面冰层的导热系数较小，为1.935 kcal/（m·h·℃），大大减少了水流与空气的热交换，故气温对水温的影响随之减小。然而，未封冻的清沟却成了河道封冻后水体和空气进行热交换的集中场所。在严冬腊月晴朗的早晨，清沟的敞露水面上，往往浮现一团团上升的水汽，这就是河水里的热量散发到空气中去的表现。

（二）水温在垂线与断面上的变化分析

河道中水流的紊动掺和作用，使水温在垂线上或断面上的分布一般是比较均匀的，但当河槽变化复杂，并有河湾或死水存在时，水温沿垂线及断面的分布情况则比较复杂。在较大的河流上，水温的分布不论在岸边或河心，不论在水面或水底，都还存在某些差别，这种差别在年内不同季节和昼夜不同时刻，也是不同的。通常在河水增温时期，近岸处的水温较河心处高,而冷却时期,则较河心处低,这是结冰期首先在近岸出现冰晶和薄冰的一个主要原因;另外,深水处水温一般比浅水的地方要高,但在午后,因受太阳辐射的影响,水浅的地方受热较快,水温反而会比深水处高。根据黄河上游包头水文站的观测结果,主流和河边的水温相差0.1～2.4℃,不同水深处的水温相差0.1～1.2℃。当气温转负后,水温与气温间的差值加大,河水就更容易冷却,但又一般只降至0℃或稍低于0℃。因此,在冬季,水温在断面上的差异就更小,基本上是均匀一致的。由于水流的紊动作用,冬季河流过水断面上的水温可以同时降至稍低于0℃,是全断面的任何地方都会产生冰晶,并形成水内冰的原因所在。

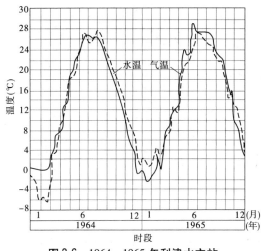

图3-6　1964～1965年利津水文站
月平均气温和水温变化

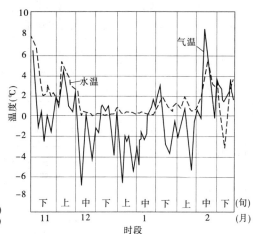

图3-7　1973年12月下旬利津水文站
结冰前后日平均气温和水温变化

(三)上游水库调节运用对下游河道水温的影响

河流上的水库,犹如天然的湖泊,它在调节河道水量的同时,也对水体的热量进行了调节,因此它对河道的水温也会产生影响。

1.三门峡水库防凌运用对下游河道水温的影响

1974年12月份,黄河下游日平均气温转负日期较1972年12月份早,月平均气温较1972年12月低1～1.5℃,但是由于1974年12月份三门峡水库进行了蓄水调匀运用,且下泄的流量又较大,使花园口站的水温较1972年12月份的平均水温高出2.5～4.5℃;山东河段水温增高的幅度较小,但也是偏高的趋势。这说明,河流上水库的调节作用,使冬季从水库中流出来的水的温度较高,因此提高了下游河道的水温。这样,可以不同程度地起到限制或延缓冰情发展的作用。河流上水库的调节运用对下游河道水温的影响,视调节流量的大小及气候条件而异。

2.小浪底水库防凌运用后对下游河道水温的影响

从小浪底水库运用前3年的情况看,在12月中旬至2月上旬期间,2000～2001年度出库水温为5～8℃、2001～2002年度为6～9℃、2002～2003年度为4～8℃,出库水温随水库蓄水量的增加而升高,见表3-9。

表3-8　黄河利津水文站1964年和1965年气温、水温统计

（单位：℃）

月份	1964年								1965年							
	气温				水温				气温				水温			
	旬平均			月平均	旬平均			月平均	旬平均			月平均	旬平均			月平均
	上	中	下		上	中	下		上	中	下		上	中	下	
1	-1.8	-6.1	-5.5	-4.5	0.3	0.3	0.2	0.2	-2.1	-3.3	-0.9	-2.1	1.2	0.2	0.9	0.8
2	-5.6	-6.5	-2.9	-5.0	0.2	0.2	0.2	0.2	-0.6	2.8	-0.4	0.6	1.1	4.2	3.0	2.7
3	2.8	2.7	7.5	4.4	2.2	6.8	7.9	5.7	1.8	6.6	7.1	5.2	3.6	7.0	8.0	6.3
4	7.7	13.1	13.2	11.3	9.9	12.5	15.7	12.7	8.7	12.5	11.0	10.8	9.9	12.8	11.8	11.5
5	19.6	19.4	22.3	20.5	19.3	18.8	20.8	19.7	17.8	21.1	24.1	21.1	15.4	19.1	21.2	18.6
6	22.9	23.6	27.4	24.6	22.5	24.6	25.8	24.3	22.4	23.2	28.8	24.8	21.0	23.0	25.6	23.2
7	27.6	24.9	25.5	26.0	27.3	27.0	26.2	26.8	27.2	27.2	26.2	26.8	26.8	26.3	27.1	26.7
8	26.7	26.0	24.4	25.7	27.4	27.8	25.9	27.0	25.3	24.6	24.6	24.9	26.7	26.9	25.9	26.5
9	22.3	20.4	18.3	20.4	23.2	22.0	19.1	21.4	21.9	21.5	21.7	21.7	23.3	22.4	21.2	22.3
10	16.2	15.0	12.5	14.5	18.1	16.7	14.3	16.3	18.0	14.1	15.8	16.0	18.6	15.5	15.7	16.6
11	7.9	5.5	5.2	6.2	11.2	9.2	8.2	9.5	9.0	7.9	3.2	6.7	12.8	9.9	6.3	9.7
12	0.2	-1.2	0.3	-0.3	3.9	1.3	2.1	2.4	1.1	-2.0	-4.3	-1.9	2.1	1.0	0	1.0

注：气温采用利津县气象站资料。

表3-9　2000～2003年凌汛期小浪底水库蓄水量和出库流量、水温统计

年度	库水位(m)	蓄水量(亿 m³)	出库流量(m³/s)	出库水温(℃)
2000～2001	231.0～234.5	43～47.5	250～650	5～8
2001～2002	235.4～239.2	45.3～50.8	150～550	6～9
2002～2003	216.9～224.8	19.2～27.0	120～180	4～8

从表3-9可知,小浪底水库蓄水防凌运用可以提高出库水温,使下游河段零温度断面下移,封冻长度缩短,冰量也相应减少。黄委会水文局对小浪底运用后凌汛情况按照"黄河下游冰凌数学模型"模拟的结果显示:在出库水温4℃时,将封河流量控制在500 m³/s左右,即使遇到特冷年份,高村以上河段也不会出现封冻,封冻上首将较水库运用前下移200多 km;而且,出库水温每升高1℃,封冻上首将下移50 km左右。可以看出,随着小浪底水库防凌蓄水量的增加,出库水温也将升高,黄河下游封冻上首位置将进一步下移。从水库运用3年以来的实际情况看,模拟结果在水温沿程变化和封冻上首移动等方面与实际情况基本一致。

上述分析说明,黄河下游河道水温变化与凌汛关系十分密切。尤其是小浪底水库蓄水防凌运用后,提高了出库水温,使下游河道零温度断面下移,封冻长度变短,河道冰量减少,所以凌洪威胁相应减轻。

五、寒潮对下游凌汛的影响

寒潮是冷空气暴发的现象,大风、降温和雨雪几乎都是由它影响而产生的。因此,寒潮是影响黄河下游凌汛的重要天气现象。

侵入黄河下游地区的寒潮有以下几条途径:

(1)从西伯利亚下来的冷空气,经新疆北部、甘肃河西走廊、陇东、关中而进入黄河中下游地区。这种冷空气因路途较远,沿途增温较多,降温幅度一般不是很大。

(2)从贝加尔湖下来的冷空气,经蒙古高原、陕北、华北地区而进入黄河中下游地区。这种冷空气有时十分强烈,一直可推进到长江流域和南岭南北地区,降温幅度很大。

(3)从白令海峡下来的冷空气,经日本海、渤海湾直接侵入黄河下游河口地区,常伴有强烈的东北风,降温幅度较大。

气温骤降是寒潮的最大特点,也是直接影响凌汛的热力因素。但是,旬、月平均气温常会掩盖掉这种气温的突变过程。由于寒潮的持续时间多在3～4 d,因而往往采用连续三天最低日平均气温的平均值,即最低三日平均气温来反映这种气温骤降的强度。

表3-10列出了1951年以来郑州、济南、北镇三地历年最强寒潮时的最低三日平均气温。从表中可以看出,1956～1957年冬季是山东地区历年冬季最寒冷的,也就是说,冷空气活动最强烈的典型时段(仅在1月中旬就连续出现了两次最低三日平均气温低于−7～−9℃的寒潮),该年济南和北镇最低三日平均气温曾分别低至−13.7℃和−14.4℃,比历年最低三日平均气温低4.5℃以上。同时,从历年最强寒潮出现的日期看,几乎80%以上是在12月下旬和1月份,这就是该时段天气寒冷的原因之一,而历年黄河下游

首先封河的日期也多发生在该时段。

表3-10　郑州、济南、北镇(滨州)历年最低三日平均气温　　　(单位:℃)

年度	郑州		济南		北镇	
	最低三日平均气温	出现日期(月-日)	最低三日平均气温	出现日期(月-日)	最低三日平均气温	出现日期(月-日)
1950~1951	-7.7	01-11~01-13	-13.7	01-10~01-12	-13.0	01-10~01-12
1951~1952	-5.7	02-16~02-18	-7.6	02-16~02-18	-7.9	02-16~02-18
1952~1953	-6.8	01-16~01-18	-12.2	01-16~01-18	-10.4	01-16~01-18
1953~1954	-6.0	01-23~01-25	-5.0	01-23~01-25	-7.5	02-02~02-04
1954~1955	-9.9	01-01~01-03	-8.3	12-09~12-11	-9.0	01-04~01-06
1955~1956	-7.5	01-20~01-22	-10.0	01-06~01-08	-9.6	01-07~01-09
1956~1957	-6.3	01-12~01-14	-13.7	02-09~02-11	-14.4	01-19~01-21
1957~1958	-7.5	01-15~01-17	-13.7	01-15~01-17	-13.2	01-15~01-17
1958~1959	-3.8	01-17~01-19	-9.9	01-04~01-06	-10.3	01-04~01-06
1959~1960	-5.6	12-19~12-21	-8.2	01-21~01-23	-10.1	12-20~12-22
1960~1961	-4.8	12-17~12-19	-8.8	12-17~12-19	-8.4	12-29~12-31
1961~1962	-3.3	12-28~12-30	-7.8	12-30~01-01	-6.1	12-31~01-02
1962~1963	-3.9	01-10~01-12	-7.5	01-20~01-22	-8.8	01-22~01-24
1963~1964	-7.0	02-17~02-19	-8.1	01-31~02-02	-11.1	01-31~02-02
1964~1965	-2.7	01-11~01-13	-6.4	01-11~01-13	-7.0	01-11~01-13
1965~1966	-4.8	02-21~02-23	-7.9	12-15~12-17	-8.3	12-30~01-01
1966~1967	-7.1	12-27~12-29	-9.6	12-25~12-27	-9.5	12-25~12-27
1967~1968	-4.8	12-27~12-29	-11.1	12-27~12-29	-12.4	12-27~12-29
1968~1969	-6.9	01-29~01-31	-9.3	01-29~01-31	-9.9	01-01~01-03
1969~1970	-6.2	01-14~01-16	-12.2	01-03~01-05	-10.3	01-14~01-16
1970~1971	-3.3	02-04~02-06	-6.4	02-03~02-05	-7.0	01-25~01-27
1971~1972	-8.0	12-26~12-28	-9.9	01-25~01-27	-13.2	01-25~01-27
1972~1973	-1.7	01-02~01-04	-6.1	01-07~01-09	-5.0	01-07~01-09
1973~1974	-4.4	01-28~01-30	-7.3	12-23~12-25	-6.9	12-23~12-25

注:1956~1957年以前借用惠民气象台资料。

　　一年中的瞬时最低气温多出现在一年中最强寒潮侵袭期间(见表3-11)。1951~1972年,郑州和济南实测的极端最低气温的下限值分别为-17.9℃和-19.7℃,这比历年最低三日平均气温的下限又低4℃左右。历年极端最低气温的变化较大,郑州一般为

$-10 \sim -17$ ℃,济南一般为 $-12 \sim -19$ ℃。出现日期亦多数集中在 12 月下旬和次年 1 月,以 1 月中旬为主;在 12 月上、中旬和 2 月上旬略有分散。这是因为极端最低气温出现后处于冷高压中心控制的地区,受强烈辐射冷却所致,由于冬季天气形势简单,而 1 月又是冷高压活动鼎盛时期,故极低值多集中于 1 月。

表 3-11 郑州、济南历年极端最低气温 （单位:℃）

年度	郑州		济南	
	极端最低气温	日期（月-日）	极端最低气温	日期（月-日）
1951～1952	-9.6	02-17	-12.0	02-16
1952～1953	-13.8	01-17	-19.7	01-17
1953～1954	-11.7	01-24	-10.3	02-05
1954～1955	-17.9	01-02	-13.2	12-11
1955～1956	-11.8	01-23	-14.0	01-17
1956～1957	-13.4	01-15	-17.3	01-19
1957～1958	-14.6	01-15	-16.5	01-16
1958～1959	-10.8	01-17	-13.9	01-17
1959～1960	-14.5	12-20	-12.4	01-23
1960～1961	-11.5	12-18	-13.9	12-18
1961～1962	-9.9	01-31	-13.1	01-01
1962～1963	-10.3	01-11	-12.4	02-03
1963～1964	-14.7	02-17	-13.0	01-14
1964～1965	-7.0	01-11	-10.0	01-11
1965～1966	-11.8	02-23	-13.6	02-22
1966～1967	-15.8	01-15	-16.7	01-15
1967～1968	-10.8	12-30	-16.0	12-28
1968～1969	-13.4	01-25	-13.3	02-04
1969～1970	-14.2	01-05	-16.0	01-05
1970～1971	-11.7	02-04	-11.0	02-04
1971～1972	-17.3	12-27	-12.0	12-27

"北风凛冽寒潮到,气温骤降流速小,冰坚块大密度高,插凌封河免不了"。寒潮期间的气温骤降,易促使河流结冰,并使冰量迅速增加,冰质增强,淌凌密度加大,而逆流向的偏北大风,使水面流速降低,凌速减小,所以寒潮侵袭实质上是导致黄河下游封河的直接原因。1973 年 12 月中旬,北镇地区气温较多年平均偏高 1 ℃左右,这时黄河水面几乎没

有冰凌;12月21日上午,带有七八级偏北大风的寒潮入境,气温急剧下降,傍晚,河面普遍淌凌,密度为20%~30%。至24日,日平均气温下降至-8.2℃,较寒潮来临的前一天(20日)平均气温骤降9.2℃,淌凌密度增大到60%以上。25日凌晨,淌凌密度更大,当最低气温降至-12.3℃时,利津河段就封了河(参见图3-8)。

强寒潮的连续侵袭和寒潮过后气温的迅速回升所造成的冬季气温忽高忽低,对封、开河影响极大。例如1968~1969年冬季,济南日平均气温于12月中旬下降至-6.3℃,并于12月下旬回升转正至4.5℃;1月上旬日平均气温又下降至-9.7℃,并又于中旬回升转正达8.7℃;接着1月下旬日平均气温再次降低至-9.3℃以后,到2月上旬末猛升至13℃;至中旬却又骤降至-9.3℃(见图3-9)。这样,在该年凌汛期内日平均气温连续出现了四降四升的变化,尤其是在1月中、下旬和2月上、中旬的正负变幅较大,而2月10日前后几天内,正负日平均气温值的变幅竟达22℃左右,因而形成了该年度山东河段三次封河和三次开河的罕见现象,同时先后在山东河段东阿县李聪和邹平县梯子坝形成严重卡冰阻水的紧急凌情。

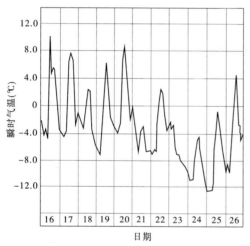

图3-8 1973年12月21日寒潮入侵前后
北镇气象台实测气温过程线

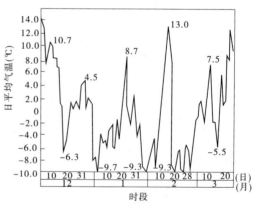

图3-9 1968~1969年凌汛期济南
日平均气温过程线

上述情况说明,寒潮是影响黄河下游凌汛的重要因素之一。因此,在分析气温变化对凌汛影响的时候,一方面要看到多年平均气温变化的某些规律对凌汛的影响,同时还应特别注意到个别年份气温变化的特殊情况对凌汛的影响。尤其是在部署防凌工作时,多考虑到气温变化的复杂性,就显得更为重要。

六、堤防工程建设提高了抗凌能力

堤防工程是抗御冰凌洪水的重要屏障。黄河下游干流堤防长1 371 km(不含河口堤77.5 km),由平工和险工组成,堤防级别为1级,是历年保证防凌防洪安全的主要工程。

根据国家《堤防工程设计规范》、黄委会《黄河下游防洪工程标准》及《黄河下游标准化堤防建设标准若干规定》,目前黄河下游堤防设计防洪水位为2000年水平年。花园口至孙口河段为流量22 000~17 500 m³/s的相应水位,东平湖以下为流量11 000 m³/s的相应水位。设计堤顶超高,高村以上为 3.0 m,高村至艾山为 2.5 m,艾山以下 2.1 m。临背河边坡均为 1:3,1998~2002 年,国家对堤防工程加大了投资力度,堤防已编号在册的重要险点险段已基本消除,现堤身高度比第三次大复堤后增高 2.5~4.0 m。

根据《黄河下游 2001 年至 2005 年防洪工程建设可行性研究报告》,南展宽工程河段堤防工程规划如下。

(一)堤防工程

堤防加高帮宽按 2010 年设计水平年,相应流量 11 000 m³/s 设计,超高 2.1 m,临黄堤堤顶宽为 10 m,临背边坡 1:3,为 1 级堤防。

堤防加固,淤背标准:顶宽 80 m,顶部高程低于设计洪水位 3 m。

防浪林,建设宽度 30 m。

堤顶道路硬化参照三级公路设计标准,路面宽 6 m。

(二)河道工程

河道工程包括险工工程和控导工程。

险工工程,坝顶高程比堤顶高程低 1.0 m,根石台与 2000 年水平年 3 000 m³/s 水位平。

控导工程,顶高按当地滩面高程加 0.5 m。

堤防工程建设的加强使黄河下游防洪防凌能力显著增加。

七、防凌技术和信息化水平有新的发展

黄河防凌技术是随科学技术水平的提高和国家经济发展而不断提高的。在 20 世纪 60 年代以前,人们认为凌汛灾害主要是由冰凌堵塞河道引起的,症结是冰,所以防治的措施是治冰。如在冰面上撒土、人工破冰、炸冰、破冰船等。自 1960 年三门峡水库建成后,运用水库防凌取得了明显效果。人们逐渐认识到,冰量再多,如没有水流作用力,那么冰凌只能处于分散的静止状态,构不成凌汛威胁。随着国际冰工程科学技术交流的增加,黄河防凌技术在与国内外科研单位、大专院校合作中取得了多项成果。国家"八五"科技攻关和国家自然科学基金将黄河防凌技术作为重点项目进行研究。对河冰运行的基本规律进行了系统分析,建立了水库防凌调度数学模型和冰情预报数学模型,使黄河防凌技术提高到一个新水平。

实现黄河治理开发和管理的现代化,首先全面实现黄河的信息化,而实现黄河信息化的关键途径则是数字化。当前黄委会正在建设的"数字黄河"正是基于这一概念。在"数字黄河"的规划中,提出了"研究并建立黄河冬季枯水调度模型",在枯水调度模型中,将充分考虑防凌调度问题,建立包括热力条件、水动力条件、地形条件等因素的防凌调度模型。以功能强大的系统软件和数学模型对防凌各种调度方案进行模拟、分析和研究,并在可视化的条件下提供决策支持,增强决策的科学性和预见性。

八、黄河下游河道断面形态发生了较大变化

由于下游多年来来水减少,河道主槽淤积加重,平滩流量明显减小,20 世纪五六十年代,平滩流量一般为 7 000~8 000 m³/s,局部河段可达 10 000 m³/s;至七八十年代,平滩

流量降至 6 000 ~ 7 000 m³/s;至 90 年代已降至 4 000 ~ 5 000 m³/s;目前平滩流量已降至 2 000 ~ 3 000 m³/s,局部河段甚至更小。据统计,从 1950 年 6 月至 2000 年 5 月,艾山至泺口河段共淤积 4.1 亿 m³;泺口站 1950 年 7 月至 1997 年 8 月 3 000 m³/s 流量对应水位抬高 3.9 m。主槽的淤积改变了河道的断面形态,排冰能力不断降低,卡冰阻水概率增多,冰凌灾害发生的概率增加。小浪底水库调水调沙后,平滩流量有所增加。

九、小流量封河对下游凌汛的影响

近些年来,由于黄河下游气温持续偏高,加之来水偏枯及引黄水量迅速增加等,黄河下游凌情出现了许多新特点,其主要表现是小流量封河年份和不封河年份增多,封河日期偏晚,开河早,封冻期短,封冻长度短,冰量少。黄河下游近些年来小流量封河情况见表 3-12。

表 3-12 黄河下游近些年来小流量封河统计

年度	封河当日利津站平均流量(m³/s)	封河日期(月-日)
1991 ~ 1992	23.0	12-24
1997 ~ 1998	23.0	12-09
1998 ~ 1999	53.0	12-04
1999 ~ 2000	66.0	12-19
2001 ~ 2002	32.0	12-14

小流量封河对黄河下游防凌的不利影响有以下几个方面。

(一)小流量可能造成下游河道提前封河

由于流量小,动力条件不足,稍遇冷空气就有可能造成封河。而气温的短暂升高,又易促成开河,形成多次封、开河的局面,对防凌工作十分不利。

(二)封河冰盖低,易卡冰形成冰塞、冰坝

由于黄河下游河道淤积严重,小流量封河时冰盖低,冰下过流能力小,一旦遇到引黄水量减少,河道流量增加,就很容易形成冰塞阻水(如 1982 年 1 月惠民地区清河镇冰塞),造成漫滩凌灾。

(三)给凌情预报和凌汛期水量调度造成新的困难

因流量、流速小,水流剪切力较小,封冻时水体失热所耗热量也就小。因此,一次弱的冷空气过程就可能造成小流量封河,1991 ~ 1992 年度凌汛的封河流量为 23 m³/s,封河当日和封河前三日平均气温分别只有 -1.1 ℃和 0.9 ℃。而黄河下游引水形成的小流量过程难以掌握,从而给封河预报带来一定难度,同时也给凌汛期水库的水量调度带来新的困难。

十、下游局部河段仍有发生"武开河"形成冰坝的可能

凌汛期黄河下游河道,特别是艾山以下河道,仍存在局部河段"武开河"形成冰坝壅

水成灾的可能。

由于近些年黄河上游大中型水库蓄水较少,水资源匮乏,冬季下游来水流量不大(200～300 m³/s),满足河南沿黄工业及城乡生活用水后,到达山东位山闸附近的黄河流量一般在200 m³/s左右,位山闸引水流量约100 m³/s(含引黄济津),进入艾山以下河道的流量仅为100 m³/s左右,扣除沿途城乡用水,进入河口段的流量则不足50 m³/s,凌汛期大河流量呈上大下小的趋势。在此情况下,如位山闸引水骤停,艾山以下河道流量成倍增加,极易形成冰塞、冰坝壅高水位和冰水漫滩,威胁堤防安全。

十一、凌汛期艾山以下河道浮桥存在安全隐患

艾山以下河道现有26座浮桥,浮桥横跨河道主槽,本身具有拦冰阻水作用,河道大量流凌时,如浮桥拆除不及时,不仅危及浮桥安全,对防凌也十分不利。从2000年度凌汛期五庄、刘家夹河浮桥拆除情况看,凌汛期河道流量较小,水浅,浮桥拆除难度大。凌汛期浮桥的存在,不但有自身安全问题,也是下游防凌工作中存在的一大隐患。

十二、小浪底水库运用后下游凌情变化趋势分析

(一)小浪底水库运用后下游凌情变化模拟

1993～1994年,在联合国开发计划署(UNDP)的资助下,黄委会与美国克拉克森大学(Clarksong University)联合开发了黄河下游一维冰凌模拟数学模型,用于模拟小浪底水库运用后对下游凌情的影响。

黄河下游一维冰凌模拟数学模型的一维水力学方程为圣维南方程组,模型通过纵断面热能和水内冰的输送形式考虑了水温和冰密度的沿程分布。模型通过模拟水温和流冰密度、冰盖的形成和发展、冰盖下的冰输送以及冰盖的热力生消等全过程,对小浪底水库运用后对下游凌情的影响进行了模拟。

1. 出库流量和水温对下游凌情影响的模拟

黄河下游一维冰凌模拟数学模型仅考虑了水库下泄流量和水温对凌情的影响,没有考虑水库运用引起河道断面变化对凌情的影响。取出库水温4 ℃时不同流量和气温条件下黄河下游凌情模拟分析结果是:

(1)当小浪底出库流量为800～1 000 m³/s时,遇特冷年份(1954～1955年、1956～1957年、1968～1969年冬季型,下同),艾山以下河段封冻,但开河时流量大、水位高;遇冷冬年份,泺口以下河段封冻,开河时流量较大、水位较高;在正常年份,下游不封冻,或利津以下河段封冻,凌情较轻;在暖冬年份,下游不封冻。

(2)当小浪底出库流量为500 m³/s左右时,遇特冷年份,高村以下封冻,封冻长度约300 km;遇冷冬年份,艾山以下河段封冻,封冻长度约200 km;在正常年份,泺口以下河段封冻,封冻长度约100 km,开河平稳;在暖冬年份,下游不封冻或利津以下河段封冻。

(3)封河前出库流量在500 m³/s左右,封冻后至开河前出库流量在350～400 m³/s时,遇特冷年份,高村以上河段不封冻,封冻长度约340 km;遇冷冬年份,艾山以上河段不封冻,封冻长度约240 km;在正常年份,泺口以上河段不封冻,封冻长度约120 km;在暖冬年份,下游不封冻或利津以下河段封冻。

2. 出库水温增加对下游凌情影响的模拟

上述分析是基于小浪底水库出库水温取 4 ℃时不同流量和气温条件下黄河下游凌情模拟分析结果。但在小浪底水库实际运用中,冬季水库一般是通过发电机组泄流,出库水温要高于 4 ℃,为了分析出库水温增加对凌情的影响,我们对出库水温增加时不同流量和气温条件下黄河下游凌情进行了模拟分析。分析结果表明,当水库下泄流量在 500 m^3/s 左右时,出库水温每增加 1 ℃,黄河下游河段封冻上首将下移 50 km 左右。

(二)小浪底水库运用以来下游凌情变化

小浪底水库 1999 年 10 月 25 日下闸蓄水,2000～2001 年度正式投入防凌运用,由于其对下游水量的调节能力加大和出库水温的升高,黄河下游凌情进一步缓解。

1. 流量调控能力增强

2000～2001 年、2001～2002 年、2002～2003 年凌汛前小浪底水库蓄水量分别为 48 亿 m^3、42 亿 m^3 和 28 亿 m^3。在 2000～2001 年度冬季的低温时段及时地加大了流量(小浪底 1 月上旬平均流量达到 600 m^3/s 左右,花园口站旬平均流量约 680 m^3/s),使利津站 1 月中旬平均流量达到 440 m^3/s 左右,且较大流量正好在中旬气温较低的时段到达下游流凌河段,使下游河段在低气温时段未封冻。在 2001～2002 年和 2002～2003 年两个凌汛年度,由于流域性的缺水,小浪底水库在确保用水安全和黄河下游不断流的情况下,尽量减少出库流量,所以在整个凌汛期使下游河道内流量虽小但较平稳,封河期各河段均为平封,开河时也是热力因素为主的"文开河"。

2. 出库水温升高

根据小浪底水库运用前 3 年的水库蓄水量和出库水温统计,在 12 月下旬至 1 月下旬的低气温时段,2000～2001 年、2001～2002 年和 2002～2003 年小浪底水库出库水温分别为 5～8 ℃、6～9 ℃和 4～8 ℃。

3. 零温断面下移

小浪底水库运用后,由于出库水温升高,黄河下游零温断面明显下移。2000～2001 年度冬季,黄河下游在 1 月中旬出现了明显的低温时段,郑州、济南、北镇 1 月中旬平均气温较常年偏低 2～3.5 ℃,其中北镇站 1 月中旬平均气温达 -7.3 ℃,日平均气温达 -13 ℃。但由于小浪底水库出库水温为 5～8 ℃,致使其下游的花园口、夹河滩、高村河段水温均较高。花园口站日平均水温维持在 3 ℃以上,孙口站及其以上河段的水温均在 0 ℃以上。2000～2001 年零温断面在孙口断面附近,下移了约 400 km。

2002～2003 年,黄河下游在 12 月下旬至 1 月上旬出现了明显的低温时段,郑州、济南、北镇三站 12 月下旬平均气温较历年同期偏低 2.4～5.1 ℃;1 月上旬三站气温较历年同期偏低 1.5～4.0 ℃,北镇日平均气温达 -11 ℃。低温时段小浪底水库出库水温为 5～8 ℃,在气温低,流量小(1 月、2 月月均出库流量分别为 175 m^3/s、144 m^3/s,利津站封河流量为 31 m^3/s)的情况下,零温断面在夹河滩断面附近,而历史上气温相近、流量在 300 m^3/s 以上的年份,零温断面在花园口以上。

十三、黄河下游防凌形势综合分析

黄河下游凌汛取决于气温(热力因素)、河道流量(水动力因素)及河槽边界条件。

从热力因素看,近几十年来,特别是 70 年代后,随着整个气候变暖的大趋势,黄河下游凌汛期(12 月~次年 2 月)温度有逐渐升高的趋势,70 年代至 90 年代凌汛期气温平均升高 0.8 ℃,同时小浪底水库蓄水防凌运用后,提高了出库水温,使下游河道零温断面下移,封冻长度变短,河道冰量减少,凌洪威胁相应减轻,防凌形势有所缓解,但是自 80 年代初已连续发生了近 20 年暖冬天气(至 2003 年初已有 17 年暖冬天气),是否有由暖变冷的气候变化周期,有待研究。

从水动力因素看,近些年来,黄河下游河道径流减少,水动力因素相对减弱,对防凌有利,但下游冬季引黄供水受天气影响较大,易引起河道流量较大变化,不利于防凌。

从边界条件看,下游河道主槽近些年来连续淤积萎缩,平滩流量减小,排洪能力降低,历史上易卡冰阻水的弯道并未改变;加之近些年来小流量封河具有封冻发展快、冰盖低、冰下过流能力小的特点,在艾山以下,特别是在窄河段处,开河时形成凌灾威胁的可能性依然存在。

综上所述,近几十年来,黄河下游防凌形势的变化,对下游防凌有利因素多,不利因素少。就总体而言,由于小浪底水库的运用,防凌库容增大,对下游河道流量调控能力加强,同时由于小浪底水库蓄水防凌运用,提高了出库水温,使下游河道零温断面下移,封冻长度变短,河道冰量减少,凌洪威胁相应减轻。再则,下游堤防工程建设提高了抗凌能力,黄河下游两岸引黄水量逐年增加,河道径流减小,产生河道凌汛的水动力因素减弱,加之防凌技术和信息化水平有新的发展等,都对防凌产生了有利的影响,因此下游防凌形势明显缓和。

第四章　凌汛期三门峡、小浪底水库联合运用后下游来水分析

第一节　小浪底水库防凌调度调控方案流量指标分析

气温(热力因素)和流量(水动力因素)及河道边界条件是形成黄河下游凌汛的主要影响因素,其中气温变化和黄河河道地理位置不能人为改变,河道边界条件也不宜大规模改变,因此利用上游已建水库,按照水动力因素和冰情生消演变之间的关系,调整河道流量,充分发挥水动力因素在控制河冰危害方面的作用就成为黄河下游有效的防凌措施之一。

一、三门峡水库的防凌调度经验

1960～1961年凌汛期三门峡水库首次投入防凌蓄水运用。该凌汛期水库两次关闸蓄水防凌,花园口站最小流量22 m³/s,至1961年2月中下旬气温升高,黄河下游河道冰凌就地融化,平稳开河没有出现冰凌灾害,自此开创了黄河利用水库防凌的先例。至今三门峡水库防凌已运用了近50年,下游河道凌汛威胁显著改善,但因水库防凌库容有限,遇严重凌汛年份仍难避免冰凌灾害发生。三门峡水库经过多年的防凌调度实践,加上对冰凌在黄河下游河道运行规律的研究,积累了丰富的水库防凌和其他防凌手段相结合的解决凌汛灾害的经验。

三门峡水库由于防凌库容的限制,防凌运用曾试用过多种调节方式。1973年以前,三门峡水库的运用方式主要是在预报下游开河前几天,进行控制泄流,多采用闸门全关方式,以快速减少下游河道的河槽蓄水增量,防止出现较大凌峰,减少下游河道冰凌堵塞概率,降低冰凌灾害。这种运用方式,若开河日期预报准确,水库关闸时机适宜,可以减轻凌汛威胁。但由于受气象预报、冰情预报水平所限,人为随机因素较多,水库关闸时机不易掌握,仍不能避免凌峰的出现,下游的防凌局面依然十分紧张。后来经过认真的研究与分析,利用水库调节下游河道凌汛期流量的全过程,遏制冰塞、冰坝发生,避免天气、冰情预报预见期短和预报准确率低的风险,从而达到控制冰凌危害的目的,主要调度方法有以下几种:

(1)封冻前控制运用。封冻前控制运用的目的是充分发挥水流动力作用,使下游河道推迟封河并使封冻冰盖下保持较大的过流能力。这种运用方式要求水库在凌汛期前预蓄足够水量,凌汛封冻前期适当调平由于上游内蒙古河段早封河产生的小流量过程。据三门峡水库运用实践,在该时段内,下泄流量可以根据两种不同的方式分别确定。一种是大幅度地提高并调匀封冻前的流量,以达到抵制下游河道封冻不致产生凌汛的目的;另一种是适当加大并调匀封冻前的流量,以避免下游河道小流量封冻或推迟封冻日期,从而达

到减轻凌汛威胁的目的。通过多年实践和计算分析,以开河时下游河道不产生冰塞、不造成大的漫滩以及尽量减少水库预蓄水量为原则,将下游河道封冻流量控制在不超过 500 m³/s 较为合理。这样调节运用,不仅可以避免下游河道 200～300 m³/s 小流量封河,增大冰下过流能力,而且三门峡水库预蓄水量不大,一般不超过 4 亿 m³,库区淤积也相对较少。

(2)封冻后蓄水运用。河道封冻之后,水流边界条件明显改变,湿周加大,水力半径减小,冰盖底面糙率作用以及水内冰堆积占去了一部分过水断面等,均会促使大河水位上升,河槽槽蓄水量大幅增加。据统计,黄河下游封冻期产生的河槽蓄水增量,多年平均 3.2 亿 m³,最多年份可达 12.9 亿 m³。河槽蓄水增量是形成凌峰的主要水量。因此,逐步减小河槽蓄水增量,避免河道流量过程波动,是河道封冻后水库调节径流运用的基本原则。

(3)开河期控制运用。由于黄河下游地理走向的影响,开河期气温的突然升高,上游河道先于下游开河,导致河槽蓄水增量急剧释放,河道流量骤增,伴随着凌峰出现;凌峰又加剧了开河的速度,凌峰也会沿程递增、滚动加大,以至于造成冰凌的急剧堆积,堵塞河道,壅高水位。此时水库必须进一步控制泄流,减少下游河道河槽蓄水增量,必要时全部关闭水库闸门,以减缓下游河道上端冰凌流动速度,使冰凌随着气温的上升就地消融,以期达到"文开河"的目的。

综上所述,利用水库调整冬季河道流量的合理步骤是:

第一,在下游河道封冻以前,适当提高水库下泄流量,增加水流动力,加大水体搬运冰体的能力,避免流冰受阻而滞蓄于河道中,争取推迟封冻时间或不封冻。

第二,一旦出现封河河段,利用水库泄流及时调整下游河道流量,争取"平封",防止"立封"和产生冰塞,并尽可能达到大流量封河,提高冰下过流能力,为凌汛后期减少河槽蓄水增量创造条件。

第三,凌汛后期水库应减少下泄流量,减少河槽蓄水增量,以削减开河期的凌峰流量,避免大量流冰的发生,达到"文开河"的目的。

二、小浪底水库防凌运用方式分析

三门峡水库防凌已运用了近 50 年,下游河道凌汛威胁显著改善。但因三门峡水库防凌库容有限(仅有 15 亿 m³),遇严重凌汛年份仍难避免冰凌灾害的发生。小浪底水库投入运用后,其 20 亿 m³ 的防凌库容与三门峡水库 15 亿 m³ 的防凌库容联合调度,大大增强了下游河道的防凌调控能力,使下游河道发生凌灾的概率大为减小。

根据《黄河小浪底水利枢纽初步设计报告》关于小浪底水库防凌作用的分析,初步拟定小浪底防凌运用方式为:每年 12 月水库保持均匀泄流,在封冻前控制花园口流量一般为 500～600 m³/s。封河后控制泄流,使花园口流量均匀保持在 300～400 m³/s,这一流量可以在冰下顺利通过。

根据上述运用方式,按设计水平年和冬季的入库流量,选择下游历年凌汛期最长、凌情最严重、入库流量偏丰的 1954～1955 年和 1968～1969 年两个凌汛典型年,根据该典型年实际封冻情况控制运用(1954～1955 年凌汛期下游封冻期 58 d,1968～1969 年凌汛期下游封冻期 76 d)。在不考虑向津冀供水的情况下,需要防凌库容 1954～1955 年凌汛期典型年为 13.5 亿 m^3,1968～1969 年凌汛期典型年为 29.7 亿 m^3,为留有余地,拟定防凌库容为 35 亿 m^3。考虑向津冀供水的条件下,最大防凌库容为 18 亿 m^3,为留有余地,防凌库容为 20 亿～25 亿 m^3。

经计算比较,小浪底与三门峡两库联合承担防凌任务,先由小浪底水库控制运用,每年 12 月底预留防凌库容 20 亿 m^3,当小浪底水库蓄满后,三门峡水库开始控制,三门峡水库防凌库容 15 亿 m^3(若考虑向津冀供水,三门峡水库基本上不承担防凌任务)。这一联合运用方式可以减少三门峡水库控制运用概率,以提高三门峡电站冬季的发电出力。

本次计算所采用的小浪底水库防凌运用方式基本上同三门峡水库全面调节后所采用的运用方式,并根据不同来水条件和下游河道凌汛情况提出了三种运用方案。

三、小浪底水库防凌调度调控方案流量指标

要分析小浪底水库防凌控制流量指标首先应计算黄河下游凌汛期河道安全泄量。而黄河下游凌汛期河道安全泄量的分析是一个复杂的问题。其受气温、水流和河势等多种因素影响,难以从理论上进行计算。本次以实测资料进行统计和分析。

以花园口断面的历史凌汛水文资料进行统计分析,水文系列采用小浪底水库运用前的 1950～1996 年共 47 年日平均流量资料。在该系列年的凌汛期中,除未封河和有重大凌灾年份外,有 20 年凌汛期未发生大的问题,以此河道流量作为河道安全泄量。在这 20 年中,按照 11 月至次年 2 月来水频率的大小划分为小于 25%、25%～75%、大于 75% 三种来水年份,对 11 月至次年 2 月不同来水情况下凌汛期安全泄量进行统计分析,分析结果见表 4-1。

表 4-1 封、开河时无较大凌灾年份花园口流量分析

年份	来水频率(%)	凌汛期水量(亿 m^3)	封河日流量(m^3/s)	封河前三日平均流量(m^3/s)	封河期流量(m^3/s)	开通日流量(m^3/s)	开通前三日平均流量(m^3/s)	封河长度(km)	最大冰量(万 m^3)
1983～1984	5	115.1	592	668	567	633	586	330	4.92
1971～1972	10	111.1	318	559	640	553	590	252	2 312
1958～1959	14	105.9	585	611	412	405	481	402	3 213
1962～1963	19	95.3	801	910	446	110	110	320	3 363
1989～1990	24	94.9	656	666	481	477	479	315	2 184
1988～1989	29	72.4	865	748	503	376	425	25	53
1992～1993	33	71.3	458	443	395	357	339	180	1 200
1966～1967	38	70.6	433	369	453	348	273	616	14 236
1965～1966	43	66.6	624	710	444	460	430	275	3 104
1973～1974	48	65.6	468	530	341	80	61	462	5 004

续表 4-1

年份	来水频率 （%）	凌汛期 水量 （亿 m³）	封河日 流量 （m³/s）	封河前 三日平均 流量 （m³/s）	封河期 流量 （m³/s）	开通日 流量 （m³/s）	开通前三 日平均 流量 （m³/s）	封河 长度 （km）	最大 冰量 （万 m³）
1970～1971	52	62.3	483	479	358	50	50	190	2 200
1957～1958	57	61.2	359	451	390	430	401	366	2 575
1979～1980	62	60.4	549	474	344	209	224	304	2 708
1977～1978	67	55.8	225	275	205	239	246	52	200
1987～1988	71	54.9	586	657	373	267	285	102	455
1996～1997	76	53.9	763	816	369	309	277	233	970
1986～1987	81	48.8	475	513	511	417	453	189	1 671
1995～1996	86	46.8	524	511	302	274	278	165	1 320
1991～1992	90	42.7	683	690	287	268	275	203	1 000
1959～1960	95	42.5	411	396	247	122	110	554	2 380
多年平均		69.9	543	574	403	319	319	277	2 508
<25%平均		104.5	590	683	509	436	449	324	2 215
25%～75%平均		64.1	505	514	381	282	273	257	3 174
>75%平均		46.9	571	585	343	278	279	269	1 468

注:采用历史实测资料,封河日及开通日日均流量以利津站为准,花园口至利津的流量传播时间按 10 d 计算。

根据上述历史水文资料分析,对 20 年不同频率来水条件下花园口断面凌汛期封河前、封河期、开河期的流量均值进行了概化,见表 4-2。分析表明,概化流量在历史资料中占大多数,具有较好的代表性。

表 4-2 花园口断面凌汛期流量分析概化   （单位:m³/s）

11 月～次年 2 月来水频率	封河前三日	封河期	开通前三日
<25%	700	500	450
25%～75%	500	400	300
>75%	500	350	300
多年平均	550	400	350

表 4-2 说明,控制花园口在凌汛期封河前、封河期、开河期以历年不产生大的凌灾的概化平均流量下泄,可以代表历年冰下过流能力的平均值。

根据以上凌汛期历史水文资料的分析及三门峡水库防凌调度的运用经验,初步拟定了小浪底水库防凌控制流量指标。为便于水库调度同时考虑小花(指小浪底、花园口,下同)区间来水影响,以花园口断面为控制断面。根据小浪底水库初步设计中关于防凌运用方式的研究成果,结合近年来黄河水量偏枯,凌汛期下游河道有可能出现小流量封河的实际,经过分析研究,增加 400 m³/s 调控流量方案,对花园口站的防凌控制流量指标共拟定了三种方案,见表 4-3。

表 4-3　小浪底水库运用后凌汛期花园口断面控泄方案流量指标　(单位:m³/s)

调控方案	封河前一旬	封河期	开河旬
1	700	500	400
2	500	350	300
3	400	250	200

第二节　三门峡水库来水分析

一、径流系列

多年来黄河规划设计径流代表系列多采用 1919 年 7 月~1975 年 6 月的 56 年系列,花园口代表站多年平均实测年径流量为 470 亿 m³,天然年径流量为 559 亿 m³。随着时间的推移和工作的需要,黄委会水文局将黄河主要站的天然径流还原整编到 1998 年,形成 1919 年 7 月~1998 年 6 月共 79 年系列。目前,随着黄河流域水资源综合规划工作的开展,新的径流系列正在研究之中。56 年系列与 79 年系列年均径流量的对比见表 4-4。

表 4-4　黄河不同系列年均径流量比较　(单位:亿 m³)

站名	56 年系列 (1919 年 7 月~ 1975 年 6 月)	79 年系列 (1919 年 7 月~ 1998 年 6 月)	79 年系列与 56 年系列差值
三门峡	498.4	500.0	1.6
花园口	559.2	558.3	−0.9

从表 4-4 成果看,两系列成果比较接近,三门峡站 56 年系列多年平均径流量为 498.4 亿 m³,79 年系列多年平均径流量为 500.0 亿 m³,仅相差 0.26%,均能够较好地代表黄河的径流特性,本次三门峡以上径流调节采用 79 年径流系列。

二、三门峡以上用水

根据 1987 年国务院国办发〔1987〕61 号文规定,在南水北调工程生效前,黄河正常来水年份可供分配水量为 370 亿 m³。

根据分水方案,黄河河口镇以上,年耗用河川径流量为 127.1 亿 m³,河口镇至三门峡区间,年耗用河川径流量为 95.3 亿 m³。

三、上中游水库运用方式

三门峡水库的入库径流主要考虑上游已建的龙羊峡、刘家峡等梯级水库的调节作用。

万家寨水库有效调节库容仅 4.5 亿 m³，调节库容较小，根据其水库调度图分析各月水库的蓄水量和泄水量，对其调节作用进行概化处理，作为万家寨水库对径流的调节作用。

龙羊峡水库是一个具有多年调节性能的大型水库，调节库容 180.4 亿 m³，在黄河水资源配置中具有非常重要的地位，一方面拦蓄汛期洪水，补充枯水期水量，另一方面可利用多年调节库容存储丰水年的多余水量，当遇到枯水年或特枯水年时，可补充全河枯水年水量之不足，不仅可增加上游水电梯级的保证出力，还可实现水资源优化配置。

刘家峡水库是一座年调节水库，开发任务以发电为主，兼顾防洪、灌溉、防凌、供水等，调节库容 35 亿 m³。

龙羊峡、刘家峡水库联合调度的运用，在保证河口镇以上工农业用水和宁蒙河段防凌运用的同时，兼顾山西能源基地及中游两岸的工农业用水（保证河口镇流量不小于 250 m³/s），按全梯级发电最优运用。水库调节运用方式分时段叙述如下。

（一）总体运用方式

7～9 月为黄河主汛期，各水库均控制在汛限水位以下运行，以利于防洪排沙。枯水年份，允许库水位低于汛限水位，泄放汛限水位至死水位之间的水库存水，以满足水力发电及下游工农业用水要求。

10～11 月为黄河汛后期，水库开始蓄水运用。由于该时段刘家峡水库以下用水锐减，梯级发电任务主要由龙羊峡至刘家峡区间电站承担，刘家峡水库蓄水。至 10 月底，龙羊峡、刘家峡两库最高水位允许达到正常蓄水位，但考虑到刘家峡水库 11 月底需要腾出一定的库容满足防凌要求，为了避免水库泄流量变化过大，结合防凌库容的需要，适当限制水库 10 月的蓄水。12 月上旬为宁蒙河段封冻期，要求刘家峡水库 11 月下旬按封冻期要求流量下泄。

12 月至次年 3 月为黄河枯水季节，也为宁蒙河段的防凌运用时期，且刘家峡水库以下需水量较小，在该时期刘家峡水库按防凌运用要求的流量下泄，梯级出力主要依靠龙羊峡放水。此时，龙羊峡水库水位消落，而刘家峡水库蓄水，为了满足防凌库容需要，刘家峡水库则应在 3 月份前仍保留一定的防凌库容，3 月底水库允许蓄至正常蓄水位，4 月水库水位可根据水库蓄水情况，继续蓄水至正常蓄水位，以备灌溉季节之需。

5～6 月为黄河汛前期，又是宁蒙地区的主灌溉期，由于天然来水量不足，需自下而上由水库补水。补水次序为：先由刘家峡水库补水，如不足再由龙羊峡水库补水。此时，刘家峡水库大量供水发电，龙羊峡至刘家峡河段电站的发电流量较小，但控制龙羊峡水电站发电流量不小于 300 m³/s。6 月底龙羊峡、刘家峡水位应降至汛限水位，枯水年份 5～6 月由于向下游大量供水而使库水位降低至汛限水位以下。

（二）防凌运用方式

宁蒙河段的防凌任务目前主要由刘家峡水库承担。根据国家防总国汛〔1989〕22 号文《黄河刘家峡水库凌汛期水量调度暂行办法》，刘家峡水库下泄水量按旬平均流量严格控制,各日出库流量避免忽大忽小,日平均流量变幅不能超过旬平均流量的 10%。根据目前有关部门初步分析的宁蒙河段凌汛期河道安全泄量和冰下过流能力,并考虑到实际防凌调度情况,刘家峡水库防凌运用原则如下:

初封期,内蒙古河段的封冻初期为 12 月上旬,初步分析正常年份封河时下河沿站流量应为 750 m³/s 左右。为了使封河初期流量尽量均匀,考虑水流传播时间(刘家峡水库至昭君坟距离 1 268 km,流量 800 m³/s 时水流传播时间在畅流期约 8 d),刘家峡水库 11 月中、下旬开始控制初封期流量,水库下泄流量按下河沿断面流量进行控制,同时水库腾空防凌库容。

封冻期,河道全部封冻后,考虑河道的过流能力有所减小,刘家峡水库应减小下泄流量,按比 11 月流量减小 200 m³/s 考虑,水库开始蓄水。

稳封期,进入稳定封冻期后,河道的过流能力逐步减小,暂按每月减少过流能力 50 m³/s 考虑,刘家峡水库相应控制下泄流量,水库继续蓄水。

开河期,3 月中旬或下旬内蒙古河段开河,为了尽量减少开河期水流的动力因素和水量,避免形成"武开河"形势,刘家峡水库应尽量减少下泄流量,暂按 3 月上旬或中旬控制流量。为了照顾发电,在开河期,刘家峡水库下泄流量按 300 m³/s 控制。调节计算时,3 月份按平均流量 350 m³/s 控制。

四、三门峡水库入库径流分析

根据龙羊峡、刘家峡等梯级水库的运用方式,进行黄河上游梯级水库补偿调节计算,并扣除各河段工农业用水,可得河口镇断面流量;考虑万家寨水库调节,并考虑万家寨至龙门、龙门至三门峡区间来水和用水后,可得到三门峡水库入库径流。

三门峡水库 1919～1998 年 79 年系列设计入库径流多年平均为 278.38 亿 m³,其中汛期(7～10 月)为 139.39 亿 m³,占全年的 50.07%;非汛期(11～6 月)为 138.99 亿 m³,占全年的 49.93%。与三门峡站 1989 年以后的实测径流分配比例比较接近。

为了分析小浪底水库运用后花园口断面冬季 11 月至次年 2 月四个月的来水过程,从上述 79 年系列中选择有实测资料以来的 1950 年 7 月～1998 年 6 月共 48 年径流系列,见表 4-5。

表 4-5　三门峡站径流系列　　　　　　（单位:亿 m³）

水文年	年径流量	汛期(7～10 月)径流量	非汛期(11 月～次年 6 月)径流量	冬四月(11 月～次年 2 月)径流量
1950	267.7	142.2	125.5	82.7
1951	312.4	190.3	122.1	68.6
1952	237.5	147.6	89.9	54.8
1953	216.3	95.2	121.1	73.6
1954	330.4	204.4	126.0	86.0
1955	399.6	235.7	163.9	90.6

续表 4-5

水文年	年径流量	汛期(7~10月)径流量	非汛期(11月~次年6月)径流量	冬四月(11月~次年2月)径流量
1956	267.9	146.4	121.5	64.0
1957	184.9	84.3	100.6	59.3
1958	442.3	274.1	168.2	105.9
1959	320.0	211.7	108.3	64.0
1960	222.1	102.2	119.9	68.0
1961	395.5	232.2	163.3	123.3
1962	301.5	141.1	160.4	77.7
1963	381.4	181.5	199.9	83.9
1964	553.3	371.1	182.2	118.0
1965	196.2	91.8	104.4	64.5
1966	395.9	203.8	192.1	80.6
1967	521.0	331.2	189.8	96.5
1968	388.7	226.1	162.6	95.4
1969	221.0	102.3	118.7	53.6
1970	281.1	152.2	128.9	69.2
1971	224.4	87.7	136.7	91.2
1972	216.1	120.3	95.8	51.5
1973	238.3	119.5	118.8	72.5
1974	225.5	93.5	132.0	87.8
1975	447.0	260.6	186.4	111.4
1976	399.9	260.6	139.3	69.4
1977	232.9	130.3	102.6	62.0
1978	303.6	176.4	127.2	73.5
1979	281.8	172.1	109.7	59.9
1980	188.4	93.2	95.2	57.5

续表 4-5

水文年	年径流量	汛期(7~10月)径流量	非汛期(11月~次年6月)径流量	冬四月(11月~次年2月)径流量
1981	424.5	281.7	142.8	77.7
1982	309.5	164.1	145.4	71.5
1983	426.8	269.1	157.7	91.2
1984	395.4	252.7	142.7	85.6
1985	343.6	199.9	143.7	90.8
1986	218.9	119.1	99.8	47.9
1987	201.4	108.4	93.0	51.4
1988	314.9	155.1	159.8	69.8
1989	393.8	231.0	162.8	85.0
1990	237.7	107.8	129.9	61.8
1991	137.3	45.7	91.6	43
1992	274.9	146.8	128.1	58.3
1993	250.1	154.9	95.2	48.6
1994	201.8	111.6	90.2	50.2
1995	177.0	85.3	91.7	44.0
1996	196.8	95.7	101.1	54.3
1997	137.4	45.7	91.7	46.1
多年平均	296.6	165.8	130.8	72.8

第三节　花园口断面凌汛期来水分析

一、典型年选择

典型年的选择重点考虑凌汛期径流量的大小,根据三门峡水库11月~次年2月设计入库水量,首先,选择来水频率分别为10%、25%、50%、75%、90%的五个典型年份作为典型年代表。其次,1950年以来曾经发生过严重凌灾的年份有19年,虽然导致凌情发生的因素很多,原因各不相同,但是都具有典型的代表性,因此将1950年以来曾发生严重凌情的19个年份也作为典型年。选择1973~1974年凌汛期为一般凌汛典型年。另外,由于1990年以来,黄河下游凌汛期径流量偏小,因此又选定1996~1997年凌汛期作为枯水典型年。以上共选择了26个典型年,其中1954~1955年、1967~1968年、1976~1977年、1980~1981年凌汛期重复,因此最终选择确定了22个典型代表年。典型年的选择情况见表4-6。

表 4-6 典型年的选择结果

序号	典型年	11 月~次年 2 月 水量(亿 m³)	频率 P(%)	备注
1	1950~1951	82.7	33	前左冰坝、王庄决口
2	1952~1953	54.8	78	刘春家卡冰
3	1953~1954	73.6	41	纪冯、章丘屋子冰塞
4	1954~1955	86.0	25	王庄冰坝、五庄决口
5	1955~1956	90.6	20	老徐庄冰坝
6	1956~1957	64.0	61	南党冰坝
7	1963~1964	83.9	31	封河时漫滩
8	1967~1968	96.5	10	李聘、顾道口冰塞
9	1968~1969	95.4	12	李聘、方家冰坝
10	1969~1970	53.6	82	王窑冰坝
11	1972~1973	51.5	84	垦利宁海冰坝
12	1975~1976	111.4	6	封河时漫滩
13	1976~1977	69.4	50	封河时漫滩
14	1978~1979	73.5	43	麻湾冰塞坝
15	1980~1981	57.5	75	封河时漫滩
16	1981~1982	77.7	37	清河镇冰塞
17	1982~1983	71.5	47	王庄冰塞
18	1984~1985	85.6	27	封河时漫滩
19	1985~1986	90.8	18	封河时漫滩
1	1967~1968	96.5	10	与历史典型年重复
2	1954~1955	86.0	25	与历史典型年重复
3	1976~1977	69.4	50	与历史典型年重复
4	1980~1981	57.5	75	与历史典型年重复
5	1986~1987	47.9	90	
1	1996~1997	54.3	80	90 年代枯水典型
1	1973~1974	72.5	45	一般凌汛典型年

备注栏合并说明：
- 序号 1~19（历史典型年）：历史上曾经发生较重凌灾的典型年
- 序号 1~5（1967~1968 至 1986~1987）：按三门峡 11 月~次年 2 月水量选择典型年

注：水量及频率按设计值计算。

二、三门峡、小浪底水库防凌运用条件分析

以三门峡、小浪底水库设计条件下正常运用期的水位、库容条件、水库运用方式及下

游凌汛典型年为依据。根据小浪底水库初步设计,满足下游防凌需要的防凌库容为35亿 m^3,其中小浪底水库承担20亿 m^3,三门峡水库承担15亿 m^3。在防凌运用时优先使用小浪底水库,根据设计防凌运用方式,凌汛期下游防凌任务由小浪底水库首先承担,在其20亿 m^3 防凌库容用完后,三门峡水库再参与防凌运用。鉴于各年封河时间的差别,本次分析根据各典型年的实际封河时间,在封河前一旬控制小浪底水库蓄水位不超过267.3 m,预留20亿 m^3 防凌库容,三门峡水库预留15亿 m^3 防凌库容,首先由小浪底水库蓄水,当小浪底水库蓄满后,再由三门峡水库蓄水。

下游用水根据国务院1987年批准的黄河可供水量分配方案和1998年国家计委、水利部发布的实施《黄河可供水量年度分配及干流水量调度方案》及《黄河水量调度管理办法》的通知(计地区〔1998〕2520号)拟定。

小花区间支流伊洛河、沁河冬季来水很少,且陆浑、故县水库库容小,从安全考虑,陆浑、故县水库暂不参与防凌调度,仅考虑支流入黄水量。

黄河下游河道封、开河日期采用各典型年实际发生的最早封河和最晚开河日期,不以某一固定水文断面来控制(见表4-7)。

表4-7 黄河下游各典型年封河及开通日期

序号	典型年	首封日期		开通日期	
		月	日	月	日
1	1950～1951	1	7	2	11
2	1952～1953	1	17	2	26
3	1953～1954	1	25	2	12
4	1954～1955	12	15	2	17
5	1955～1956	1	7	3	4
6	1956～1957	12	14	3	4
7	1963～1964	12	25	3	5
8	1967～1968	12	14	3	8
9	1968～1969	1	2	3	18
10	1969～1970	12	16	2	18
11	1972～1973	12	2	1	3
12	1973～1974	12	25	3	2
13	1975～1976	1	29	2	12
14	1976～1977	12	27	3	8
15	1978～1979	1	15	2	19
16	1980～1981	12	29	3	3
17	1981～1982	1	18	2	20

续表 4-7

序号	典型年	首封日期		开通日期	
		月	日	月	日
18	1982 ~ 1983	1	10	2	17
19	1984 ~ 1985	12	25	3	11
20	1985 ~ 1986	12	13	2	20
21	1986 ~ 1987	12	25	2	10
22	1996 ~ 1997	12	7	2	15

三、三门峡、小浪底水库防凌调节计算方案

由于各年凌汛期的来水量不同,所需采用的防凌调控指标也不相同,相应需要的防凌库容也有差异。为了分析各典型年分别采用不同调控指标时的防凌效果及水库凌汛期的蓄水情况,对各典型年根据来水情况采用不同的调控方案(见表 4-8),对于来水频率小于25%的来水年份采用三种调控方案,即方案 1、方案 2、方案 3;对于来水频率为 25% ~75% 来水年份采用两种调控方案,即方案 2、方案 3;对于来水频率大于 75% 的来水年份采用两种调控方案,即方案 2、方案 3。

表 4-8　各典型年采用的调控方案

11月~次年2月来水频率	调控方案	典型年
<25%	1、2、3	1975 ~ 1976、1967 ~ 1968、1968 ~ 1969、1985 ~ 1986、1955 ~ 1956、1954 ~ 1955
25% ~75%	2、3	1984 ~ 1985、1963 ~ 1964、1950 ~ 1951、1981 ~ 1982、1953 ~ 1954、1978 ~ 1979、1982 ~ 1983、1973 ~ 1974、1976 ~ 1977、1956 ~ 1957
>75%	2、3	1980 ~ 1981、1952 ~ 1953、1969 ~ 1970、1986 ~ 1987、1996 ~ 1997、1972 ~ 1973

四、三门峡、小浪底水库防凌调度及花园口断面来水分析

根据防凌期调控流量指标分析及三门峡水库防凌运用经验,拟定了三门峡、小浪底水库联合防凌调度运用方式:第一,在下游河道封河前一旬,开始控制小浪底水库出库流量,凑泄花园口流量达到封河流量,同时控制旬末水位不高于 267. 3 m,腾出 20 亿 m³ 防凌库容;第二,下游河道封河后,进一步控制小浪底水库下泄,考虑区间加水、用水后凑泄花园口流量达到封河期控泄流量;第三,在下游河道开河的当旬,进一步控制小浪底水库出库流量,凑泄花园口流量不大于开河流量;第四,封冻河段全部开通以后视来水和下游用水情况逐步加大出库流量。

按照上述三门峡、小浪底水库的运用条件和运用方式,对各典型年根据拟定的调控方

案进行调度计算,即得到各典型年三门峡、小浪底水库防凌库容运用情况(见表 4-9 ~ 表 4-11)和冬季 11 月至次年 2 月四个月花园口断面的来水情况(见表 4-12)。

表 4-9 凌汛期三门峡、小浪底水库防凌库容运用情况(方案 1)

典型年	月	旬	三门峡			小浪底		
			凌汛期最高水位(m)	利用防凌库容(亿 m³)	剩余防凌库容(亿 m³)	凌汛期最高水位(m)	利用防凌库容(亿 m³)	剩余防凌库容(亿 m³)
1954 ~ 1955	2	中	315.00	0.00	15.00	272.51	12.77	7.23
1955 ~ 1956	3	上	315.00	0.00	15.00	270.93	8.67	11.33
1967 ~ 1968	3	上	320.20	3.63	11.37	275.00	20.00	0.00
1968 ~ 1969	3	中	315.00	0.00	15.00	274.38	18.14	1.86
1975 ~ 1976	2	中	315.00	0.00	15.00	270.62	7.84	12.16
1985 ~ 1986	2	下	319.01	2.51	12.49	275.00	20.00	0.00

表 4-10 凌汛期三门峡、小浪底水库防凌库容运用情况(方案 2)

典型年	月	旬	三门峡			小浪底		
			凌汛期最高水位(m)	利用防凌库容(亿 m³)	剩余防凌库容(亿 m³)	凌汛期最高水位(m)	利用防凌库容(亿 m³)	剩余防凌库容(亿 m³)
1950 ~ 1951	2	中	315.00	0.00	15.00	272.11	11.79	8.21
1952 ~ 1953	2	下	315.00	0.00	15.00	266.51	0.00	20.00
1953 ~ 1954	2	中	315.00	0.00	15.00	270.14	6.56	13.44
1954 ~ 1955	2	中	317.52	1.32	13.68	275.00	20.00	0.00
1955 ~ 1956	3	上	315.00	0.00	15.00	274.10	17.31	2.69
1956 ~ 1957	3	上	315.00	0.00	15.00	273.79	16.37	3.63
1963 ~ 1964	3	上	318.36	1.99	13.01	275.00	20.00	0.00
1967 ~ 1968	3	上	326.00	14.99	0.01	275.00	20.00	0.00
1968 ~ 1969	3	中	322.57	7.60	7.40	275.00	20.00	0.00
1969 ~ 1970	2	中	315.00	0.00	15.00	270.43	7.35	12.65
1972 ~ 1973	1	下	315.00	0.00	15.00	261.93	0.00	20.00
1973 ~ 1974	3	上	315.00	0.00	15.00	272.94	13.84	6.16
1975 ~ 1976	2	中	315.00	0.00	15.00	271.97	11.43	8.57
1976 ~ 1977	3	上	315.00	0.00	15.00	273.22	14.66	5.34

续表 4-10

典型年	月	旬	三门峡			小浪底		
			凌汛期最高水位（m）	利用防凌库容（亿 m³）	剩余防凌库容（亿 m³）	凌汛期最高水位（m）	利用防凌库容（亿 m³）	剩余防凌库容（亿 m³）
1978～1979	2	中	315.00	0.00	15.00	270.33	7.07	12.93
1980～1981	3	上	315.00	0.00	15.00	271.25	9.50	10.50
1981～1982	2	下	315.00	0.00	15.00	271.21	9.40	10.60
1982～1983	2	中	315.00	0.00	15.00	271.00	8.86	11.14
1984～1985	3	中	325.29	13.21	1.79	275.00	20.00	0.00 、
1985～1986	2	下	325.02	12.53	2.47	275.00	20.00	0.00
1986～1987	2	中	315.00	0.00	15.00	264.21	0.00	20.00
1996～1997	2	中	315.00	0.00	15.00	269.03	3.82	16.18

表 4-11 凌汛期三门峡、小浪底水库防凌库容运用情况（方案 3）

典型年	月	旬	三门峡			小浪底			不足防凌库容（亿 m³）
			凌汛期最高水位（m）	利用防凌库容（亿 m³）	剩余防凌库容（亿 m³）	凌汛期最高水位（m）	利用防凌库容（亿 m³）	剩余防凌库容（亿 m³）	
1950～1951	2	中	315.00	0.00	15.00	273.73	16.19	3.81	
1952～1953	2	下	315.00	0.00	15.00	268.76	3.17	16.83	
1953～1954	2	中	315.00	0.00	15.00	271.15	9.24	10.76	
1954～1955	2	中	322.54	7.54	7.46	275.00	20.00	0.00	
1955～1956	3	上	319.64	3.01	11.99	275.00	20.00	0.00	
1956～1957	3	上	320.82	4.66	10.34	275.00	20.00	0.00	
1963～1964	3	上	323.41	8.99	6.01	275.00	20.00	0.00	
1967～1968	3	上	326.00	15.00	0.00	275.00	20.00	0.00	7.85
1968～1969	3	中	325.77	14.42	0.58	275.00	20.00	0.00	
1969～1970	2	中	315.00	0.00	15.00	273.14	14.43	5.57	
1972～1973	1	下	315.00	0.00	15.00	264.92	0.00	20.00	
1973～1974	3	上	316.36	0.40	14.60	275.00	20.00	0.00	
1975～1976	2	中	315.00	0.00	15.00	273.03	14.10	5.90	
1976～1977	3	上	317.39	1.22	13.78	275.00	20.00	0.00	

续表 4-11

典型年	月	旬	三门峡			小浪底			不足防凌库容（亿 m³）
			凌汛期最高水位（m）	利用防凌库容（亿 m³）	剩余防凌库容（亿 m³）	凌汛期最高水位（m）	利用防凌库容（亿 m³）	剩余防凌库容（亿 m³）	
1978～1979	2	中	315.00	0.00	15.00	271.66	10.61	9.39	
1980～1981	3	上	315.00	0.00	15.00	273.80	16.41	3.59	
1981～1982	2	下	315.00	0.00	15.00	272.85	13.63	6.37	
1982～1983	2	中	315.00	0.00	15.00	272.36	12.41	7.59	
1984～1985	3	中	326.00	15.00	0.00	275.00	20.00	0.00	5.99
1985～1986	2	下	326.00	15.00	0.00	275.00	20.00	0.00	4.44
1986～1987	2	中	315.00	0.00	15.00	267.18	0.00	20.00	
1996～1997	2	中	315.00	0.00	15.00	272.11	11.77	8.23	

表 4-12　小浪底水库运用后冬四月花园口断面来水情况　　（单位：亿 m³）

典型年	历史实际来水情况（11 月～次年 2 月）	小浪底水库运用后冬四月(11 月～次年 2 月)花园口设计来水情况		
		防凌调控方案 1	防凌调控方案 2	防凌调控方案 3
1950～1951	97.5		78.5	73.8
1952～1953	76.7		44.1	38.9
1953～1954	86.2		58.0	55.1
1954～1955	109.4	79.5	73.0	69.2
1955～1956	106.5	100.6	92.1	86.6
1956～1957	62.3		41.0	33.1
1963～1964	100.0		82.8	76.3
1967～1968	103.8	89.9	78.6	71.1
1968～1969	90.1	100.8	92.4	86.8
1969～1970	59.3		41.3	34.3
1972～1973	47.76		43.1	38.5
1973～1974	65.6		52.8	46.2
1975～1976	129.1	125.1	121.0	118.1

续表 4-12

典型年	历史实际来水情况 (11 月 ~ 次年 2 月)	小浪底水库运用后冬四月(11 月 ~ 次年 2 月)花园口设计来水情况		
		防凌调控方案 1	防凌调控方案 2	防凌调控方案 3
1976 ~ 1977	62.5		50.8	44.3
1978 ~ 1979	76.5		59.3	55.5
1980 ~ 1981	54.4		43.1	36.6
1981 ~ 1982	70.6		81.8	77.1
1982 ~ 1983	78.6		63.5	59.7
1984 ~ 1985	89.4		56.4	49.9
1985 ~ 1986	92.4	83.3	72.3	64.9
1986 ~ 1987	48.8		40.1	33.9
1996 ~ 1997	53.9		41.2	33.3
多年平均	80.1	96.5	64.0	58.3

　　对不同调控方案下三门峡、小浪底水库防凌库容运用情况的分析表明:无论采用哪种防凌调控方案,多数年份小浪底水库的防凌库容是可以满足防凌要求的,不需要三门峡水库承担防凌任务。少数年份小浪底水库的防凌库容不能满足防凌要求,需要三门峡水库承担防凌任务;对于凌汛期来水较丰的年份(如:1967 ~ 1968 年、1984 ~ 1985 年、1985 ~ 1986 年),如果采用小流量调控方案,则可能导致水库的 35 亿 m^3 防凌库容满足不了下游的防凌要求,因此丰水年份不宜采用小流量调控方案,实际上在调控操作过程中丰水年份也不会采用小流量调控方案。总的来看,在正常调度情况下,三门峡和小浪底水库的 35 亿 m^3 防凌库容是完全能够满足下游防凌要求的,防凌库容最大使用量 34.99 亿 m^3。

　　从表 4-12 小浪底水库运用后冬四月花园口设计来水情况来看:对于防凌调控方案 1,冬季 11 月至次年 2 月四个月花园口站平均来水量为 96.5 亿 m^3,最大来水量为 125.1 亿 m^3,最小来水量为 79.5 亿 m^3;对于防凌调控方案 2,冬季 11 月至次年 2 月四个月花园口站平均来水量为 64.0 亿 m^3,最大来水量为 121.0 亿 m^3,最小来水量为 40.1 亿 m^3;对于防凌调控方案 3,冬季 11 月至次年 2 月四个月花园口站平均来水量为 58.3 亿 m^3,最大来水量为 118.1 亿 m^3,最小来水量为 33.1 亿 m^3。

第四节　小　结

　　在对三门峡水库的来水情况及小浪底水库防凌调度调控流量指标分析的基础上,依据凌汛期的径流量和历史凌情选定了凌汛典型年,对三门峡、小浪底水库进行了联合防凌调度,得到了各典型年在不同调控方案下三门峡、小浪底水库防凌库容的运用情况和花园口断面的流量过程,为下游河道的流量演进提供了依据,主要分析结论如下:

第一,三门峡水库对下游防凌全面调度后,对下游防凌起到了重要作用,说明其调度运用方式是可行的,是下游防凌调度比较成功的经验,可以作为小浪底水库运用后防凌调度的重要参考。

第二,根据凌汛期历史水文资料的分析,依据三门峡水库防凌调度的运用经验,初步拟定了小浪底水库防凌控制流量指标。充分考虑各种来水和气温情况,以及近年来黄河水量偏枯,下游河道可能出现小流量封河的实际情况,对花园口站的防凌控制流量指标拟定了3种方案(见表4-3)。

第三,根据选择的凌汛典型年,对不同调控方案进行三门峡、小浪底水库防凌库容的运用情况分析,结果表明:在保证下游河道防凌安全的前提下,无论采用哪种防凌调控方案,多数年份小浪底水库的防凌库容完全可以满足防凌要求,不需要三门峡水库承担防凌任务;少数年份小浪底水库的防凌库容不能满足防凌要求,需要三门峡水库承担防凌任务。凌汛期来水较丰年份,在调控操作过程中应避免小流量调控方案。

第五章 黄河下游河道凌汛期水流演进分析

第一节 河道形态及冲淤变化

黄河干流在孟津县白鹤镇由山区进入平原,于山东垦利县注入渤海。其中自桃花峪至入海口河段称为黄河下游,河段长 786 km。下游河道上宽下窄,比降上陡下缓,按其特性可分为以下四段:

桃花峪至高村河段,长 207 km,河宽水散,冲淤幅度大,主流摆动频繁,为典型的游荡性河段,称之为"宽、浅、乱"。两岸大堤堤距一般为 5~10 km,最宽处达 24 km,河道纵比降 2.65‰~1.72‰,河道在东坝头拐向东北以后,两岸堤距逐渐由宽变窄,呈一倒喇叭形。

高村至陶城铺河段,长 165 km,属于由游荡型河道向弯曲型河道转变的过渡性河段,通过河道整治,主流基本归于一槽,主槽位置相对稳定,沙滩、汊道较少,个别河段有犬牙交错的边滩。两岸堤距 1.4~8.5 km,大部分在 5 km 以上,河道平均纵比降 1.15‰。

从陶城铺经艾山、泺口、利津至垦利宁海河段,长 322 km,两岸堤距较窄,一般为 1~2 km,河道平均纵比降 1‰左右,其中以艾山、泺口和利津三个河段最窄,两岸堤距仅 0.4~0.5 km,尤其是北展宽工程和南展宽工程两个窄河段,两岸险工坝头交错对峙,排泄凌洪能力较小,是卡冰壅水的多发地段。

宁海以下为河口段,长 92 km。黄河平均每年向河口滨海区输送大量的泥沙,促使河口每年延伸 3~5 km,河床纵比降不断减小,水流不畅,同时受海潮的顶托,泥沙在入海口门处堆积形成拦门沙。随着黄河入海口的淤积、延伸、摆动,流路相应改道变迁。现行入海流路是 1976 年人工改道清水沟流路,已行河 30 余年。

黄河下游河道横断面多呈复式断面,一般由主槽、嫩滩(一级滩地)和二滩(二级滩地)三个部分组成。在东坝头以上还有老滩(三级滩地);东坝头以下到孙口,二滩滩唇高仰,横比降大,堤根低洼,形成"二级悬河"。

1950 年以来下游河道的冲淤变化按水沙变化和三门峡水库的运用情况可概化为以下几个阶段:

1950~1960 年,黄河下游河道受人类活动影响较小,基本属于天然河流。由于水丰沙多,河道淤积以滩地为主,主槽淤积较少;该时期,下游河道(铁谢—利津,下同)平均每年淤积 3.61 亿 t 泥沙,其中 77% 淤积在滩地上。淤积河段主要分布在孙口以上,年均淤积 2.92 亿 t,占全下游淤积量的 81%,艾山以下河段年均淤积 0.45 亿 t,淤积量较小,且主槽基本不淤。

1960~1964 年,三门峡水库以拦沙运用为主,下游河道累计冲刷 23.12 亿 t 泥沙,其中孙口以上河段累计冲刷 20.96 亿 t,占整个下游河道冲刷量的 90.7%。该时期,孙口以上河段冲深展宽,滩地发生坍塌,铁谢至陶城铺河段该期共坍塌滩地约300 km²,其中最严重的花园口至高村河段坍塌约200 km²。塌掉的滩地高程高,新淤出的滩地高程低,成滩与塌滩之间不能保持平衡,使二滩滩坎之间的河槽逐渐展宽,花园口至东坝头河段二滩宽度由2 560 m增加为3 630 m,东坝头至高村河段由2 340 m增加为3 610 m。

1965～1973年,三门峡水库"滞洪排沙"运用,进入黄河下游沙量明显增大,年均沙量16.3亿t,相应水量426亿m³,年平均含沙量38.3 kg/m³,比20世纪50年代平均含沙量还大。同时,由于水库泄流规模小,下游河道经常出现"小水带大沙"的不利水沙组合,使下游河道回淤严重。这一时期整个下游河道淤积39.51亿t泥沙。其中,孙口以上河段累计淤积30.69亿t,占整个河段淤积量的77.7%。由于水库滞洪削峰,加之滩区生产堤的影响,水流漫滩机会减少,造成黄河下游河道主槽泥沙淤积多,滩地泥沙淤积少,导致滩槽高差变小,河道更趋宽浅散乱,部分河段形成"二级悬河"。

1973年11月后,三门峡水库采用"蓄清排浑"方式控制运用,非汛期下泄清水,汛期排泄全年泥沙。在此期间出现了1975年、1976年和1981～1985年等丰水年,其中1976年和1982年花园口最大洪峰流量分别达到9 210 m³/s和15 300 m³/s,下游河道呈现淤滩刷槽的局面。到1985年10月,该时期下游河道累计淤积泥沙7.8亿t。其中,主槽累计冲刷6.2亿t(艾山以下冲刷0.7亿t),而滩地淤积了14.0亿t(艾山以下淤积2.1亿t)。

1986年之后,黄河下游的来水来沙条件发生了很大变化,汛期来水占年度来水比例减小,年最大洪峰流量大幅降低,年内枯水历时增长,下游河槽明显淤积萎缩。1985年10月至1999年10月下游河道累计淤积泥沙31.23亿t,年均淤积2.23亿t。其中,主槽淤积22.56亿t,占全断面淤积量的72%。从冲淤的沿程分布看,高村以上、高村至艾山、艾山至利津淤积量分别占下游淤积量的71.1%、16.4%和12.5%。黄河下游河道的淤积导致了主槽宽度缩窄,平滩流量明显下降,同流量下水位显著抬高。1996年8月花园口断面洪峰流量仅7 600 m³/s,但水位比1958年该断面22 300 m³/s流量的洪水还高0.91 m。

表5-1统计了黄河下游典型洪水水文站断面平滩水位下主槽宽度变化,由表5-1可知各断面1958～2002年主槽大幅萎缩,花园口、夹河滩、高村、孙口四站主槽宽度缩窄在37%～59%,艾山到利津区间主槽宽度缩窄也在15%～39%。

表5-1　黄河下游典型洪水水文站断面平滩水位下主槽宽度变化　　（单位:m）

年份	花园口	夹河滩	高村	孙口	艾山	泺口	利津
1958	1 260	1 300	1 100	880	410	300	560
1985	1 000	1 200	600	709	410	310	500
2002	520	650	500	550	350	250	340
1985比1958缩窄(%)	21	8	45	19	0	-3.3	11
2002比1985缩窄(%)	48	46	17	22	15	19	32
2002比1958缩窄(%)	59	50	55	37	15	17	39

综上所述,1950年7月至1985年10月,黄河下游河道经历了淤积、冲刷、淤积、冲刷

四个阶段,35 年下游河道共淤积 61.84 亿 t 泥沙,年均淤积 1.77 亿 t。其中,高村以上、高村至艾山、艾山至利津淤积量分别占下游河道淤积量的 46.7%、34.3% 和 19%。1986 年以来黄河遭遇枯水少沙系列,下游河道淤积加重,河槽萎缩,平滩流量减小。

第二节　小浪底水库运用后下游河道冲淤演变趋势分析

1999 年 10 月小浪底水库蓄水运用,至 2002 年 10 月基本以清水下泄为主,3 年下泄水量(小浪底 + 黑石关 + 武陟)543 亿 m^3,沙量仅 0.97 亿 t,年均水量 181 亿 m^3,沙量仅 0.32 亿 t,分别为长系列均值(统计至 1995 年)的 40.6% 和 3%。

小浪底水库投入运用后,为黄河下游水沙调控和塑造有利的河道形态提供了有利条件。据水文资料分析,当花园口流量达 2 600 m^3/s 以上且维持一定历时,黄河下游河道输沙效率较高。利用现有骨干水库联合调水调沙运用,控制下泄水量的两极分化,可使有限的输沙水量发挥较大的减淤作用,2002 年、2003 年和 2004 年汛期小浪底水库分别进行了调水调沙运用,下游河道减淤效果明显。按照设计,小浪底水库拦沙库容 75 亿 m^3,相当于黄河下游 20 年的淤积量,如果考虑黄河中游古贤水利枢纽工程的减淤作用,则可再为黄河下游争取 20 年的不淤时间。

2002 年 7 月,小浪底水库的首次调水调沙试验历时 11 d,黄河下游河道净冲刷泥沙0.362 亿 t,其中艾山以上冲刷 0.137 亿 t,艾山以下冲刷 0.225 亿 t;主槽深度增加,其中夹河滩以上河段主河槽平均冲刷深度为 0.16 ~ 0.18 m,夹河滩至孙口河段为 0.24 ~ 0.26 m,孙口至艾山河段为 0.07 m,艾山以下河段为 0.12 ~ 0.16 m;主河槽过流能力有一定提高,其中夹河滩以上河段主槽过流能力增加 240 ~ 300 m^3/s,夹河滩至孙口河段增加300 ~ 500 m^3/s,孙口至艾山河段增加 90 m^3/s,艾山至利津河段增加 80 ~ 90 m^3/s,利津以下河段增加 200 m^3/s。经过 2002 年、2003 年、2004 年三次的调水调沙试验,当时黄河下游河道过洪能力最小的徐码头、雷口河段平滩流量由 2002 年汛前的 1 800 m^3/s 增加到2004 年 7 月中旬的 2 900 m^3/s。试验表明,充分利用水库工程,塑造有利的来水来沙条件,对改变黄河下游河道淤积萎缩状况具有一定的作用。今后随着小浪底水库的投入运用和黄河中游古贤、碛口等其他水库的建设,利用黄河中游水库进行联合调水调沙,塑造有利的下游来水来沙组合,可以有效控制黄河下游河道不断淤积的局面,改善下游河道形态,在一定时期内黄河下游河床不会显著抬高。

第三节　凌汛期黄河下游河道水流演进分析

一、封冻条件下河道水流演进特点

封冻期河道槽蓄水量普遍增加,解冻期槽蓄水量泄放。图 5-1 为 1954 ~ 1955 年凌汛期花园口至艾山河段流量过程。该年度是近 50 年来黄河下游凌汛灾害最为严重的一年,封冻河段长,封河时间长,槽蓄水量大,开河时间短,凌峰流量高,致使该凌汛期在山东利津县五庄发生决口,造成严重的凌汛灾害。

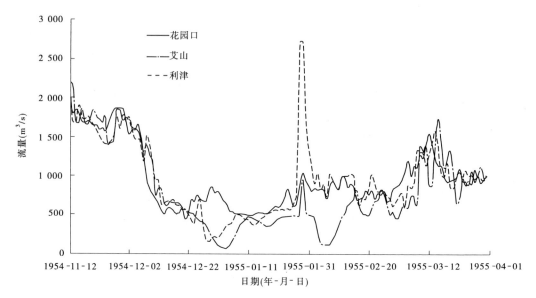

图5-1　1954～1955年凌汛期黄河下游流量传播过程

对1950年以来几次冰情较为严重的年份,封冻和解冻期间下游艾山和泺口站出流过程分析见图5-2、图5-3(图中横坐标天数为从封河开始的天数)。由图可以看出,封冻期断面出流过程大致可以分为四个阶段:

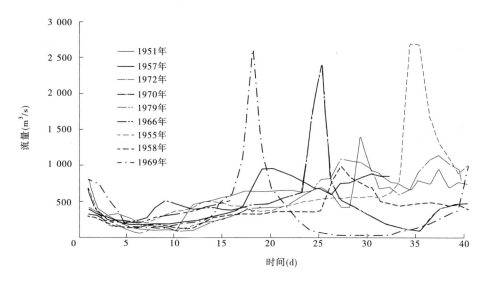

图5-2　艾山站封、开河期流量过程线

第一阶段为封冰阻塞阶段。主要发生在封冻初期,一般在开始封河后的4～5 d。由于冰盖的形成和冰盖下冰花的积聚,糙率增大,过水断面减小,冰下出流量急剧下降,3～5 d内流量降至最低,而且封河前流量越大,结冰后流量减小的幅度相对也越大,一般情况下出流量大多下降至100～300 m³/s。

第二阶段为低流量持续阶段。在这一阶段,过水断面维持较低流量,一般在100～

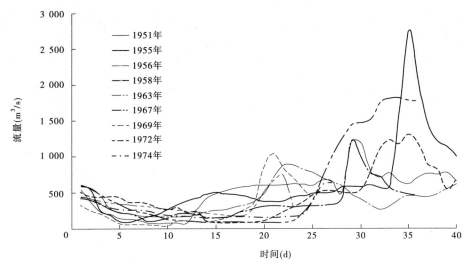

图5-3　泺口站封、开河期流量过程线

$300 m^3/s$,持续时间 5 d 左右。由于该阶段冰下出流过程相对稳定,河道槽蓄水量随来水量增加而累计增加。第一、二两个阶段往往是槽蓄水量集中增加的时期。

第三阶段为流量回升阶段。槽蓄水量的增加导致水位抬升,冰下水力比降增大,河床受到冲刷,使冰下过流面积增大,糙率有所减小,过流量增加。回升后的最大过流量以及该时段出现时间与封河流量大小有一定关系,封河流量大,冰盖高,流量回升幅度也就大。同时如果来水流量大,水位壅高快,比降陡,从而使该阶段早出现。而来水流量较小时,流量回升幅度小,持续时间较长。此时,回升后的流量即为冰盖下稳定过流能力。

第四阶段为冰盖下稳定出流阶段。该阶段持续时间随封冻期温度变化而变化,其流量变化大致随槽蓄水量壅高水头的变化而略有升降,也呈下凹形,但较第二阶段泄量大,最后过渡到开河泄流。

通过对历史凌汛水文资料以及典型年凌汛期河段断面流量过程的分析,黄河下游凌汛期水流演进有以下几个特点:

一是在封河期,各河段水流极不稳定。尤其是在封河初期,冰盖的存在增加了水流的湿周长度,增大了水流的阻力,冰花、流冰阻塞冰下过流断面,使过水断面减小,阻力增加,断面水位壅高。同时部分水体形成冰块滞留在河道中,造成上下断面水量不平衡。

二是封冻期断面出流过程基本上可以分为流量急剧下降、低流量维持、流量回升和冰盖下稳定出流四个阶段。尤其在封河上段,由于冰盖前缘冰花的阻塞,上述四个过程较为明显,而在封河下段随着连续冰盖的延长,出流过程逐渐坦化。以艾山站为例,虽然不同年份封冻前艾山站流量变化较大,流量范围在 $300 \sim 800 m^3/s$,但封冻后艾山断面低流量阶段流量大多在 $100 \sim 250 m^3/s$。分析其主要原因是,在较大流量封河时,虽可以形成较高冰盖,但由于水流的动力因素较强,冰盖前缘水流流速大,上游下来的冰花、浮冰遇到冰盖时,便会潜入冰盖下面并吸附在冰盖下,导致冰盖越来越厚,阻塞过流断面,减小冰下过流能力;而小流量封河时,由于水动力较弱,冰盖前水流流速小于浮冰潜没的临界流速,上游来的冰花、浮冰不能潜入冰盖下,而是大多沿冰盖向上游聚集,造成由下游向上游沿程封河,封冰长度加大,冰盖下聚集冰花量小,冰下过流反而畅通。因此,无论前期流量大小,封河后流量都会下降到 $100 \sim 250$ m³/s。

二、河道冰下过流能力分析

河道结冰后冰下的过流能力影响因素较多,其中河床冰盖阻力是一个重要因素。河道冰下过流能力可用河段冰下过流能力和断面冰下过流能力来表示。

(一)河段冰下过流能力

河段冰下过流能力指考虑水流传播时间后,河段下断面的平均流量 $\overline{Q}_下$ 与河段上断面在同期内的平均流量 $\overline{Q}_上$ 之比,即

$$K_L = \frac{\overline{Q}_下}{\overline{Q}_上} \times 100\% \tag{5-1}$$

式中 K_L——河段的过流能力。

表 5-2 为高村至艾山河段典型年冰下过流能力统计,其呈现出封冻初期过流能力有所减小,随后进一步减小,后期又逐渐增大直至开河期达到畅泄能力的变化趋势。

表 5-2 高村至艾山河段封冻期冰下过流能力计算结果 （%）

年份	过流能力 $K_L = \dfrac{\overline{Q}_下}{\overline{Q}_上} \times 100\%$				
	第一个 5 d	第二个 5 d	第三个 5 d	第四个 5 d	第五个 5 d
1959	69	46	80	84	79
1960	37	49	60	8	47
1968	78	83	75	76	77
1969	46	69	83	86	
1971	86	54	98		
1979	73	87	80	79	79

(二)断面冰下过流能力

断面冰下过流能力(冰期流量改正系数)指某一断面在相同的水位条件下,封河后冰下过流量 $Q_封$ 与畅流期过流量 $Q_畅$ 之比,即

$$K_W = \frac{Q_封}{Q_畅} \tag{5-2}$$

式中 K_W——冰期流量改正系数。

由河道流量计算公式:$Q = VA = \dfrac{1}{n} B h^{5/3} J^{1/2}$ 可得

$$K_W = 0.63 \frac{n_2}{n_1} \left(1 - \frac{0.9\delta}{h}\right)^{5/3} \left(\frac{J_1}{J_2}\right)^{1/2} \tag{5-3}$$

式中 V——平均流速;

    A——断面面积；

    B——河面宽度；

    n_1、n_2——封河期和畅流期的糙率；

    h——畅流期水深；

    δ——冰盖厚度；

    J_1、J_2——封河期和畅流期的水面比降。

当冰盖下有大量冰花积聚时，冰下有效过水面积减小。假定平均冰花厚度为δ'，则有

$$K_W = 0.63\frac{n_2}{n_1}(1 - \frac{0.9\delta + \delta'}{h})^{5/3}(\frac{J_1}{J_2})^{1/2} \tag{5-4}$$

改正系数法主要是通过冰期冰下过流和畅流期过流的关系，建立其相关的关系式，通过测定有关参数计算改正系数K_W，或根据实测资料统计分析K_W。

从式（5-4）可以看出，封河期由于增加了冰盖糙率，综合糙率增大，水流阻力增加；同时由于冰盖壅水使水面比降J_1变缓，加之结冰造成同水位下过流面积减小，因此有$K_W \leqslant 1.0$。当出现连底冻时，$K_W = 0$。

第四节　凌汛期水流数值模拟

凌汛期河流的输水、输沙能力在很大程度上受到河流冰情的影响。在总结前人已经取得的科研成果的基础上，具体结合我国黄河流域在凌汛期的水文、气候特点，初步建立一套可以应用于黄河凌汛期的输水、输沙水文预报数学模型。

一、水流模型方程的建立

（一）控制方程

为模拟长河段沿程水流变化过程，水流控制方程采用如下形式：

水流连续方程

$$\frac{\partial \xi}{\partial t} + B\frac{\partial Q}{\partial x} = 0 \tag{5-5}$$

水流运动方程

$$\frac{\partial Q}{\partial t} + \left[gA - B\left(\frac{Q}{A}\right)^2\right]\frac{\partial \xi}{\partial x} + \frac{2Q}{A}\frac{\partial Q}{\partial x} = \frac{Q^2}{A^2}\frac{\partial A}{\partial x}\Big|_{\xi} - \frac{gQ|Q|}{C^2RA} \tag{5-6}$$

式中　　B—— 河宽；

       A—— 过水断面面积；

       ξ—— 水位；

       Q—— 断面平均流量；

       g—— 重力加速度；

       C—— 谢才系数；

       R—— 水力半径；

$\left. \dfrac{\partial A}{\partial x} \right|_{\xi}$ —— 水位不变时,过水断面面积的沿程变化率。

(二)差分方程

利用 Preissmann 格式对水流运动控制方程进行离散。在如图 5-4 所示的计算网格中,其插商形式为

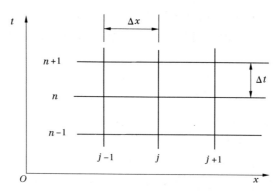

图 5-4　Preissmann 离散格式网格示意图

$$\frac{\partial f}{\partial t} = \frac{1}{2\Delta t}(f_{i+1}^{n+1} + f_i^{n+1} - f_{i+1}^n - f_i^n) \tag{5-7}$$

$$\frac{\partial f}{\partial x} = \theta \frac{f_{i+1}^{n+1} - f_i^{n+1}}{\Delta x_i} + (1 - \theta) \frac{f_{i+1}^n - f_i^n}{\Delta x_i} \tag{5-8}$$

$$f_m = \frac{\theta}{2}(f_{i+1}^{n+1} + f_i^{n+1}) + \frac{1 - \theta}{2}(f_{i+1}^n + f_i^n) \tag{5-9}$$

式中　θ ——权重系数,$0 \leqslant \theta \leqslant 1$。

将上面的差分格式代入水流连续方程(5-5)及水流运动方程(5-6),经过线性化处理后,可得到水流连续方程和运动方程的差分方程

$$a_{11}\xi_i^{n+1} + a_{12}Q_i^{n+1} + b_{11}\xi_{i+1}^{n+1} + b_{12}Q_{i+1}^{n+1} = c_1 \tag{5-10}$$

$$a_{21}\xi_i^{n+1} + a_{22}Q_i^{n+1} + b_{21}\xi_{i+1}^{n+1} + b_{22}Q_{i+1}^{n+1} = c_2 \tag{5-11}$$

写成矩阵形式为

$$\boldsymbol{A}_i\boldsymbol{X}_i + \boldsymbol{B}_i\boldsymbol{X}_{i+1} = \boldsymbol{C}_i \tag{5-12}$$

其中

$$\boldsymbol{A}_i = \begin{bmatrix} a_{11} & a_{12} \\ a_{21} & a_{22} \end{bmatrix}, \qquad \boldsymbol{B}_i = \begin{bmatrix} b_{11} & b_{12} \\ b_{21} & b_{22} \end{bmatrix}$$

$$\boldsymbol{C}_i = \begin{bmatrix} c_1 \\ c_2 \end{bmatrix}, \qquad \boldsymbol{X}_i = \begin{bmatrix} \xi_i^{n+1} \\ Q_i^{n+1} \end{bmatrix}$$

系数 $a_{ij}, b_{ij}, c_i (i = j = 1, 2)$ 均可以由 n 时层的水位和流量的已知值求得,其中

$$a_{11} = 1, a_{12} = -\frac{2\Delta t\theta}{B_m\Delta x_i}, b_{11} = 1, b_{12} = \frac{2\Delta t\theta}{B_m\Delta x_i}$$

$$a_{21} = -\frac{2\Delta t\theta}{\Delta x_i}\left(gA_m - \frac{B_mQ_m^2}{A_m^2}\right), a_{22} = 1 - \frac{4\Delta tQ_m\theta}{A_m\Delta x_i}$$

$$b_{21} = \frac{2\Delta t\theta}{\Delta x_i}\left(gA_m - \frac{B_m Q_m^2}{A_m^2}\right), b_{22} = 1 + \frac{4\Delta tQ_m\theta}{A_m\Delta x_i}$$

$$c_1 = \xi_{i+1}^n + \xi_i^n - \frac{2\Delta t(1-\theta)}{B_m\Delta x_i}(Q_{i+1}^n - Q_i^n)$$

$$c_2 = \left[1 - \frac{4\Delta tQ_m}{A_m\Delta x_i}(1-\theta)\right]Q_{i+1}^n + \left[1 + \frac{4\Delta tQ_m}{A_m\Delta x_i}(1-\theta)\right]Q_i^n -$$

$$\frac{2\Delta t(1-\theta)}{\Delta x_i}\left(gA_m - B_m\frac{Q_m^2}{A_m^2}\right)(\xi_{i+1}^n - \xi_i^n) + \left(\frac{Q_m}{A_m}\right)^2 2\Delta t\left[\left(\frac{\partial A}{\partial x}\right)_\xi\right]_m - \frac{2\Delta tgQ_m|Q_m|}{\dfrac{R_m^{\frac{4}{3}}A_m}{n^2}}$$

式中　C——谢才系数；

　　　R——水力半径。

(三)追赶法求解水流运动差分方程

为了求解上述线性方程组,假设下面的线性关系式成立

$$Q_i = E_i\xi_i + F_i \tag{5-13}$$

将式(5-13)代入方程组(5-10)、(5-11)得

$$\begin{cases} a_{11}\xi_{i+1} + a_{12}Q_{i+1} + (b_{11} + b_{12}E_i)\xi_i + b_{12}F_i = c_1 \\ a_{21}\xi_{i+1} + a_{22}Q_{i+1} + (b_{21} + b_{22}E_i)\xi_i + b_{22}F_i = c_2 \end{cases} \tag{5-14}$$

由离散方程组(5-14)可以得到关于 ξ_i 的表达式

$$\xi_i = H_i\xi_{i+1} + K_iQ_{i+1} + M_i \tag{5-15}$$

其中

$$H_i = -a_{11}/L_1, K_i = -a_{12}/L_1$$

$$M_i = (c_1 - b_{12}F_i)/L_1, L_1 = b_{11} + b_{12}E_i$$

再从方程组(5-14)中消去 ξ_i ,则可得到

$$Q_{i+1} = E_{i+1}\xi_{i+1} + F_{i+1} \tag{5-16}$$

$$E_{i+1} = \frac{-(a_{11}L_2 - a_{21}L_1)}{a_{12}L_2 - a_{22}L_1}E_i \tag{5-17}$$

$$F_{i+1} = \frac{[(c_1L_2 - c_2L_2) + (b_{22}L_1 - b_{12}L_2)]F_i}{a_{12}L_2 - a_{22}L_1} \tag{5-18}$$

其中　　　　　$L_1 = b_{11} + b_{12}E_i, L_2 = b_{21} + b_{22}E_i$

式(5-17)、式(5-18)是关于 E_i 与 E_{i+1} 及 F_i 与 F_{i+1} 的循环系数递推公式,式(5-15)、式(5-16)是关于水位 ξ 及流量 Q 的递推公式。

(四)边界条件

上、下游边界条件可分为三类:①已知水位过程线,$\xi = \xi(t)$;②已知流量过程线,$Q = Q(t)$;③已知水位流量关系,$Q = Q(\xi)$。下面分别列出三种情况上、下游边界条件及其处理办法。

1.已知水位过程 $\xi = \xi(t)$

(1)上游边界:$\xi_1 = \xi_1(t)$。

由 $Q_i = E_i\xi_i + F_i$,有 $Q_1 = E_1\xi_1 + F_1$,得

$$\xi_1 = \frac{Q_1}{E_1} - \frac{F_1}{E_1}$$

因此

$$\frac{Q_1}{E_1} \approx 0, \quad -\frac{F_1}{E_1} = \xi_1(t)$$

式中,E_1 是一个较大的数(一般取 $1.0 \times 10^5 \sim 1.0 \times 10^6$);$F_1 = -E_1\xi_1(t)$。

(2)下游边界:$\xi_l = \xi_l(t)$。

可以直接代入 $Q_{i+1} = E_{i+1}\xi_{i+1} + F_{i+1}$,由下游向上游递推获得$(\xi_i, Q_i)$。

2.已知流量过程 $Q = Q(t)$

(1)上游边界:$Q_1 = Q_1(t)$。

由 $Q_1 = E_1\xi_1 + F_1$,则得

$$E_1 = 0, \quad F_1 = Q_1(t)$$

(2)下游边界:$Q_l = Q_l(t)$。

由 $Q_{i+1} = E_{i+1}\xi_{i+1} + F_{i+1}$,则得 $Q_l = E_l\xi_l + F_l$,且有

$$\xi_l = (Q_l - F_l)/E_l$$

这里:E_l、F_l 分别由 E_i、F_i 的递推关系式获得。

3.已知水位 - 流量关系 $Q = A(\xi) + B$

(1)上游边界:$Q_1 = A_1(\xi) + B_1$。

由 $Q_{i+1} = E_{i+1}\xi_{i+1} + F_{i+1}$,则得

$$Q_1 = E_1\xi_1 + F_1$$

其中

$$E_1 = A_1, \quad F_1 = B_1$$

(2)下游边界:$Q_l = A_l\xi_l + B_l$。

由 $Q_{i+1} = E_{i+1}\xi_{i+1} + F_{i+1}$,则得

$$Q_l = E_l\xi_l + F_l$$

联立求解上述两个方程,得

$$\xi_l = (F_l - B_l)/(A_l - E_l)$$
$$Q_l = (F_lA_l - E_lB_l)/(A_l - E_l)$$

在本算例中可取:

上游边界(已知流量过程 $Q = Q(t)$):由 $Q_1 = E_1\xi_1 + F_1$,则得

$$E_1 = 0, \quad F_1 = Q_1(t)$$

下游边界(已知水位过程 $\xi = \xi(t)$):$\xi_l = \xi_l(t)$。

二、糙率系数 n

凌汛期典型河道断面如图 5-5 所示。冰盖的形成使河道中的水力现象发生改变,引起流动阻力增加,从而导致河道过流能力下降及能量损失增加。冰盖的存在使总流断面的湿周增加,水力半径减小。冰盖和床面的糙率共同决定总流的综合糙率。理论和应用上需要研究综合糙率、冰盖糙率、床面糙率和相关的水力因素之间的定量关系。一般有两个主要问题需要解决:一是冰盖糙率的确定;二是在已知河床糙率及冰盖糙率的情况下,计算渠道的综合糙率。

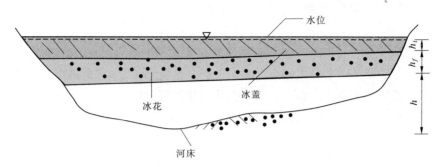

图 5-5　凌汛期的典型河道断面

对于天然河道,由于影响水流阻力因素的复杂性,人们通常采用曼宁系数来直接表示水流的流动阻力。河道中形成冰盖,这时的阻力由两部分组成:水流与床面的摩擦切应力和水流与冰盖下表面的摩擦切应力,应用曼宁公式表达阻力项为

$$S_f = \frac{Q^2 n_c^2}{A^2 R^{4/3}} \tag{5-19}$$

式中　R ——封冻时的水力半径;

　　　n_c ——综合糙率,反映了床面糙率 n_b 和冰盖下表面糙率 n_i 的综合效应,即冰盖和床面的糙率共同决定水流的综合糙率。

（一）床面糙率 n_b

黄河山东段大致分为 3 段,即较宽浅、窄深和河口尾闾段。高村以下,陶城铺以上为较宽浅型河段,该河段河道纵断面较平缓,水面纵比降约为 1.25∶10 000,河槽宽浅,平滩流量为 3 500 m³/s,滩地较宽,滩宽一般为 3 ~ 5 km,高村、孙口两站处在该河段内,故将该两站作为同一类型分析;陶城铺以下,利津站以上为窄深弯曲型河段,该河段河道纵断面平缓,水面纵比降约为 1∶10 000,河槽窄深,平滩流量 3 000 ~ 4 000 m³/s,滩地较窄,由于控导工程的作用,水流的弯曲行进习性受到约束,河槽比较规顺固定,为分析方便起见,人们常以艾山断面为该河段的顶点;利津断面处于河口尾闾段,除受溯源堆积和溯源冲刷外,其余条件均与艾山以下河道基本相似,故将艾山、泺口、利津三断面作为同一窄深河段类型进行分析。

通过对黄河山东段河床糙率的分析,有以下几点认识:

（1）山东较宽浅河段(高村、孙口河段),全断面糙率 $n_b = 0.014$。其中,主槽糙率较小,$n_b = 0.013$;滩地糙率较大,$n_b = 0.042$,分别是主槽、全断面糙率的 3.2 倍、3.0 倍。

（2）在不同流量级下,糙率 n_b 值变化甚大,当流量 $Q < 1\ 000$ m³/s(较宽浅河道,下同)或 $Q < 1\ 500$ m³/s(窄深河道,下同)时,n_b 值随 Q 的减小而显著增大,在 Q 减小到 500 m³/s 时,n_b 达最大值($n = 0.036$);当 $Q > 1\ 000$ m³/s 或 1 500 m³/s 时,n_b 值随 Q 的增大显著增大,或基本稳定不变,或略有增大(泺口测验河段除外);在 Q 接近(等于)1 000 m³/s 或 1 500 m³/s 时,n_b 达最小值($n = 0.011$),仅为最大值的 $\frac{1}{3}$。

（3）山东河段(泺口测验河段除外)断面平均水深与糙率关系($\overline{H} \sim n_b$)的变化趋势均基本保持一致,且与 $Q \sim n_b$ 关系变化趋势比较相似,即 n_b 值较小时,n_b 值变幅较大,且

随 $\bar{H}$ 减小逐渐增大,在 $\bar{H}$ 增大到一定值时,n_b 值最小;当 $\bar{H}$ 超过一定值时,n_b 值变幅减小,且略有增大的趋势。

(4)在同一流量级下,糙率 n_b 值不随含沙量的变化而变化,由此可知,影响糙率的主要是水力因素,含沙量与糙率变化基本无关。

(5)泺口测验河段 $Q \sim n_b$、$\bar{H} \sim n_b$ 关系变化规律与其他河段差异较大的原因,一是该河段水面比降突出偏大的影响,二是平均水深 $\bar{H}$ 值与其变幅明显偏大等特性的影响。

(二)冰盖糙率 n_i

冰盖糙率通常利用实测的流速分布间接确定,有时也当做反问题来解决。在进行封冻河道水面曲线计算时,需要知道河段内流动的水流总阻力。有时根据流量和水位的观测资料,利用水流方程确定河段的阻力系数。采用这一方法,需要知道许多水力要素,而且在河道封冻结冰情况下,往往很难准确确定这些因素。较之由水面坡降求糙率的河段方法,后者通常可以得到稳定可行的结果。

寒冷地区各国的学者做了许多封冻河道流动阻力的现场观测及实验室内研究,得到了许多有价值的数据资料。图 5-6 是本书中应用的实测冰盖糙率随时间的变化曲线图。

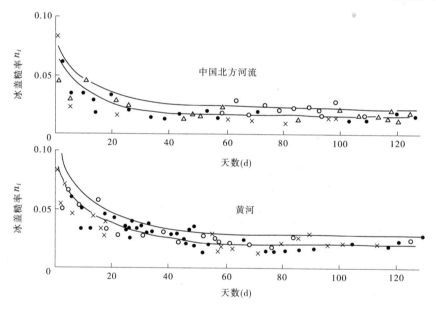

图 5-6　冰盖糙率 n_i 随时间的变化曲线

(三)综合糙率 n_c

现分析封冻河道各水力要素之间的关系(见图 5-7、图 5-8)。考虑立面二维情况。对于宽浅式河渠,将冰盖下水流视为两个独立的断面分区,分别只受冰盖和床面影响。最大流速 u_{max} 位于距冰盖下表面 Y_i 处,总水深 $Y_t = Y_i + Y_b$,每区水流流速呈对数分布规律。

上部冰区
$$u_i = 2.5 V_{*i} \ln\left(\frac{30}{k_i} y_i\right)$$

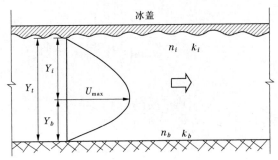

图 5-7 封冻河道流速分布

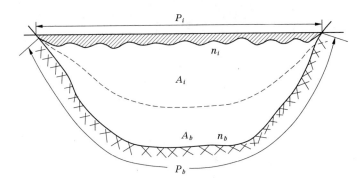

图 5-8 封冻河道过流段面划分图

下部河床区
$$u_b = 2.5 V_{*b} \ln\left(\frac{30}{k_b} y_b\right)$$
(5-20)

式中 V_{*i}、V_{*b}——冰区和河床区的摩阻流速；

k_i、k_b——冰盖底部和河床的水力粗糙高度；

y_i、y_b——从冰盖、河床起算的距离；

u_i、u_b——相应点的速度。

最大流速发生在距河床 Y_b、冰盖底面 Y_i 处，所以
$$u_{\max} = 2.5 V_{*i} \ln\left(\frac{30}{k_{si}} Y_i\right) = 2.5 V_{*b} \ln\left(\frac{30}{k_{sb}} Y_b\right)$$

即
$$\frac{V_{*i}}{V_{*b}} = \left(\frac{\tau_i}{\tau_b}\right)^{\frac{1}{2}} = \frac{\ln\left(\frac{30}{k_{sb}} Y_b\right)}{\ln\left(\frac{30}{k_{si}} Y_i\right)} = \frac{a}{b}$$
(5-21)

式中 τ_i——冰盖区的边壁剪应力。

对流速分布曲线分别进行积分得到冰区的平均流速 V_i 和床面区的平均流速 V_b
$$V_i = 2.5 V_{*i} \left[\ln\left(\frac{30}{k_{si}} Y_i\right) - 1\right] \quad, \quad V_b = 2.5 V_{*b} \left[\ln\left(\frac{30}{k_{sb}} Y_b\right) - 1\right]$$
(5-22)

由式(5-21)、式(5-22)可得

$$\frac{V_{*i}}{V_{*b}} = \left(\frac{\tau_i}{\tau_b}\right)^{\frac{1}{2}} = \frac{a}{b} = \frac{V_i}{V_b} \frac{\ln\left(\frac{30}{k_{sb}}Y_b\right) - 1}{\ln\left(\frac{30}{k_{si}}Y_i\right) - 1} = \frac{V_i}{V_b}\left(\frac{a-1}{b-1}\right)$$

即

$$\frac{V_i}{V_b} = \frac{a(b-1)}{b(a-1)} \tag{5-23}$$

由曼宁公式,得

$$V_i = (1/n_i)Y_i^{\frac{2}{3}}J^{\frac{1}{2}}, V_b = (1/n_b)Y_b^{\frac{2}{3}}J^{\frac{1}{2}}, V_c = (1/n_c)Y_t^{\frac{2}{3}}J^{\frac{1}{2}} \tag{5-24}$$

$$\frac{V_i}{V_b} = \frac{n_b}{n_i}\left(\frac{Y_i}{Y_b}\right)^{\frac{2}{3}} \quad 或 \quad \frac{Y_i}{Y_b} = \left(\frac{V_i}{V_b}\frac{n_i}{n_b}\right)^{\frac{3}{2}} \tag{5-25}$$

由式(5-23)和式(5-25),得

$$\frac{Y_i}{Y_b} = \left[\frac{a(b-1)n_i}{b(a-1)n_b}\right]^{\frac{3}{2}} \tag{5-26}$$

由连续性方程,得

$$Y_iV_i + Y_bV_b = Y_tV_c \tag{5-27}$$

联合式(5-24),得到综合糙率系数的计算公式

$$\frac{1}{n_c} = \frac{\left(\frac{1}{n_i}\right)Y_i^{\frac{5}{3}} + \left(\frac{1}{n_b}\right)Y_b^{\frac{5}{3}}}{Y_t^{\frac{5}{3}}} \tag{5-28}$$

式(5-25)及式(5-28)给出了封冻河道水力要素间的理论关系表达式。若已知 n_i 和 n_b 及 Y_t 值,按前述公式可计算得到综合糙率 n_c, $\frac{V_i}{V_b}$ 和 $\frac{Y_i}{Y_b}$,及 V_i、V_b、Y_i、Y_b。

若 $R_i \approx Y_i$,$R_b \approx Y_b$,当冰盖区和床面区的流速分布均满足对数流速分布法则时,若进一步假定 $\frac{Y_i}{k_i}$ 和 $\frac{Y_b}{k_b}$ 近似相等,则由式(5-21) 得到 $V_{*i} = V_{*b}$,因此由方程(5-27) 得到 $V_i = V_b = V_c$,也就是床面区和冰盖区以及整个过流断面的平均流速均相等。这样方程(5-26)变为

$$\frac{Y_i}{Y_b} = \left[\frac{a(b-1)n_i}{b(a-1)n_b}\right]^{\frac{2}{3}} = \left(\frac{n_i}{n_b}\right)^{\frac{2}{3}} \tag{5-29}$$

即 $\frac{Y_i}{Y_b}$ 可近似化为 $\frac{n_i}{n_b}$ 的函数。

如前所述,冰盖下表面的粗糙系数与冰盖特性、水流及气象条件密切相关,随时间、空间而不同。由于天气、工作条件等种种原因,冰盖下表面的粗糙度往往很难直接量测,通常利用流速分布量测进行间接估算。假设冰盖下以最大流速处为界划分水深为两区,上、下每区从边壁到最大流速处的流速分布均满足 Karmanr Prandtl 的流速分布规律(见图5-6)。用下列方程表示

$$u = V_*\left[2.5\ln\left(\frac{30y}{k_s}\right)\right] \tag{5-30}$$

式中 u——距边壁距离 y 处的点流速；

　　　k_s——水力粗糙高度；

　　　V_*——摩阻流速。

上述方程可表示为

$$u = a\ln y + b \tag{5-31}$$

为了准确确定最大流速所在位置 Y_i，对实测流速分布资料进行分析拟合，得到两区的流速分布方程，数值联解得到对应于断面最大流速 u_{max} 处的 Y_i，并由此求得 u_{max} 及冰区平均流速 V_i 和 λ_i，进而得到

$$n_i = \sqrt{\frac{\lambda_i}{8g}} R_i^{\frac{1}{6}} = \frac{1}{\sqrt{8g}} \lambda_i^{\frac{1}{2}} R_i^{\frac{1}{6}} \tag{5-32}$$

第五节　凌汛期河段槽蓄增量分析

在河流中，某一河段所容蓄的水量称之为该河段的槽蓄量。它随河段水位的涨落而变化，因此槽蓄量 W 是水位 H 的函数，即 $W = f(H)$。

因为水位的涨落是由于河段流量的增减所致，所以河段槽蓄量的增减值 ΔW 与该河段进出流量的差值 ΔQ 和时间 T 密切相关，即 $\Delta W = f(\Delta Q, T)$。

河段槽蓄量是由槽蓄基量和槽蓄增量两部分组成的，而槽蓄增量又包括由河段入流变化所引起的和由河槽阻力变化所引起的两种。某河段 L 在畅流期某时刻 T_0 下泄一定流量 Q_0 时，相应水位下的河槽水量叫做 L 河段槽蓄基量（W_0）。当河段入流由 Q_0 变为 Q_1 时，河段水位随之变化，河段槽蓄量也相应变化，所增加或减少的这部分河槽水量就叫做槽蓄增量 ΔW_1。当入流增大时，ΔW_1 为正值；反之，为负值。而当河流封冻后，由于冰凌的阻力作用，下泄同一流量 Q_1 时，河段水位增高，河槽的蓄水量也相应增大，所增加的这部分河槽水量就叫做 L 河段的槽蓄增量 ΔW_2。因为畅流期 $\Delta W_2 = 0$，所以 $W = W_0 + \Delta W_1$；在封冻期，$W = W_0 + \Delta W_1 + \Delta W_2$。

一、影响槽蓄增量的主要因素

影响槽蓄增量变化的主要因素有如下四个：

（1）气温。气温是影响凌情变化的主要热力因素，也是影响河段槽蓄增量的主要因素之一。在冬季，河道水体温度随气温的下降而降低，当水温下降到 0 ℃时就开始结冰，随着气温的继续降低，河道开始流凌，流凌密度增大到一定程度就形成冰盖。由于冰盖的阻挡，以及上游冰块在冰盖下的积聚，出现冰塞，河道过流能力减小，河段出现壅水，大量槽蓄增量开始形成。在其他条件相同的情况下，气温越低，河道封冻越严重，封河河段越长，冰盖厚度越大，河段的槽蓄增量也就越大。

（2）封河流量。封河流量的大小直接影响冰盖的高低，进而影响冰下的过流能力和河段的槽蓄增量。但封河流量与槽蓄增量的关系比较复杂，封河流量大时，河道在结冰时就能形成高冰盖封河。一方面，在相同的封河长度条件下，高冰盖封河会导致较多的冰量储存，使槽蓄冰量增大；另一方面，大流量封河时较强的水动力容易导致冰塞，河段槽蓄增

量会明显增加。如果流量小,在相同的气温下,不仅容易出现封河,而且往往形成低冰盖封河,冰下过流能力较小,遇到后期来水增多,槽蓄增量就会大大增加。

(3)封河后来水流量。河段槽蓄增量的形成主要是由于封冻河段水流阻力增大或冰盖下冰花的积聚形成冰凌堵塞,使冰下过流能力减小,上游来水不能顺利从冰下通过所致,因此封河后上游来水是影响槽蓄增量的一个主要因素。如果封河后上游来水量大于下游冰盖下过流能力,大量的来水就会积蓄到冰盖上游,使河段槽蓄增量增大。反之,如果封河后能根据冰下过流能力有效控制上游来水,使来水流量不大于冰下过流能力,则上游来水就会顺利从冰下通过,其槽蓄增量就会大大减小,能形成槽蓄的仅仅是当时的冰量。

(4)河道形态。河道形态对冰情的影响是通过热力和水力两种形式表现出来的。就大范围的平面形态看,黄河下游河道从兰考东坝头以下折向东北,气温呈上暖下寒,这是河道形态影响凌汛的热力因素;而河道的上宽下窄引起排泄凌洪能力的上大下小就是其水力因素。历年来黄河下游凌汛威胁较严重的年份,大多是由于大量冰凌在弯曲、狭窄或宽浅河段受阻,形成冰塞或冰坝而引起的。所以,河道形态与凌汛的关系极为密切,同样也就影响着河段的槽蓄增量。

二、槽蓄增量计算方法

河段槽蓄增量的计算主要是依据河道地形资料、水文站及水位站断面流量和水位来进行的,有多种计算方法,如水量平衡法、水位断面法、同水位流量法、储冰量计算法等,不同的方法有不同的资料要求和计算精度。根据黄河下游凌汛资料情况,本研究中槽蓄增量计算采用水量平衡法。

根据水量平衡原理,在不考虑沿程引水及河段自然损耗的条件下,河段槽蓄方程为

$$\Delta W = (Q_{上} - Q_{下})\Delta t \tag{5-33}$$

式中　　ΔW——河段槽蓄增量;

　　　　$Q_{上}$、$Q_{下}$——考虑传播时间后计算河段上、下断面相应时段流量;

　　　　Δt——时段长。

根据式(5-33),由河段入口断面与出口断面日均流量过程,以日为计算时段,可计算河段封冻期逐日槽蓄增量,累加可求得河段各年度凌汛期槽蓄增量。

三、花园口至利津河段槽蓄增量分析

本书研究的目的是分析小浪底水库运用后南展宽工程的运用问题。在研究中,根据黄河下游河道状况、水文站断面设置以及南展宽工程布局,将杨房断面作为南展宽工程冰坝壅水河段的入口控制断面,将王庄断面作为南展宽工程冰坝头部的出口控制断面。考虑河道水流演进和冰坝防凌能力水文水力计算的需要,在槽蓄增量计算时按花园口至艾山、艾山至老徐庄、艾山至杨房、杨房至王庄分河段进行。由于老徐庄、王庄非固定水文站观测断面,在分析计算时,分别借用其邻近站泺口、利津断面资料;杨房站除 1951 ~ 1956 年用本站实测资料外,其余年份也借用泺口站断面资料。

(一)不同年份河段槽蓄增量变化

为分析不同来水、不同封冻条件下河段槽蓄增量的变化,根据影响河段槽蓄增量的主要因素,考虑历年黄河下游河道封冻程度,以封河上界为参数,点绘各河段槽蓄增量与封冻期上断面平均流量关系,如图5-9～图5-12所示。由图可以看出,河段槽蓄增量与封冻期间上断面平均入流量、封河长度(代表了气温与流量的综合作用)具有较好的相关关系。一方面,河段槽蓄增量随封河期间上断面平均流量的增大而增加,说明利用三门峡、小浪底水库调节下游来水可以有效控制河段的槽蓄增量;另一方面,河段槽蓄增量随封河长度的增长而增加。而封河长度与气温、水温及水动力条件有关,在相同的气候条件下,如果提高小浪底水库出库水温或增大河道流量可以使下游河道封冻长度缩短甚至不封河,从而减少槽蓄增量。小浪底水库蓄水防凌运用后,提高了出库水温,使下游河道零温度断面下移,封冻长度变短,河道冰量减少。对于增大河道流量问题,从黄河下游已有水温资料分析,封河前流量即使加大到1 300 m³/s,遇到强寒流仍有封河的可能。同时,在目前水资源紧缺的情况下,加大封河期的河道流量可能性不大。再则,如果加大封河期的流量,一旦下游封冻就会出现冰塞,从而增大槽蓄增量。所以,凌汛期河道流量应控制在一个适度范围内。

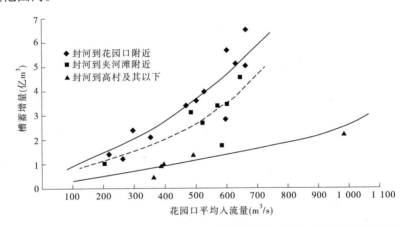

图5-9　历年封冻期花园口至艾山河段槽蓄增量与花园口平均入流量关系

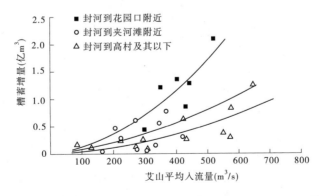

图5-10　历年封冻期艾山至老徐庄河段槽蓄增量与艾山平均入流量关系

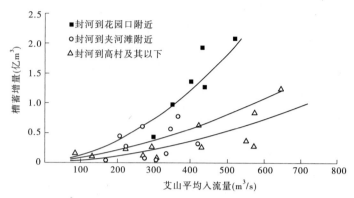

图5-11　历年封冻期艾山至杨房河段槽蓄增量与艾山平均入流量关系

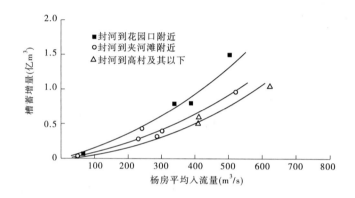

图5-12　历年封冻期杨房至王庄河段槽蓄增量与杨房平均入流量关系

（二）封河期槽蓄增量变化过程

在凌汛期,自河道出现流冰时,河段槽蓄增量即开始形成;随着河道流冰密度增大,槽蓄增量也随之增加,至封河后,随着封河河段的加长,槽蓄增量也逐步增加。尤其在封冻初期,即前述封冻期的第一、二阶段,由于下断面出流量的急剧减小,槽蓄增量增加迅速。随后,随着下断面过流能力的回升,河段槽蓄增量增长速率减慢,当冰盖下出流能力达到相对稳定后,河段槽蓄增量随河段入流的变化而变化,即槽蓄增量的变化与上断面入流有同步的变化趋势。图5-13、图5-14为典型年花园口至艾山河段累计槽蓄增量变化过程,显示了封冻期槽蓄增量在不同阶段的增长速率。

图5-15为花园口至艾山河段槽蓄增量累计百分比与花园口封河期入流量累计百分比关系,以封河时间 X 为参数。由图5-15可以看出,封河时间长,曲线偏上,曲线前段陡,后段平缓,说明封河前期(即封河的第一、二阶段)累计槽蓄增量随累计入流量的增加而快速增长,累计槽蓄增量所占总槽蓄量的比例较大,到后期,累计槽蓄增量增长较慢,亦即槽蓄增量主要是在前一阶段形成的;封河时间短时,曲线偏下,除开始和最后短时间内曲线较平缓外,中间很长时间曲线变化均匀,说明封河时间短时,累计槽蓄增量随累计入流量的增加而比较均衡地增加。

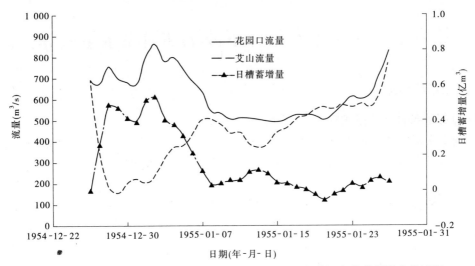

图 5-13　1954～1955 年花园口、艾山凌汛期流量及相应河段槽蓄增量变化过程

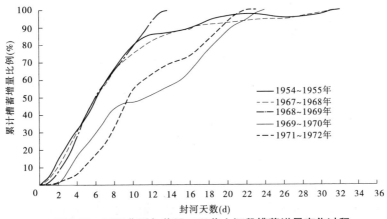

图 5-14　不同典型年花园口至艾山河段槽蓄增量变化过程

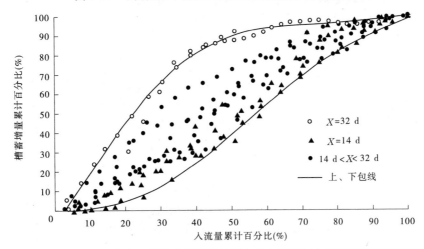

图 5-15　花园口至艾山河段槽蓄增量累计百分比与花园口入流量累计百分比关系

第六节　典型来水条件下凌汛期河段水量演算

一、演算方法

（一）畅流条件下流量演算

实测水文资料统计表明,在冬季小流量条件下,河段水量自然损耗较小,如无引水,畅流期河段水量大致平衡。因此,可以采用水文学马斯京根法对该河段进行畅流期水量演算。

马斯京根法认为,在一个河段中,河道槽蓄量 W 与某一特征流量 Q' 之间存在线性关系,即

$$W = KQ' = K[xI + (1 - x)Q] \tag{5-34}$$

河段水量平衡方程

$$\left(\frac{I_1 + I_2}{2}\right)\Delta t - \left(\frac{Q_1 + Q_2}{2}\right)\Delta t = W_2 - W_1 \tag{5-35}$$

两式联解可得

$$Q_2 = C_0 I_2 + C_1 I_1 + C_2 Q_1 \tag{5-36}$$

其中
$$C_0 + C_1 + C_2 = 1.0$$

式中　I_1、I_2——上断面时段初、末流量;

$\quad\quad$ Q_1、Q_2——下断面时段初、末流量;

$\quad\quad$ K——槽蓄系数;

$\quad\quad$ x——权重因子;

$\quad\quad$ C_0、C_1、C_2——系数。

应用马斯京根法进行流量演算,需要根据水量传播时间合理划分河段,以便使河段内槽蓄水量与特征流量接近线性关系。以花园口—艾山河段为例,一般当流量大于 500 m^3/s 时,可分三段计算;流量小时,可参照传播时间增加演算河段数目。

图 5-16、图 5-17 为河段无引水或引水较少时,利用上述方法对花园口至艾山河段畅流期流量演算与实测流量对比结果。由图可见,演算结果与实测值基本接近。当区间引水较多时,如果不扣除引水,其演算精度就会受到影响。如图 5-18 为 1993~1994 年凌汛期花园口至艾山河段流量演算结果,在 11~12 月该河段引水较少,两月共引水 0.1 亿 m^3,演算结果基本接近实测流量;1 月由于区间引水增多(引水 1.3 亿 m^3),加之在前期未考虑区间引水,演算结果受到影响,演算流量与实测值偏离较大,但变化趋势是相同的。

上述典型年凌汛期花园口至艾山河段流量演算结果表明,虽然马斯京根法主要用于洪水演算,但对于冬季小流量条件,在无区间引水的畅流期,也可用马氏公式进行逐河段水量演算,其演算结果基本接近实测结果。当有区间引水或其他较大水量消耗时,可按下式进行演算

$$Q_2 = C_0 I_2 + C_1 I_1 + C_2 Q_1 - \Delta Q_t \tag{5-37}$$

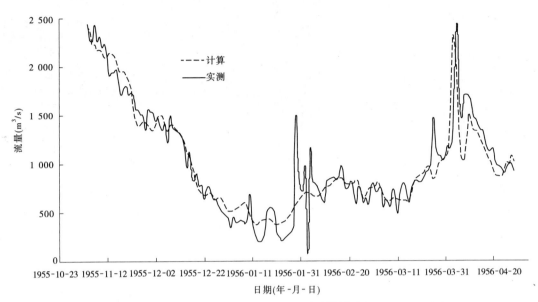

图 5-16　畅流期花园口至艾山河段小流量演算结果(1955～1956 年)

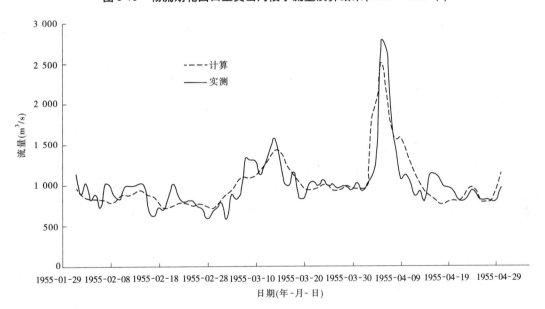

图 5-17　畅流期花园口至艾山河段小流量演算结果(1955 年)

式中　ΔQ_t——计算时段河段水量消耗(引水)；

其他符号意义同前。

考虑到本书研究的目的,为安全起见,在实际演算时暂不考虑河段凌汛期引水,并忽略因渗漏、蒸发等引起的河段水量损失。

(二)封河期流量演算

封冻条件下的河道水流演进是一个非常复杂的问题。在封河期,水体结冰以及冰盖、

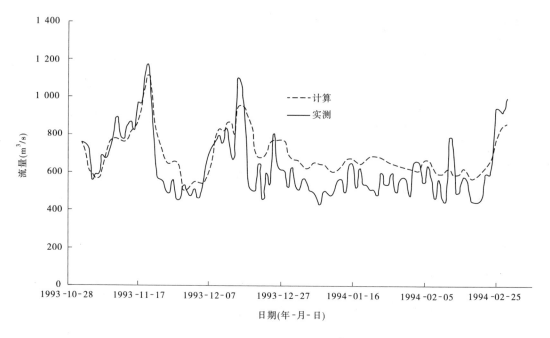

图 5-18　畅流期花园口至艾山河段小流量演算结果(1993～1994 年)

冰塞的形成,改变了畅流条件下水流的演进规律,槽蓄增量的形成,使上下断面水量出现不平衡,加之黄河下游时常出现多次封河多次开河的情况,水流演进计算更为复杂。

理论上,冰流的演进可以用水力学法或水文学法。水力学法比较严谨,但需要大量的断面和糙率等资料,对于像黄河下游冲淤变化较大的河段,还需要大量最新实测断面资料,因此在实际中一般难以满足其对资料的要求;水文学法是将水流连续方程简化为水量平衡方程,将动力方程简化为河段槽蓄方程,即前述的马斯京根法。利用该方法将上断面流量演进到下断面后,再根据下断面的改正系数计算封冻条件下的出流量。由于各断面的改正系数计算或统计比较困难,加之研究时间所限,难以在短时间内对大量的水文资料进行统计分析,因此本书采用了一种概化计算方法。

首先由图 5-4～图 5-8,拟合建立河段上断面封冻期平均入流量与河段槽蓄增量的数学关系

$$y = ax^2 + bx \qquad (5-38)$$

式中　y ——河段槽蓄增量,亿 m^3;

　　　x ——封河期上断面平均流量,m^3/s;

　　　a、b ——系数,见表 5-3。

当已知上断面封冻期平均入流量,给定封河长度时,由关系式便可推求河段封冻期槽蓄增量;然后根据历史资料,以封河时间为参数拟合出上游断面入流累计百分比与相应河段封冻期槽蓄增量累计百分比关系线(如图 5-15 所示)。河段逐日槽蓄增量计算时,通过上游站来水百分比查算出封冻期河段逐日槽蓄增量百分比,对槽蓄增量进行逐日分配,或简化计算将总槽蓄增量在封河期按平均分布考虑。

表 5-3　不同河段上断面平均流量与相应河段槽蓄增量关系系数

河段	封河上首					
	花园口		夹河滩		高村	
	a	b	a	b	a	b
花园口至艾山	7×10^{-6}	4×10^{-3}	2×10^{-6}	4.9×10^{-3}	0	2.3×10^{-3}
艾山至老徐庄	5×10^{-6}	8×10^{-4}	2×10^{-6}	7×10^{-4}	2×10^{-6}	3×10^{-4}
艾山至杨房	6×10^{-6}	7×10^{-4}	2×10^{-6}	7×10^{-4}	2×10^{-6}	3×10^{-4}
杨房至王庄	3×10^{-6}	1.1×10^{-3}	2×10^{-6}	7×10^{-4}	3×10^{-6}	3×10^{-4}

　　最后在不考虑凌汛期河段区间引水或其他水量损失的情况下,考虑河段水量传播时间,上游站逐日入流量加上逐日槽蓄增量即为下游站相应时间下泄流量。

(三)开河期断面出流过程计算

　　开河过程有"文开河"和"武开河"或混合型,影响开河过程的主要因素是气温变化,其次为封河期槽蓄增量及上游来水流量。

　　图 5-19 ~ 图 5-22 为历年艾山、杨房、王庄站开河后累计增泄水量百分比过程线。由图可以看出,大多数年份开河后槽蓄增量急剧下泄,一般 15 d 内泄完,绝大多数年份 10 d 内增泄水量超过前期槽蓄增量的 80%。这种急泄而下的开河过程往往形成较大凌峰,造成凌汛灾害。

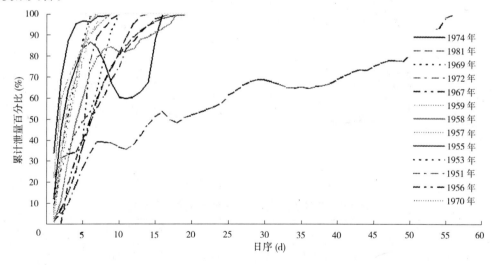

图 5-19　开河期艾山断面累计增泄水量百分比过程线

　　为分析开河期下游断面出流过程,按不同条件下下断面开河期的增泄流量过程,计算每日增泄水量占前期槽蓄增量的比例,由已知的槽蓄增量可估算出开河期每日的增泄水量,加上上游站相应入流量(考虑传播时间后)即为开河期下断面流量过程。从偏于安全考虑,在计算下断面开河后水量下泄过程时,取图 5-19 ~ 图 5-22 的上包线作为下断面开河期增泄水量变化过程,其每日增泄水量累计百分比见表 5-4。

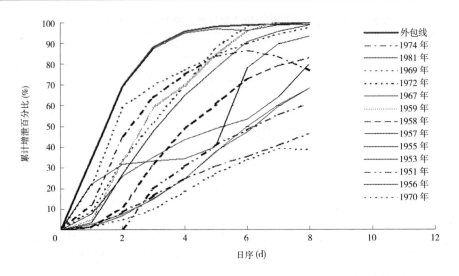

图 5-20　开河期艾山断面累计增泄水量百分比过程线（放大图）

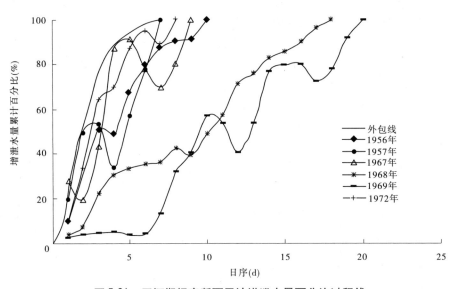

图 5-21　开河期杨房断面累计增泄水量百分比过程线

表 5-4　开河期各断面逐日增泄水量累计百分比　　　　　　　　（％）

日序（d）	1	2	3	4	5	6	7	8
艾山断面	34.0	69.7	88.0	96.0	97.7	96.9	99.6	100
杨房断面	20.0	54.0	74.0	88.0	95.0	98.5	100	
王庄断面	15.0	38.0	53.0	65.0	75.7	85.0	93.5	100

注：杨房断面除 1954 ~ 1955 年资料外，其余年份资料均借用泺口水文断面资料，下同。

图 5-23 ~ 图 5-25 为利用上述方法对典型年凌汛期艾山及泺口断面流量演算与实测结果的对比。由图可以看出，演算结果与实测结果基本吻合，尤其在封河阶段二者更为接

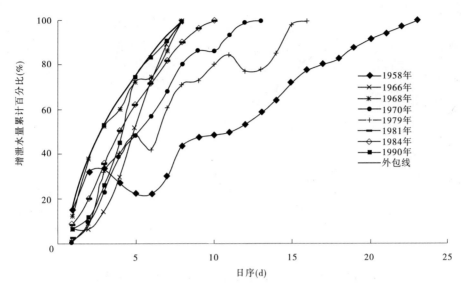

图 5-22　开河期王庄断面累计增泄水量百分比过程线

近。在开河阶段,由于按照泄水快、时间短的不利开河方式(即图 5-19～图 5-22 的上包线)来演算,其凌峰出现时间一般要比实际有所提前,但总泄量基本相等。

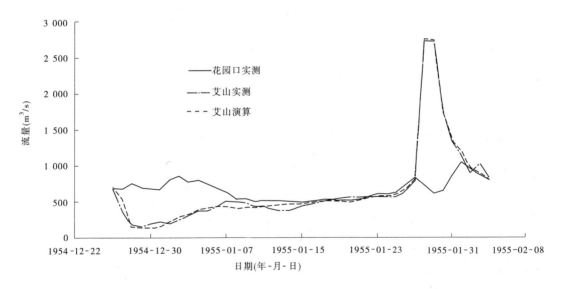

图 5-23　1954～1955 年艾山站凌汛期流量演算与实测结果对比

二、典型年凌汛期水量演算结果

考虑来水丰枯、凌情轻重等因素,按照冰情特严重、严重、一般、较轻的原则,选择历史上 8 个有代表性的年份作为典型年进行水量演算;在花园口站来水过程方案选择时,以小浪底水库的设计防凌运用方式,即以第四章表 4-10 所示方案 2 为主,同时考虑到特殊情

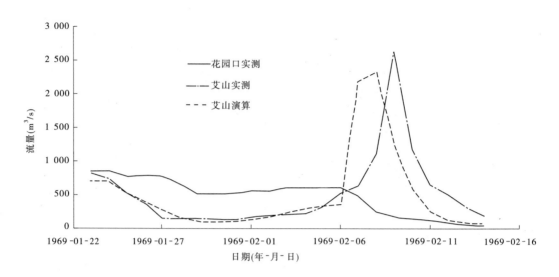

图 5-24　1969 年艾山站凌汛期流量演算与实测结果对比

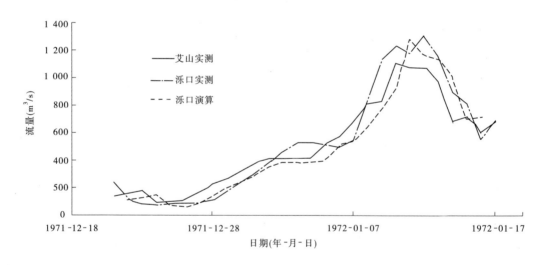

图 5-25　1971～1972 年泺口站凌汛期流量演算与实测结果对比

况下出现大流量封河将加大槽蓄水量以及今后更多可能出现的小流量封河状况,又选择部分年份对来水方案 1 和方案 3 进行了演算,其典型年选择结果如表 5-5 所示。

由于凌汛期河段水量演算与河段凌汛情况,尤其是封河长度密切相关,但目前尚不知道今后会出现什么样的凌汛。根据第四章对今后黄河下游防凌形势的分析预测结果,小浪底水库运用后,黄河下游凌汛形势会有所改善,封河长度减小,在封河流量 500 m³/s、出库水温 4 ℃的条件下,即使遇到特冷年份,一般情况下高村以上河段也不再封河;特殊情况下,封冻上界可能会有所上延。因此,在演算时根据历史典型年凌情,从偏于安全考虑,对不同典型年的封河上界进行了概化,演算结果特征值见表 5-6～表 5-8。

表5-5　选择典型年及其指标

典型年类型	典型年	当年实际凌情			演算方案	概化封河上界
		封河长度（km）	冰量（万 m³）	封河天数（d）		
特严重凌汛年	1954~1955	623	10 000	50	方案1、2	夹河滩
	1968~1969	703	10 327	76	方案1、2	
严重凌汛年	1969~1970	436	9 000	65	方案2	夹河滩
	1967~1968	323	6 370	86	方案1、2	高村
一般凌汛年	1955~1956	426	5 000	58	方案2	夹河滩至高村
	1973~1974	462	5 004	65	方案2	
	1976~1977	404	7 404	71	方案2	
轻凌汛年	1996~1997	279	1 022	75	方案3	夹河滩

表5-6　典型年艾山断面水量演算结果特征值统计

典型年	调控方案	封河上界	花园口至艾山河段槽蓄增量（亿 m³）	冰下最小出流量（m³/s）	开河最大日均流量（m³/s）	开河五日累计泄水量（亿 m³）	开河期总泄水量（亿 m³）
1954~1955	方案1	夹河滩	2.95	218	1 710	5.06	6.41
	方案2	夹河滩	1.96	162	1 154	3.44	4.36
1955~1956	方案2	夹河滩至高村	1.38	154	916	2.87	3.8
1967~1968	方案1	高村	1.15	386	972	3.29	4.61
	方案2	高村	0.805	270	680	2.30	3.22
1968~1969	方案1	夹河滩	2.95	117	1 710	5.06	6.41
	方案2	夹河滩	1.96	96	1 154	3.44	4.38
1969~1970	方案2	夹河滩	1.96	197	1 154	3.44	4.38
1973~1974	方案2	夹河滩至高村	1.38	171	916	2.87	3.8
1976~1977	方案2	夹河滩至高村	1.38	246	916	2.87	3.8
1996~1997	方案3	夹河滩	1.35	134	804	2.41	3.08

注：开河期总泄水量按8 d计。

表 5-7　典型年杨房(老徐庄)断面水量演算结果特征值统计

典型年	调控方案	封河上界	艾山至杨房河段槽蓄增量（亿 m³）	冰下最小出流量（m³/s）	开河最大日均流量（m³/s）	开河五日累计泄水量（亿 m³）	开河期总泄水量（亿 m³）
1954~1955	方案 1	夹河滩	0.584 0	198	1 940	5.612	6.54
	方案 2	夹河滩	0.351 0	150	1 292	3.769	4.41
1955~1956	方案 2	夹河滩至高村	0.266 7	139	1 021	3.122	3.76
1967~1968	方案 1	高村	0.555 0	370	1 190	3.816	4.72
	方案 2	高村	0.301 0	260	798	2.587	3.22
1968~1969	方案 1	夹河滩	0.310 3	95	1 832	5.352	6.26
	方案 2	夹河滩	0.202 3	81	1 234	3.629	4.27
1969~1970	方案 2	夹河滩	0.308 6	183	1 275	3.729	4.37
1973~1974	方案 2	夹河滩至高村	0.229 4	154	1 007	3.086	3.72
1976~1977	方案 2	夹河滩至高村	0.292 0	232	1 031	3.145	3.78
1996~1997	方案 3	夹河滩	0.167 2	124	870	2.564	3.02

注:开河期总泄水量按 7 d 计。

表 5-8　典型年王庄断面水量演算结果特征值统计

典型年	调控方案	封河上界	杨房至王庄河段槽蓄增量（亿 m³）	冰下最小出流量（m³/s）	开河最大日均流量（m³/s）	开河五日累计泄水量（亿 m³）	开河期总泄水量（亿 m³）
1954~1955	方案 1	夹河滩	0.555 0	180	2 088	6.032	7.54
	方案 2	夹河滩	0.336 6	139	1 382	4.024	5.06
1955~1956	方案 2	夹河滩至高村	0.290 1	124	1 098	3.343	4.36
1967~1968	方案 1	高村	0.716 0	343	1 381	4.358	5.88
	方案 2	高村	0.384 0	247	900	2.877	3.91
1968~1969	方案 1	夹河滩	0.326 0	74	1 919	5.599	7.04
	方案 2	夹河滩	0.209 6	68	1 290	3.787	4.79
1969~1970	方案 2	夹河滩	0.298 3	171	1 354	3.955	4.98
1973~1974	方案 2	夹河滩至高村	0.252 3	138	1 074	3.278	4.28
1976~1977	方案 2	夹河滩至高村	0.315 4	218	1 115	3.384	4.41
1996~1997	方案 3	夹河滩	0.165 9	115	914	2.690	3.41

注:开河期总泄水量按 8 d 计。

第七节　小　结

（1）河道冰凌洪水演进问题是一个非常复杂的问题，尤其是黄河下游河段，宽浅、弯曲的河道形态和游荡多变的河势变化特点，更增加了冰凌问题研究的复杂性。针对黄河下游河道凌汛特点，通过对大量历史水文资料的统计，分析计算了历史上凌汛比较严重年份黄河下游河段槽蓄增量及其变化过程；根据凌汛期河道水流演进的特点，研究了封冻期河道冰下过流能力和开河后的水量增泄过程，提出了凌汛期河道流量概化演算方法；根据凌汛期三门峡、小浪底水库不同的调度运用方案，对不同来水和凌情条件下黄河下游河段流量进行了演算，给出了相应条件下南展宽工程设计冰坝壅水河段控制断面凌汛期下泄水量和出流过程，为南展宽工程河段一旦形成冰坝后进行河道防凌能力水文水力演算提供了依据。

（2）对历史凌汛资料的分析显示，封冻期冰下出流过程大致可以分为封冰阻塞、低流量持续、流量回升和稳定出流四个阶段，其中前两个阶段是槽蓄水量集中增加期，即槽蓄增量的主要形成期。河段槽蓄增量与封冻期间河段上断面平均入流量、封河长度（代表了气温、水温与流量的综合作用）具有较好的相关关系。

（3）对三门峡、小浪底水库不同防凌调度运行方案条件下河道水量的演算表明，凌汛期下断面的出流过程与上断面入流过程有密切关系，在其他条件一定的情况下，上断面入流量越大，河段形成的槽蓄增量也越多，开河后下断面可能出现的凌峰流量也越大。

对于一般来水条件下，当小浪底水库按设计运用方式（即方案2：封河前、封河期、开河期花园口站分别按流量 500 m^3/s、350 m^3/s、300 m^3/s 控制）进行凌汛期河道流量调控时，如果封河上界在高村至夹河滩之间，利津以上河段可形成2.0亿 m^3 左右的槽蓄增量，开河后艾山、杨房（老徐庄）、王庄断面可分别形成916 m^3/s、1 031 m^3/s、1 115 m^3/s 的凌峰流量。

当来水偏丰时，如果小浪底水库加大凌汛期泄水流量（即方案1：封河前、封河期、开河期花园口站分别按流量 700 m^3/s、500 m^3/s、400 m^3/s 控制），在封河上界到夹河滩的情况下，利津以上河段可形成约3.5亿 m^3 的槽蓄增量，开河后艾山、杨房（老徐庄）、王庄断面可分别出现1 710 m^3/s、1 832 m^3/s、1 919 m^3/s 的凌峰流量。

在来水偏枯或充分利用水库防凌库容，严格控制小浪底水库凌汛期下泄流量的情况下（即方案3：封河前、封河期、开河期花园口站分别按流量 400 m^3/s、250 m^3/s、200 m^3/s 控制），即使封河上界到夹河滩，利津以上河段槽蓄增量也不到2.0亿 m^3，开河后艾山、杨房（老徐庄）、王庄断面出现的凌峰流量都在1 000 m^3/s 以下。

所以，充分利用水库工程的防凌功能，根据下游气温变化，合理控制凌汛期间水库下泄水量，是缓解下游凌情、减轻下游凌汛威胁的有效手段。

第六章　黄河下游冰塞、冰坝分析

第一节　黄河下游产生凌汛威胁的主要冰情现象

凌汛是河流的一种水位陡涨现象,它是否形成威胁或威胁的程度严重如何,均取决于涨水幅度的大小。一般情况下,只有河里出现冰塞或冰坝,才会使河水位大幅度上涨,导致严重凌汛威胁。因此,冰塞和冰坝是产生凌汛威胁的主要冰情现象。

形成冰塞和冰坝的先决条件概括起来有两个方面:一是河里有很大的流冰量,这是形成冰塞、冰坝的物质条件;二是河里有阻止流冰下泄的障碍,这是形成冰塞、冰坝的边界条件。除此,水流特性、气象和地形的条件也会导致冰塞和冰坝的形成。黄河下游沿程气温的差异、流量的不稳定,造成凌汛开河自上而下冰凌越集越多的现象,这是形成冰坝的物质条件;河道弯曲,上宽下窄,上游河段开河时下游河段仍处于固封状态等,则是形成冰坝的边界条件。

第二节　冰　塞

凌汛期冰花、冰屑和碎冰潜入水中,并在冰盖下面积聚,导致冰盖下过水断面的阻塞,这种现象叫做冰塞。

一、冰塞的特点

冰塞的出现减小了冰盖下过流能力,使其上游水位壅高,下游水位下降,造成冰塞河段上下游较大的水位差。特别严重的冰塞现象多发生在动力清沟以下水面比降突然变缓的河段上。黄河下游河道的比降较小,冬季经常出现冰塞现象,1966 年 1 月 14 日山东济南河段形成了以碎冰为主体的冰塞,2 h 内上游水位上涨 0.3 m,下游水位下落 0.4 m。有时亦可使上游水位壅高 2.0 m 以上。因为冰塞多产生于初封河段冰盖的上缘,所以黄河下游在封冰期出现壅水漫滩现象,主要是由于在封河过程中产生冰塞所致。

二、冰塞生消过程

冰塞的形成至消融过程,是组成冰塞的冰量由小到大,又由大到小的演变过程;是冰塞以上河段水位由低到高,再由高到低的变化过程;也是冰花或碎冰在冰塞河段纵横断面上的分布逐步调整的过程。根据这些变化特点,可以将冰塞的演变分为形成、稳定和消融三个时段。

(一)冰塞形成时段

在冰塞形成时段,上游源源而来的冰花或碎冰潜入冰盖之下,首先堆积于最靠上游的断面处,此时该断面处的冰块与冰盖间的剪应力在某一临界值以下。由于冰块不断堆积,冰盖下过水断面缩小,当流速增大到使该断面处冰块间的剪应力达到临界剪应力时,由上游来的浮冰将通过该断面而被冲走,并堆积在剪应力低于临界值的下一个断面处,使冰塞向下游延伸。随着冰塞的发展,水流阻力进一步增加,冰塞上游水位逐渐壅高,当流冰流速降到一定程度时,一部分流冰将沿冰缘向上游平铺,使冰盖向上游发展,同时冰塞也向上游伸长,直至流冰流速降低到冰块下潜的临界流速以下,冰塞便停止发展。在另一种情况下,冰塞河段上游端虽仍有流冰不断地潜入冰盖之下,但这些冰块均可以顺利通过冰盖流向下游,不再参与冰塞体的组成,冰塞也就同样不再发展。

1.冰塞形成的条件

冰塞形成的条件主要有两点:

第一,上游河段具有相当面积的敞露水面,能够提供足够的冰花来源。

第二,水面比降发生明显转折。

这种水流条件常用两种临界流速来表示。

一是封冻冰盖前缘冰花下潜流速,或称第一临界流速 V_{01}。根据黄河上游刘家峡、盐锅峡河段 1962~1966 年观测资料分析,V_{01} 约为 0.7 m/s,弗拉卓德(Flatgort)认为 V_{01} 与水温(t)有关,当 $t = 0.02$ ℃时,$V_{01} = 0.60$ m/s。据黄河下游艾山以下河段的研究结果,$V_{01} = 0.5 \sim 0.6$ m/s。

二是冰花在冰盖下发生堆积的流速,或称第二临界流速 V_{02}。根据黄河上游刘家峡河段及东北松花江白山河段观测资料分析,V_{02} 为 0.3~0.4 m/s。黄河下游艾山以下河段,V_{02} 约为 0.4 m/s。

冰塞的形成不仅与封冻冰盖前缘的两种临界流速有关,且与河道边界条件、断面的几何形态有密切关系,国际上常用 Fr(弗劳德数)来表示

$$Fr = \frac{V_{01}}{\sqrt{gh}} \tag{6-1}$$

式中　Fr——弗劳德数;

　　　V_{01}——冰盖前缘平均流速,m/s;

　　　h——断面平均水深,m;

　　　g——重力加速度,$g = 9.81$ m/s²。

式(6-1)说明,Fr 与 V_{01} 成正比,与 $\sqrt{h}$(水深)成反比。也就是说,冰盖前缘流速愈大,愈容易产生冰塞,断面水深愈小(断面淤积),也愈容易产生冰塞。

研究表明,弗劳德数(Fr)愈小产生冰塞的概率愈小,反之则大。它的临界值依据各个河流的特性有所不同,其范围为 0.05~0.12,特殊情况下也可能超出此范围。研究表明,黄河下游为 0.9,黄河上游刘家峡天然河段为 0.10。根据黄河下游 1972~1985 年 5 处观测资料分析,封河的冰盖前缘流速与冰盖厚度、浮冰密度等因素有关。冰盖愈厚、浮冰密度愈大,愈容易产生冰塞。黄河下游各河段冰盖前缘临界流速、断面几何形态是不同的,其弗劳德数也有所不同,对于不同典型年也不相同,最大弗劳德数在 $\frac{\delta}{h} = 0.33$ 时发生,经验公式如下

$$Fr = \frac{V_{01}}{\sqrt{gh}} = 0.158\sqrt{1 - e_c} \tag{6-2}$$

$$e_c = e + (1 - e_p)$$

式中　δ——冰厚；

　　　e_c——冰集结体总空隙率；

　　　e——单个浮冰空隙率；

　　　e_p——浮冰间集结体中的空隙率。

由以上分析可知,如果已知封冻冰盖上端断面平均流速、断面平均水深或浮冰密度空隙率等因素,即可以利用式(6-1)、式(6-2)计算出 Fr,以此判别冰塞生成的可能性。在黄河下游防凌调度工作中,多以流量作指标来判别冰塞生成条件。经分析,下游各河段发生冰塞的条件是不同的:孙口以上河段,河道宽浅,当封河流量超过 400 m³/s 时就有可能产生冰塞;孙口至艾山河段为宽浅到窄深过渡性河段,当封河流量超过 450 m³/s 时有可能产生冰塞;艾山到利津河段,封河流量 500 m³/s 以上可能产生冰塞;利津以下河段,封河流量与孙口以上河段接近。

2.冰塞体的发展与水面比降变化

冰塞形成后向三个方向发展,即沿垂向增厚,沿纵向加长,沿横向展宽。冰花潜入冰盖下后以类似推移质的形式沿冰盖下表面运动,当来冰量大于冰盖下的输冰能力时,冰花滞留并与冰盖冻结成一体增厚冰盖,否则继续沿冰盖向下游滚动或在下断面处滞留冻结。冰塞前缘的冰花并非全部下潜到冰盖下,而是一部分下潜,另一部分在冰盖前缘上端平铺上延。与此同时,冰塞体在横断面方向也发生一系列的调整。冰盖下主流区水比较深、流速大、冰量多,冰塞体增厚快,因此冰花的堆积具有向水深较大的方向集聚的趋势。当主流区冰盖增厚后,主流逼向浅水区,冰花也随之向浅流区转移,使浅流区冰盖亦增厚。

天然河道河床比降是非均匀的,反映到水面上和水面比降也是不一致的。当河道形成冰塞后,冰塞的厚薄能调整水流的比降,这是因为冰盖前缘在水面比降较大处容易形成冰塞,增加冰塞体厚度,而冰塞的形成反过来又壅高了上游的水位,平缓了水面比降。因此,在冰塞以上河段水面比降较小,以下河段水面比降变大。

(二)冰塞稳定时段

在冰塞稳定时段,其河段流速、比降和过水断面面积等将维持一个变化较小的相对稳定状态。冰塞体的最大冰量和最高壅水位多出现在这一时段。稳定时段长短,随当地零下气温持续的时间而定。一般情况下,纬度越高的地区,冰塞稳定时段越长。

(三)冰塞消融时段

随着气温的上升,河水温度亦渐增高,待水温稍高于 0 ℃时,冰塞即进入消融时段。随后河水位开始下降,河心冰因水位的降低而下塌,最终导致主流部分首先开河,冰塞即告解体。

黄河下游冬季气温变幅较大,稳定零下气温持续时间较短,所以冰塞演变的各个时段并不十分明显,但亦有冰塞演变三个时段的趋势。

第三节　冰　坝

冰坝是河流凌汛开河期,大量流冰在河道内受阻堆积,冰水下泄严重不畅,上游水位急剧上涨,从而出现的威胁堤防安全的严重灾害现象。由于它的形成和溃决时间很短,演变过程剧烈,产生的地点又不固定,往往难以测到较完整的系列资料,目前多借助于冰坝溃决后的残迹进行分析和判断,所以对它的研究、认识还不够充分。黄河下游,受气象、水文、河道形态的影响,凌汛开河时,容易形成冰坝,造成严重的凌汛灾害,特别是山东河段20世纪70年代以前,此种现象尤为突出。

一、冰坝的生消过程

(一)冰坝形成条件

冰坝的形成是水力、冰量以及河流边界条件综合作用的结果。

第一,需要具有集中而又有足够数量和强度的冰量,这是组成冰坝的物质条件。这种集中来冰是由以水力因素为主的"武开河"造成的。

第二,需要有阻止流冰顺利宣泄的河道边界条件,如未解体的冰盖、河流走向自南向北、高纬度地区河流、急弯或连续弯曲河段、多支分叉河段等都是冰块下泄的障碍,当冰量集中时容易在这些河段发生堵塞形成冰坝。

第三,冰坝形成和发展的机理和冰塞有相同之处,即冰块在一定水力条件下在冰坝头部不断下潜,使冰坝规模不断发展。冰块下潜的临界流速与冰块尺寸大小有关,由于冰块的尺寸、容重比冰花大,所以下潜的临界流速也较冰花为大。根据黄河下游9次冰坝统计资料,冰块的下潜流速为 $0.68 \sim 1.31$ m/s,相应凌峰流量 $1010 \sim 2450 m^3/s$,见表3-1。据松花江白山站观测资料,冰块下潜流速为 $0.8 \sim 1.0$ m/s,与黄河下游统计结果基本接近。

(二)冰坝的形态

冰坝的形态分为头部和尾部两部分,头部是冰块堆积部位,多由不规则多层冰堆积组成,且向两岸扩展,冰坝主要由冰盖体支撑。头部的高度能反映上游壅水位的高度。堆积的冰块之间能渗漏水流。在头部的上游方向漂浮密集的单层冰块,形成冰坝的尾部。冰坝的头部一般高出水面 3 m 以上,也有高出 5 m 以上的。冰坝的长度多为 10 余 km,长的可达 20 余 km。

(三)冰坝生消过程

冰坝生消演变分三个阶段,即形成、稳定、溃决阶段。从流冰受阻堆积始至出现最高壅水位止为形成阶段。冰块一旦被卡塞,上游源源下来的冰块,使冰的堆积体加大、密实。堆积最多的地方是在未移动的冰盖边缘或开始卡冰块的地方,它由密实的较小冰块组成,厚度很大,形成了冰坝的头部。这些密实的冰块缩小了过水断面,壅高上游水位;上游水面比降减缓,流速减慢,后继冰块依次平铺于上缘,形成了冰坝的尾部,其长度可达数十千米。由于冰坝头部比降大,水流挟冰能力强,冰块被继续卷入冰底,使冰坝头部的厚度进一步加大,并导致上游河段壅水位更高,比降重新调整。平铺—下潜—堆积—壅高水位,往复循环,冰坝逐渐加高,头部上缘和尾部水位相应上涨,头部比降渐增,尾部比降渐减,冰坝的规模越来越大。冰坝壅水位达最高时,坝体的各种受力达到相对平衡(水流推动力、冰坝重力、冰坝上下水位压力、冰块间和坝岸间的摩阻力、惯性力等合力等于零),为稳定阶段。因气温升高,冰的强度减小,当上游的冰水压力超过冰坝自重和坝体支撑摩擦力时,坝体则因受力平衡遭到破坏而溃决。

冰坝从形成到消失历时很短,一般是 1~3 d,短的只有几个小时。冰坝生消时间比冰塞要短得多,是因为冰塞在封河阶段形成,而冰坝在解冻开河期形成,气温上升,冰质变酥,冰块间有流水起滑润作用,槽蓄水增量的释放、较高的水头压力加剧了冰坝溃败。

对黄河下游窄深河槽来说,为了保持冰坝自身具有一定的过水能力,冰坝头部一般不致堆积到河底。但在黄河下游某些宽浅河段,由于水浅,冰坝头部插入河底、堵塞局部河槽的现象是存在的,但待上游水位壅高到一定程度后,水流即可绕滩地泄入下游,不致形成大的灾情。

二、黄河下游冰坝分析

黄河下游自 1950 年至今有记载的较大规模的冰坝有 9 次,其中在 20 世纪 50 年代有 4 次,三门峡水库防凌运用后的 60~70 年代 5 次。冰坝发生地点在艾山以上河段 1 次,艾山至泺口河段 3 次,其余 5 次均发生在泺口以下河段(见表 3-1)。通过表 3-1 和黄河下游凌汛特性分析可得出如下认识:

第一,冰坝的生成与强冷空气活动有密切关系。黄河下游河道是一个不稳定封河河段,河道封冻、解冻往往由冬季的强冷空气所致。如 1968~1969 年的三次封河均为强冷空气所致,而三次开河也是由于强冷空气过后气温迅速回升而造成的。当河道封冻后,由于气温迅速回升,上游开河势必形成凌峰,凌峰的沿程增大则易生成冰坝。在黄河下游产生冰坝的 8 年中,除 1968~1969 年第二次开河形成的邹平方家冰坝外,其余均发生在当年的 1 月份,这段时间恰恰是黄河下游比较寒冷的时段,强寒潮侵袭也比较频繁。

第二,冰坝的产生与河道形态有关。黄河下游形成冰坝的河段大体有两种类型:一是河道狭窄,河弯曲率半径小,如 V 形弯、S 形弯、U 形弯等。河道两岸工程对峙、过流宽度小,当上游开河时大块流冰由于惯性力、离心力作用,不能顺利下排,堆积后形成冰坝。如 1954~1955 年,利津王庄冰坝,1955~1956 年济南老徐庄冰坝,1969~1970 年齐河王窑冰坝等均属于这一类型。二是有鸡心滩河段、河道宽浅的弯曲河道过渡河段,河道主流分散,同样的临界流速该河段产生冰坝的概率大。如 1956~1957 年梁山南党冰坝,1968~1969 年齐河顾小庄冰坝,1972~1973 年垦利宁海(利津东坝)冰坝。

第三,冰坝的产生与河道冰量有关。凡冰坝形成严重的年份,均为封冻期长、冰量多、封冻长度较长的年份。发生冰坝的年份中,封河长度均在 400 km 以上,河道总冰量 900 万~10 330 万 m³。冰坝河段的冰量为 240 万~2 160 万 m³,冰坝头部断面产生冰坝前的平均流速 0.68~1.31 m/s,凌峰 1 010~2 450 m³/s。

第四,冰坝产生的规模与冰坝河段的积冰量、凌峰流量、河道特性等有密切关系。总体而言,凌峰流量大,积冰量多,冰坝多发生在第一种河型河段,规模较大,壅冰量较多,回水影响河段亦长。如 1954~1955 年凌汛,冰坝前缘平均流速 1.26 m/s;积冰 1 200 万 m³,发生在利津王庄 V 形弯道内,抬高水位达 4.3 m,回水影响河段长达 90 km。

第五,冰坝的产生与封冻期河段槽蓄增量有关。相同气温条件下,封冻期河段槽蓄增量愈大,形成冰坝的概率愈高。根据三门峡水库运用以来的资料分析,当下游河段槽蓄增量超过 2.0 亿 m^3 时,如气温回升较快,封冻河段就有产生冰坝的可能。

第四节　冰塞、冰坝对比分析

冰塞、冰坝都是一种冰凌堆积现象,在黄河下游,由于影响冰塞、冰坝的河道形态条件相类似,所以封河期出现严重冰塞的地方也往往是开河期容易产生冰坝的地方,但它们仍有明显的区别:第一,冰塞产生于封河初期,存在的时间可达数月之久;冰坝则产生于解冻开河期,存在时间较短,一般 1 ~ 3 d,短时几小时。第二,冰塞由冰花、冰屑和碎冰组成,冰坝则由较大冰块组成。第三,冰塞壅高水位的时段远较冰坝长,而冰坝壅高水位的涨率远较冰塞为大。对黄河下游来说,冰坝壅高水位的幅度较冰塞大得多。

通过以上分析有以下几点认识:第一,冰塞、冰坝是造成黄河下游凌汛威胁的主要冰情现象,封河期出现严重冰塞的地方,也往往是开河期容易产生冰坝的地方。但二者相比,冰坝形成过程远较冰塞剧烈,其危害也较冰塞严重得多。第二,类似于南展宽工程窄河段河弯狭窄处容易产生冰坝,此处形成的冰坝较宽浅河段冰坝的威胁更大。第三,封冻期槽蓄增量是黄河下游产生冰坝威胁的主要水源。

第七章　南展宽工程河段防凌能力水文水力计算分析

通过上述防凌形势和冰坝、冰塞形成过程及其危害分析可知,小浪底水库建成运用后,黄河下游凌汛威胁减轻,防凌形势缓和。但在特殊天气、来水条件下,局部河段,特别是窄河段仍有发生凌灾的可能。所以,要研究南展宽工程防凌运用,应对南展宽工程河段防凌能力进行水文水力计算分析。

第一节　计算分析原则

南展宽工程河段防凌能力水文水力计算分析原则有以下两点:

第一,以冰坝壅水河段的防凌能力进行分析计算。通过上述对冰塞、冰坝的分析可知,冰塞、冰坝是造成黄河下游凌汛威胁的两大冰情现象,二者相比,冰坝尤甚。所以,以凌汛开河期南展宽工程河段形成冰坝后可能造成的凌汛威胁为模式,进行冰坝壅水河段防凌能力水文水力计算分析。

第二,视冰坝上游壅水河段为"水库"。根据黄河下游历史凌情,假定凌汛开河时在王庄形成冰坝,冰坝上游壅水河段视为"水库",其入库控制断面相应拟定为杨房断面。对冰坝相应壅水河段进行水库调洪计算和河段水量平衡校核计算,根据计算结果,判定南展宽工程相应冰坝壅水河段的防凌能力,是否需要运用其相应工程分凌滞洪。

第二节　主要计算参数的采用与选定

一、冰坝头部断面位置

根据历史上实际发生冰坝的河段、地点,选定利津王庄(1954～1955年度发生冰坝)为南展宽工程河段冰坝头部断面位置。

二、冰坝头部最高壅水水位

王庄冰坝头部最高壅水水位设定为王庄断面2000年水平标准的大堤"设防水位",其值为16.69 m。

三、冰坝壅水河段壅水水面比降

对黄河下游有资料可查的历次冰坝上游壅水水面比降进行了统计计算,其中南展宽工程附近河段有4次冰坝:1950～1951年垦利前左冰坝、1954～1955年利津王庄冰坝、1972～1973年利津东坝(宁海,下同)冰坝和1978～1979年博兴麻湾冰坝,相应壅水河段水面比降分别为 4.2：100 000、4.1：100 000、4.5：100 000、4.4：100 000。从偏于安全考虑，拟定的王庄冰坝壅水河段水面比降采用相应附近河段历史冰坝壅水河段水面比降的最小值为 4.1：100 000，见表 7-1。

表 7-1　黄河下游凌汛期冰坝上游壅水河段水面比降统计计算

冰坝发生时间 (年-月-日 T 时：分)	观测站点	冰坝壅水水位(m)	水位差(m)	站点间距(km)	比降(/100 000)	平均比降(/100 000)	备注
1950~1951 年度凌汛 (1951-01-30T22：00)	清河镇	16.68	2.92	70.0	4.2	4.2	1951-02-02T18：00 水面线(1951-02-03T01：45 王庄决口,此后比降无代表性)
	利津	13.76					
1954~1955 年度凌汛 (1955-01-29T03：30)	五甲杨	17.69	0.60	13.0	4.6	4.1	1955-01-29 水面线(1955-01-29T23：30 五庄决口,此后比降无代表性)
	张肖堂	17.09	0.43	12.0	3.6		
	道旭	16.66	0.59	16.0	3.7		
	麻湾	16.07	0.76	17.0	4.5		
	利津	15.31					
	总长度			58.0			
1972~1973 年度凌汛 (1973-01-19T04：15)	道旭	15.95	1.13	19.0	5.9	4.5	1973-01-20 水面线
	麻湾	14.82	0.75	16.0	4.7		
	利津	14.07	0.27	9.0	3.0		
	王庄	13.80					
	总长度			44.0			
1978~1979 年度凌汛 (1979-01-23)	张肖堂	17.67	0.22	11.0	2.0	4.4	1979-01-24 水面线
	道旭	17.45	0.75	11.0	6.8		
	王旺庄	16.70					
	总长度			22.0			

四、冰坝壅水河段长度

王庄冰坝壅水河段长度,按最高壅水水位与相应设防水位同高(冰坝头部最高壅水位：王庄 16.69 m),相应壅水河段水面比降 4.1：100 000、壅水河段 2001 年 10 月实测大断面河底纵剖面比降(按 1：10 000),用二元一次方程组计算出王庄冰坝壅水河段长度为 90.9 km。

五、冰坝过流能力

冰坝过流能力可用冰坝头部断面过流能力和冰坝壅水河段过流能力表示,前者用于冰坝壅水河段调洪计算,后者用于冰坝壅水河段水量平衡计算。

(一)冰坝头部断面过流能力

冰坝头部断面过流能力指冰坝头部断面在相同水位下,形成冰坝后下泄流量 $Q_{形成冰坝后}$ 与形成冰坝前下泄流量 $Q_{形成冰坝前}$ 之比,即

$$B_W = \frac{Q_{形成冰坝后}}{Q_{形成冰坝前}} \times 100\% \qquad (7\text{-}1)$$

式中　B_W——冰坝头部断面过流能力。

用上述公式,对南展宽工程河段有资料可查的 2 次冰坝头部断面过流资料进行计算分析(1954～1955 年利津王庄冰坝、1978～1979 年博兴麻湾冰坝)。通过分析比较,资料比较齐全、断面过流能力代表性较好的典型年为:南展宽工程河段冰坝头部王庄断面(利津断面)计算过流能力采用 1978～1979 年麻湾冰坝头部断面过流能力,见表 7-2、图 7-1。

表 7-2　1978～1979 年麻湾冰坝头部(利津)断面过流能力统计

$Q_{形成冰坝前}$(m³/s)	1 000	1 200	1 500	1 700	2 000	2 500	2 700	3 000
$Q_{形成冰坝后}$(m³/s)	120	130	170	210	300	620	720	1 050
过流能力 B_W(%)	12.0	10.8	11.3	12.3	15.0	24.8	27.0	35.0

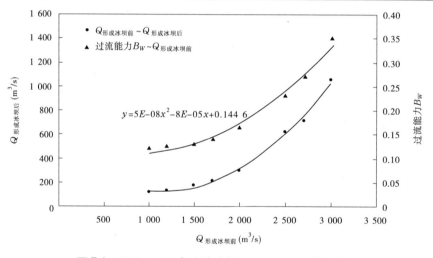

图 7-1　1978～1979 年麻湾冰坝 $B_W \sim Q_{形成冰坝前}$ 关系线

(二)冰坝壅水河段过流能力

冰坝壅水河段过流能力指考虑水流传播时间后,冰坝壅水河段下断面的出流量 $Q_下$ 与上断面相应时间内的入流量 $Q_上$ 之比,即

$$B_L = \frac{Q_下}{Q_上} \times 100\% \qquad (7\text{-}2)$$

式中　B_L——冰坝壅水河段过流能力。

用上述公式对南展宽工程河段有资料可查的历年冰坝壅水河段过流能力实测资料进行统计计算,其结果见表 7-3。

表7-3 南展宽工程冰坝壅水河段过流能力统计计算

冰坝发生地点	冰坝发生时间(年-月-日 T 时:分)	影响河段长度(km)	上断面	下断面	观测时间(年-月-日)	上断面流量(m³/s)	下断面流量(m³/s)	过流能力(%)	过流能力均值(%)	备注
利津王庄	1955-01-29T03:30	90	杨房	利津	1955-01-29	2 710	959	35.4	35.4	1955 年 1 月 29 日晨 3 点 30 分形成冰坝卡塞壅水,23 点 30 分王庄决口
博兴麻湾	1979-01-23	30	泺口	利津	1979-01-23	794	263	33.1	52.1	1979 年 1 月 25 日后利津流量大于泺口
					1979-01-24	681	484	71.1		

从表7-3计算结果可知:南展宽工程河段有2次冰坝资料,其中,1954～1955 年,王庄冰坝因冰坝形成后不到一天(20 h),上游大堤决口,加之下断面代表站(利津站)位于冰坝河段内,过流资料代表性较差,不宜采用。所以,南展宽工程冰坝壅水河段计算过流能力就采用 1978～1979 年博兴麻湾冰坝壅水河段实测过流能力,其值 B_L = 52.1%。

六、冰坝形成时间与上游邻近站凌峰出现时间的关系

依据历年有资料可查的冰坝统计,南展宽工程河段仅有 1954～1955 年利津王庄冰坝一次资料,冰坝形成于 1955 年 1 月 29 日,其上游邻近站(杨房站)凌峰亦在当日出现。

根据上述情况,南展宽工程河段拟定的王庄与相应上游邻近的杨房站凌峰出现时间,均视为同一日,见表7-4。

表7-4 冰坝形成时间与上游邻近站凌峰出现时间统计

河段	冰坝位置	冰坝形成时间(年-月-日 T 时:分)	冰坝形成比凌峰提前的天数(d)	凌峰参数 上游站	凌峰参数 出现时间(年-月-日)	凌峰参数 流量(m²/s)	说明
南展宽工程河段	利津王庄	1955-01-29T03:30	0	杨房	1955-01-29	2 830	1955-01-29T23:30 王庄决口

七、凌汛期小浪底至下游各控制断面传播历时

根据 20 世纪 60 年代至 70 年代黄河下游封冻期三门峡枢纽关闸后各级流量传播时间,并参考 90 年代凌汛期各级流量(100～600 m³/s)传播时间进行统计计算,结果见表7-5。

八、冰坝持续时间

冰坝持续时间与当时气温变化、坝体规模、强度和水流动力条件、坝体头部水位差等因素有关,是非常复杂的问题。为此,对黄河上、下游有水文记载的历年冰坝资料进行了统计计算(见表7-6)。上游宁夏河段 20 世纪 50 年代至 70 年代有水文资料记载的冰坝有 7 次,冰坝持续时间一般为 2 d 左右(44 h),最短 1 d(14 h),最长 3 d 多(80 h);内蒙古河段

表7-5 凌汛期小浪底至利津站流量传播时间

站名	距离（km）	传播时间（d）					
		流量 600 m³/s	流量 500 m³/s	流量 400 m³/s	流量 300 m³/s	流量 200 m³/s	流量 100 m³/s
小浪底	128	0.8	1.1	1.1	1.3	1.6	3.2
花园口	309	2.8	3.1	3.6	3.8	4.6	8.2
高村	439	4.3	4.8	5.1	5.3	6.6	12.2
孙口	502	4.8	5.7	6.1	6.8	8.2	13.2
艾山	610	6.3	7.1	7.1	7.8	10.1	14.2
泺口	696	6.8	8.3	9.4	9.9	11.7	15.6
杨房							
利津	784	7.3	9.5	10.7	11.3	13.5	17.2

注:1. 小浪底建库前数据系根据三门峡和花园口站相关资料插补求出。

2. 杨房站1951年7月由黄委会设立基本水文站,1956年6月改为水位站。

20世纪50年代至80年代初有水文资料记载的冰坝有244次,冰坝持续时间一般为1 d左右(26 h),最短0.5 d(9 h),最长2 d(48 h)。黄河下游50年代初至70年代末有水文资料记载的冰坝有9次,但其中有2次因冰坝壅水引起大堤决口(1951年1月30日晚垦利前左冰坝、1955年1月29日晚利津王庄冰坝)、2次河段严重冰塞与冰坝混合难以分辨(1969年1月19日齐河顾小庄冰坝、2月11日邹平方家冰坝),还有2次(1957年1月27日在宽浅河段形成的梁山南党冰坝及1973年1月19日利津东坝冰坝)冰坝持续时间过长,失去代表性,除此之外,尚有3次冰坝,即1956年1月29日济南老徐庄冰坝、1970年1月27日济南老徐庄(齐河王窑)冰坝、1979年1月23日博兴麻湾冰坝,资料较为完整。根据以上3次冰坝资料统计,黄河下游冰坝持续时间一般为2 d左右,最短0.5 d,最长3 d。

根据黄河下游历年冰坝持续时间统计资料,结合上游宁蒙河段历年冰坝持续时间统计资料分析,黄河上、下游冰坝持续时间一般情况下为2 d。从计算安全考虑,黄河下游冰坝持续时间采用3 d。

表7-6 黄河流域主要冰情河段冰坝持续时间统计

宁夏河段					内蒙古河段					下游河段				
冰坝发生年份	冰坝处数	冰坝持续时间（d）			冰坝发生年份	冰坝处数	冰坝持续时间（d）			冰坝发生年份	冰坝处数	冰坝持续时间（d）		
		最短	最长	平均			最短	最长	平均			最短	最长	平均
1959、1963、1964、1967、1972、1974	7	1	3	2	1951~1959、1963、1967、1969、1971~1979、1983	244	0.5	2	1	1956、1970、1979	3	0.5	3	2

九、冰坝壅水河段库容量

冰坝壅水河段库容按下式计算

$$V_{库容} = \sum_{i=1}^{n} \left[\frac{1}{2}(F_i + F_{i+1}) \cdot L_i \right] \tag{7-3}$$

式中 $V_{库容}$——冰坝头部断面最高壅水水位(即冰坝头部断面相应大堤设防水位)下,壅水河段库容水量,亿 m³;

  F_i——冰坝头部断面最高壅水水位下,冰坝壅水河段2001年10月实测断面第i个河道断面面积,m²,$i=1,2,3,\cdots,n$;

  L_i——冰坝壅水河段内,第i个至第$i+1$个河道断面纵向间距,km。

冰坝壅水河段库容计算方法与步骤为:冰坝壅水河段内河道断面壅水水位,采用王庄2000年设防标准的大堤设防水位16.69 m,水面比降按4.1:100 000。采用2001年10月份相应河段实测河道断面资料,王庄冰坝上游壅水河段长91 km,18个河道断面。从横断面最低高程点至壅水水位计算各断面的分级水位面积曲线;根据分级水位面积曲线,由河道断面壅水水位确定相应河道断面面积;用相邻河道断面面积和的1/2,乘以相应断面间距,计算出冰坝壅水河段的壅水库容。计算结果见表7-7。王庄冰坝壅水河段库容 $V_{库容}$ 为4.314亿 m³。

表7-7 王庄冰坝壅水河段库容计算

断面	断面间距(km)	冰坝壅水水位下				河底平均高程(m)	备注
		水位(m)	断面面积(m²)	面积平均(m²)	蓄水量(亿 m³)		
壅水末端	3.61	20.41	0	267	0.019 0	19.80	1. 王庄2000年设防标准的大堤设防水位16.69 m为冰坝断面最高壅水位,以此按4.1:100 000水面比降推求上游各断面壅水水位。 2. 河底平均高程为2001年河道统测资料。 3. 壅水河段水面线与河底坡降线重合于杨房断面上游3.61 km处。 4. 壅水河段水面线(4.1:100 000)与河底坡降线(1:10 000)交汇点可由二元一次方程组求出: 水面线方程式 $y=16.69+0.000\,041x$ 河底纵剖面方程式 $y=11.33+0.000\,1x$ 求出x、y值后根据三角函数关系即可求出壅水河段长度 $L=\sqrt{x^2+(y-16.69)^2}$
杨房	5.59	20.27	5.34	588	0.032 9	19.02	
清河镇	5.61	20.04	6.41	946	0.053 1	18.70	
薛王邵	5.80	19.81	1 250	1 400	0.081 2	18.39	
齐冯	6.20	19.57	1 550	2 200	0.136 4	17.76	
兰家	5.00	19.32	2 850	2 580	0.129 0	17.14	
贾家	4.77	19.11	2 310	2 670	0.127 4	15.93	
张肖堂	4.83	18.92	3 020	4 830	0.233 3	16.03	
沪家	5.90	18.72	6 630	7 410	0.437 2	15.38	
道旭	7.50	18.48	8 180	9 000	0.675 0	14.62	
龙王崖	4.00	18.17	9 810	11 930	0.477 2	14.41	
王旺庄	4.75	18.00	14 050	12 780	0.607 1	14.52	
张番马	4.05	17.81	11 500	6 980	0.282 7	13.54	
宫家	6.30	17.64	2 450	4 340	0.273 4	13.02	
张家滩	7.80	17.38	6 220	4 540	0.354 1	12.40	
利津	5.16	17.06	2 860	3 370	0.173 9	11.95	
路庄	3.98	16.85	3 880	5 560	0.221 3	11.33	
王庄		16.69	7 240				
合计	90.85				4.314 0		

注:冰坝壅水段水面比降4.1:100 000,冰坝断面最高壅水位与大堤设防水位同高。

十、高程(水位)基面

本书中所列高程(水位)均系大沽基面以上数值。

第三节　冰坝壅水河段(水库)调洪计算

一、计算原理

河流中的水坝和冰坝主要区别是,水坝是固定的,而冰坝则是变动的,但两者对水流的作用是近似的。凌洪进入冰坝壅水河段和洪水进入水库的洪水波运动是基本相同的。因此,冰坝壅水调洪的水力学性质接近渐变不恒流。它的特点是冰坝壅水河段(库内)各断面水力要素(流速、流量、比降等)都随时间变化,其变化规律可用下列方程组表示

动力平衡方程式

连续方程式

$$\left.\begin{array}{l} -\dfrac{\partial H}{\partial L} = \dfrac{v^2}{C^2 R} + \dfrac{v}{g} \cdot \dfrac{\partial v}{\partial L} + \dfrac{1}{g} \cdot \dfrac{\partial v}{\partial t} \\[2mm] \dfrac{\partial A}{\partial t} + \dfrac{\partial Q}{\partial L} = 0 \end{array}\right\} \tag{7-4}$$

式中　H——水位,m;

　　　L——距离,m;

　　　v——流速,m/s;

　　　C——谢才系数;

　　　R——水力半径,m;

　　　t——时间,s;

　　　A——过水面积,m^2;

　　　g——重力加速度,m/s^2;

　　　Q——流量,m^3/s。

二、冰坝壅水河段基本资料选定

(一)王庄冰坝壅水河段库容曲线

利用 2001 年 10 月,王庄拟定冰坝壅水河段内实测河道断面资料,分别计算冰坝头部断面不同壅水水位下的静库容(至最高壅水水位,即相应的大堤设防水位),再按 4.1:100 000(王庄冰坝)的壅水水面纵比降及相应断面间距推求相应水位下动库容,同水位下静库容与动库容之和即为该水位下的蓄水库容。采用上述计算成果绘制出王庄冰坝壅水河段库容曲线,库容曲线计算表参见表 7-8,库容曲线见图 7-2。

表 7-8　王庄冰坝头部断面壅水河段库容计算

水位(m)	11.33	12.50	13.50	14.50	16.00	16.69
库容(亿 m^3)	0	0.131	0.507	1.310	3.231	4.314

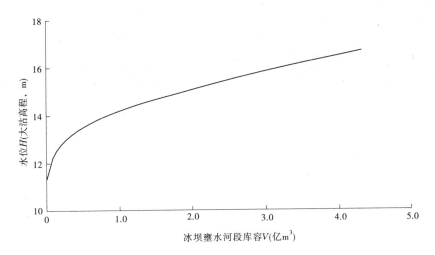

图 7-2　王庄冰坝头部断面壅水河段库容关系线

(二) 王庄冰坝头部断面水位流量相关曲线

黄河下游河道封冻一般自河口段开始,溯源向上游发展,称为梯级封河。王庄断面冰期水位流量相关关系不仅受上游河道冰凌的影响,而且受黄河河口的影响。王庄断面上游 12.5 km 处为利津站。因此,首先要计算利津站的水位流量相关曲线,然后建立利津站与王庄断面水位相关关系,以利津站的水位—流量相关曲线求得王庄断面冰期水位流量相关关系。

利津断面为单式断面,没有滩地,其水位—流量相关曲线计算方法与泺口站主槽部分基本相同。计算水位流量相关关系,在低水部分仍以近几年实测水位流量相关点上外包定线,高水部分参照计算线外延。采用 2001 年 10 月实测大断面资料作为基本断面资料。冰期河槽糙率采用《河冰形成机理、危害和防护措施研究》中的结果,$n_{槽}$ 为 0.02。根据上述计算方法求出利津站水位流量相关关系。

采用水位相关法将利津站计算结果转换为王庄断面的水位流量相关关系。由表 7-9、图 7-3 可以看出,两站水位相关关系良好,点群成带状。转换王庄断面的水位流量相关关系成果如表 7-10、图 7-4 所示。

表 7-9　王庄断面与利津断面水位相关成果　　　　　　　　　　（单位:m）

利津水位	9.00	9.50	10.00	10.50	11.0	11.50	12.00	12.50	13.00	13.50	14.00	14.50	15.00	16.00	17.00
王庄水位	7.89	8.41	8.92	9.44	9.95	10.47	10.98	11.50	12.01	12.53	13.04	13.56	14.07	15.10	16.13

表 7-10　王庄冰坝头部断面水位流量相关关系计算

水位（m）	11.33	12.00	12.50	13.00	13.50	14.00	14.50	15.00	15.50	16.00	16.50	16.69
流量（m^3/s）	0	110	250	430	650	940	1 300	1 730	2 240	2 860	3 560	3 870

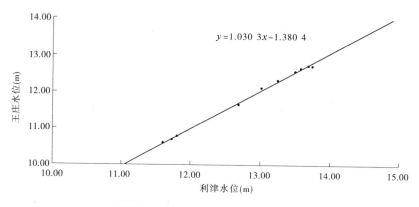

图 7-3 利津、王庄断面水位相关图

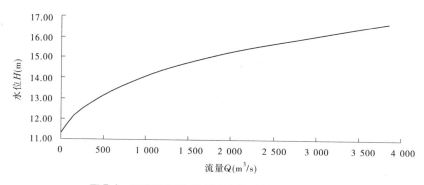

图 7-4 王庄冰坝头部断面水位流量相关关系线

(三)调洪工作曲线

根据王庄冰坝头部断面基本资料,相应冰坝库容曲线和冰坝头部断面设计的水位流量相关曲线,即泄流曲线,采用半图解法制作调洪工作曲线,如表 7-11、图 7-5、图 7-6 所示。

表 7-11 王庄冰坝壅水河段(水库)调洪工作曲线计算

$H(m)$	$V(亿 m^3)$	$V/\Delta t(m^3/s)$	$q(m^3/s)$	$V/\Delta t + q/2(m^3/s)$
11.33	0	0	0	0
12	0.057	132	110	187
12.5	0.130	301	250	426
13	0.272	630	430	845
13.5	0.510	1 181	650	1 506
14	0.845	1 956	940	2 426
14.5	1.290	2 986	1 300	3 636
15	1.91	4 421	1 730	5 286
15.5	2.56	5 926	2 240	7 046

续表 7-11

H(m)	V(亿 m³)	$V/\Delta t$(m³/s)	q(m³/s)	$V/\Delta t + q/2$(m³/s)
16	3.23	7 477	2 860	8 907
16.5	4	9 259	3 560	11 039
16.69	4.314	9 986	3 870	11 921

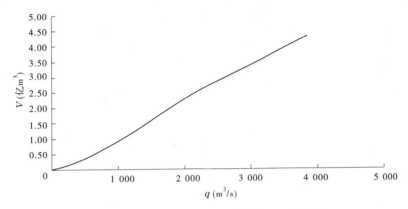

图 7-5　王庄冰坝壅水河段(水库)$V \sim q$ 关系线

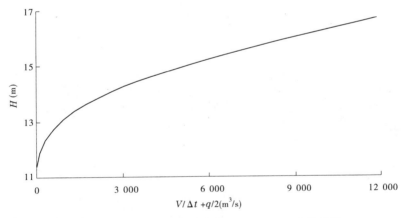

图 7-6　王庄冰坝壅水河段(水库)$H \sim V/\Delta t + q/2$ 关系线

三、冰坝壅水河段设计凌洪来水过程

根据《黄河下游河道凌汛期水流演进分析》提供的小浪底水库防凌期花园口断面控泄流量方案及选择典型年与方案(见表 4-3、表 5-5),计算冰坝壅水河段入流控制断面设计凌洪来水过程。王庄冰坝壅水河段入流控制断面为杨房断面。在小浪底水库不同的防凌调控方案、计算典型年、封河长度(封河上首)等条件下,由小浪底水库通过河道水流演算,推算出艾山、杨房断面设计凌洪来水过程,见表 7-12。在冰坝壅水河段水库调洪和水量平衡计算中,加入了冰坝壅水河段冰坝形成前河道槽蓄增量。

表 7-12 杨房入流控制断面设计凌洪来水过程

小浪底水库防凌调控方案	花园口相应流量(m³/s)			封河上首	典型年	设计凌洪来水过程	
	封河前一旬	封河期	开河旬			杨房断面	
						日期(月-日)	流量(m³/s)
方案1	700	500	400	夹河滩	1954~1955	01-28	466
						01-29	1 796
						01-30	1 940
						01-31	1 261
						02-01	865
						02-02	633
						02-03	545
					1968~1969	02-09	298
						02-10	1 733
						02-11	1 832
						02-12	1 198
						02-13	820
						02-14	611
						02-15	534
				高村	1967~1968	02-15	475
						02-16	1 081
						02-17	1 190
						02-18	872
						02-19	695
						02-20	579
						02-21	531
方案3	400	250	200	夹河滩	1996~1997	01-27	188
						01-28	820
						01-29	870
						01-30	575
						01-31	400
						02-01	303
						02-02	266

续表 7-12

小浪底水库防凌调控方案	花园口相应流量(m³/s)			封河上首	典型年	设计凌洪来水过程	
	封河前一旬	封河期	开河旬			杨房断面	
						日期(月-日)	流量(m³/s)
方案 2	500	350	300	夹河滩	1954~1955	01-28	329
						01-29	1 202
						01-30	1 292
						01-31	847
						02-01	586
						02-02	435
						02-03	378
					1968~1969	02-09	216
						02-10	1 168
						02-11	1 234
						02-12	813
						02-13	562
						02-14	423
						02-15	372
					1969~1970	01-27	298
						01-28	1 193
						01-29	1 275
						01-30	837
						01-31	579
						02-01	432
						02-02	376
				夹河滩—高村	1955~1956	01-29	313
						01-30	955
						01-31	1 021
						02-01	705
						02-02	520
						02-03	412
						02-04	371
					1973~1974	02-14	249
						02-15	946
						02-16	1 007
						02-17	696
						02-18	514
						02-19	409
						02-20	369
					1976~1977	01-24	303
						01-25	961
						01-26	1 031
						01-27	711
						01-28	523
						01-29	414
						01-30	372
				高村	1967~1968	02-15	335
						02-16	736
						02-17	798
						02-18	590
						02-19	472
						02-20	398
						02-21	368

四、冰坝壅水河段调洪计算

(一)方法、步骤

采用半图解法,列表计算如表 7-13 所示。

表 7-13 冰坝壅水河段调洪计算

时段 (Δt = 12 h)	入库流量 (m^3/s) Q	出库流量 (m^3/s) q	蓄水率$\dfrac{V}{\Delta t}$ (m^3/s) A	$\dfrac{V}{\Delta t}+\dfrac{q}{2}$ (m^3/s) C	调洪计算 水位(m)	调洪计算 蓄水库容 (亿 m^3)
1	Q_1	q_1	A_1			
2	Q_2	$q_2(q_2')$	$A_2(A_2')$	C_1		
3	Q_3	$q_3(q_3')$	$A_3(A_3')$	$C_2(C_2')$		
4	Q_4					
5	Q_5					

步骤如下:

(1)当未形成冰坝前入流等于出流($Q_1 = q_1$)时,用出流 $q_初(q_1)$,依据 $V\sim q$ 关系线,查出蓄水量 V_1,加上冰坝壅水河段槽蓄增量 V_2,再除以时段 Δt,得 $\dfrac{V}{\Delta t}$,即为初始蓄水率 A_1。

(2)$A_1 + \dfrac{q_2}{2}$ 等于 C_1。

(3)用 C_1 查 $\dfrac{V}{\Delta t}\sim q$ 工作曲线得 q_2。

(4)$A_1 + (Q_2 - q_2)$ 得 A_2。

如果该时段出现冰坝,则以 q_2 乘以冰坝过流比得 q_2',重新计算 $A_1 + (Q_2 - q_2')$ 得 A_2'。

(5)$A_2(A_2') + \dfrac{q_3}{2}$ 得 $C_2(C_2')$。

(6)用 $C_2(C_2')$ 查 $\dfrac{V}{\Delta t}+\dfrac{q}{2}\sim q$ 工作曲线得 $q_3(q_3')$。

(7)$A_2(A_2') + [Q_3 - q_3(q_3')]$ 得 $A_3(A_3')$。

以下依次类推。

(8)用出流 q,在图 7-4 $H\sim Q(q)$ 关系线上查出相应冰坝头部断面水位 H。

(9)用水位 H 在图 7-2 $H\sim V$ 曲线上查出相应蓄水库容 V。

(二)计算结果

计算结果见表 7-14。

表 7-14 南展宽工程王庄冰坝壅水河段不同典型年调洪计算成果

典型年类型	典型年	封河上界	小浪底水库防凌调控研究方案	小浪底＋三门峡使用库容（亿 m³）	冰坝计算		大堤设防水位（m）	最高壅水位低于大堤设防水位（m）	大堤设防水位下	
					冰坝壅水河段最大壅水量（亿 m³）	冰坝头部断面最高壅水位（m）			库容（亿 m³）	剩余库容（亿 m³）
特严重凌汛年	1954～1955	夹河滩	1	12.77	3.08	15.84	16.69	0.85	4.314	1.23
			2	21.32	2.32	15.32	16.69	1.37	4.314	1.99
	1968～1969	夹河滩	1	18.14	2.92	15.73	16.69	0.96	4.314	1.39
			2	27.60	2.22	15.24	16.69	1.45	4.314	2.09
严重凌汛年	1967～1968	高村	1	23.63	2.42	15.39	16.69	1.30	4.314	1.89
			2	34.99	1.68	14.82	16.69	1.87	4.314	2.63
	1969～1970	夹河滩	2	7.55	2.30	15.30	16.69	1.39	4.314	2.01
一般凌汛年	1955～1956	夹河滩—高村	2	17.31	1.96	15.04	16.69	1.65	4.314	2.35
	1973～1974			13.84	1.92	15.01	16.69	1.68	4.314	2.39
	1976～1977			14.66	1.97	15.05	16.69	1.64	4.314	2.34
较轻凌汛年	1996～1997	夹河滩	3	11.77	1.61	14.76	16.69	1.93	4.314	2.70

五、南展宽工程冰坝壅水河段调洪计算结果分析

第一，特严重凌汛典型年 1954～1955 年、1968～1969 年，按小浪底水库防凌第 1 方案调度，封河上界均按夹河滩考虑，王庄冰坝壅水河段最大壅水量分别为 3.08 亿 m³、2.92 亿 m³，相应剩余库容分别为 1.23 亿 m³、1.39 亿 m³；冰坝头部断面最高壅水位分别为 15.84 m、15.73 m，分别低于相应大堤设防水位 0.85 m、0.96 m。

若改按小浪底水库防凌第 2 方案调度，封河上界不变，则冰坝壅水河段最大壅水量分别为 2.32 亿 m³、2.22 亿 m³，相应剩余库容分别为 1.99 亿 m³、2.09 亿 m³；冰坝头部断面最高壅水位分别为 15.32 m、15.24 m，分别低于相应大堤设防水位 1.37 m、1.45 m。

第二，严重凌汛典型年 1967～1968 年，按小浪底水库防凌第 1 方案调度，封河上界为高村，王庄冰坝壅水河段最大壅水量为 2.42 亿 m³，相应剩余库容为 1.89 亿 m³；冰坝头部断面最高壅水位为 15.39 m，低于相应大堤设防水位 1.30 m。

严重凌汛典型年 1967～1968 年、1969～1970 年，小浪底水库防凌若按第 2 方案调度，封河上界分别为高村、夹河滩，则冰坝壅水河段最大壅水量分别为 1.68 亿 m³、2.30 亿

m^3,相应剩余库容分别为 2.63 亿 m^3、2.01 亿 m^3；冰坝头部断面最高壅水位分别为 14.82 m、15.30 m,分别低于相应大堤设防水位 1.87 m、1.39 m。

第三,一般凌汛典型年 1955～1956 年、1973～1974 年、1976～1977 年,按小浪底水库防凌第 2 方案调度,封河上界为夹河滩—高村,其冰坝壅水河段最大壅水量分别为 1.96 亿 m^3、1.92 亿 m^3、1.97 亿 m^3,相应剩余库容分别为 2.35 亿 m^3、2.39 亿 m^3、2.34 亿 m^3；冰坝头部断面最高壅水位分别为 15.04 m、15.01 m、15.05 m,分别低于相应大堤设防水位 1.65 m、1.68 m、1.64 m。

第四,较轻凌汛典型年 1996～1997 年,按小浪底水库防凌第 3 方案调度,封河上界为夹河滩,其冰坝壅水河段最大壅水量为 1.61 亿 m^3,相应剩余库容为 2.70 亿 m^3；冰坝头部断面最高壅水位为 14.76 m,低于相应大堤设防水位 1.93 m。

上述分析说明黄河下游凌汛开河期,一旦在南展宽工程窄河段王庄断面处冰凌卡塞形成冰坝,在不运用南展宽工程分凌滞洪的条件下,依据调洪计算结果,不同凌汛典型年,在不同封河上界和不同小浪底水库防凌调度方案条件下,南展宽工程王庄冰坝壅水河段最大壅水量为 3.08 亿～1.61 亿 m^3,相应剩余库容 1.23 亿～2.70 亿 m^3。冰坝头部断面不同凌汛典型年在不同封河上界和小浪底水库不同防凌调度方案条件下,最高壅水位为 15.84～14.76 m,低于相应大堤设防水位 0.85～1.93 m。

按对防凌最不利(特严重凌汛)的典型年 1954～1955 年、1968～1969 年考虑,在小浪底水库防凌最不利调度方案 1 及最不利封河上界夹河滩条件下的调洪计算结果如下:南展宽工程王庄冰坝壅水河段最大壅水量分别为 3.08 亿 m^3、2.92 亿 m^3,相应剩余库容分别为 1.23 亿 m^3、1.39 亿 m^3；冰坝头部断面最高壅水位分别为 15.84 m、15.73 m,分别低于相应大堤设防水位 0.85 m、0.96 m。

第四节　冰坝壅水河段水量平衡校核计算

一、计算公式

假设南展宽工程王庄冰坝壅水河段为一蓄水"水库",入库、出库流量分别为凌汛开河期河道凌洪演算至"水库"上游入库控制断面杨房的凌洪入流过程流量 $Q_上$ 和相应"水库"下游出库控制断面王庄的凌洪出流过程流量 $Q_下$,Δt 为冰坝持续时间,在不考虑河段引水、渗漏、蒸发等损耗情况下,"水库"入库、出库水量计算公式如下

$$V_{来水} = Q_上 \cdot \Delta t \tag{7-5}$$

$$V_{过水} = Q_下 \cdot \Delta t = (V_{来水} + V_{槽蓄}) \cdot K_L \tag{7-6}$$

$$K_L = \frac{Q_下}{Q_上} \times 100\% \tag{7-7}$$

式中　$Q_上$、$Q_下$——冰坝壅水河段上、下游入流、出流控制断面流量,m^3/s；

　　　$V_{来水}$、$V_{过水}$——冰坝壅水河段上、下游入流、出流控制断面过水水量,亿 m^3；

　　　$V_{槽蓄}$——冰坝壅水河段封冻期槽蓄水量(含河道基水、槽蓄增量)；

　　　K_L——冰坝壅水河段下、上游入流、出流控制断面流量比值,即冰坝壅水河段过流

能力;

Δt——冰坝持续时间。

冰坝壅水河段(水库)水量平衡计算公式如下

$$V_{蓄水} = V_{来水} + V_{槽蓄} \tag{7-8}$$

$$V_{壅水} = V_{蓄水} - V_{过水} \tag{7-9}$$

式中　$V_{蓄水}$——冰坝壅水河段槽蓄水量($V_{槽蓄}$)与上游来水量($V_{来水}$)之和,亿 m^3;

　　　$V_{壅水}$——冰坝壅水河段蓄水量($V_{蓄水}$)扣减冰坝过水量($V_{过水}$)后的蓄水量,亿 m^3。

二、计算方法

(1)根据《典型年凌汛期出流演算结果》,查算出王庄冰坝壅水河段相应上游入流控制断面杨房不同凌汛典型年、小浪底水库不同防凌调度方案及不同封冻上界的设计凌洪来水过程流量($Q_上$),详见表7-12(杨房入流控制断面设计凌洪来水过程),并按照王庄冰坝形成时间与上游相应控制断面杨房凌峰出现时间相同的关系,确定凌洪过程起始时间、终了时间,按冰坝持续 3 d 时间(Δt)计算出 $V_{来水}$。

(2)根据《典型年凌汛期出流演算结果》,查算出不同凌汛典型年小浪底水库不同调控方案和不同封河上界杨房—王庄冰坝壅水河段相应封冻期槽蓄水量($V_{槽蓄}$)。

(3)按照 $V_{蓄水}$ 相应过程乘以相应河段过流能力值 K_L 值算得 $V_{过水}$。

(4)计算扣除 $V_{过水}$ 后水量。

(5)大堤设防水位:王庄冰坝头部断面为 16.69 m。

(6)大堤设防水位下总库容(静库容与动库容之和):王庄冰坝壅水河段为 4.314 亿 m^3。

三、计算结果

王庄冰坝壅水河段在与上述水库调洪计算相同条件(小浪底防凌调度方案、凌汛典型年、封河上界)下,进行了水量平衡校核计算,其结果见表7-15。

四、水量平衡校核计算结果分析

第一,特严重凌汛典型年 1954~1955 年、1968~1969 年,按小浪底水库防凌第 1 方案调度,封河上界均按夹河滩考虑,王庄冰坝壅水河段最大壅水量分别为 1.95 亿 m^3、1.75 亿 m^3,相应剩余库容分别为 2.37 亿 m^3、2.57 亿 m^3;冰坝头部断面最高壅水位分别为 15.03 m、14.88 m,分别低于相应大堤设防水位 1.66 m、1.81 m。

若改按小浪底水库防凌第 2 方案调度,封河上界不变,则王庄冰坝壅水河段最大壅水量分别为 1.29 亿 m^3、1.18 亿 m^3,相应剩余库容分别为 3.03 亿 m^3、3.13 亿 m^3;冰坝头部断面最高壅水位分别为 14.48 m、14.37 m,分别低于相应大堤设防水位 2.21 m、2.32 m。

第二,严重凌汛典型年 1967~1968 年,按小浪底水库防凌第 1 方案调度,封河上界为高村,其冰坝壅水河段最大壅水量为 1.48 亿 m^3,相应剩余库容为 2.83 亿 m^3;冰坝头部断面最高壅水位为 14.65 m,低于相应大堤设防水位 2.04 m。

表 7-15 南展宽工程王庄冰坝壅水河段不同典型年水量平衡校核计算成果

典型年类型	典型年	封河上界	小浪底水库防凌调控研究方案	小浪底 + 三门峡使用库容（亿 m³）	冰坝计算		大堤设防水位（m）	最高壅水位低于大堤设防水位（m）	大堤设防水位下	
					冰坝壅水河段最大壅水量（亿 m³）	冰坝头部断面最高壅水位（m）			库容（亿 m³）	剩余库容（亿 m³）
特严重凌汛年	1954 ~ 1955	夹河滩	1	12.77	1.949	15.03	16.69	1.66	4.314	2.365
			2	21.32	1.289	14.48	16.69	2.21	4.314	3.025
	1968 ~ 1969	夹河滩	1	18.14	1.749	14.88	16.69	1.81	4.314	2.565
			2	27.60	1.180	14.37	16.69	2.32	4.314	3.134
严重凌汛年	1967 ~ 1968	高村	1	23.63	1.484	14.65	16.69	2.04	4.314	2.830
			2	34.99	0.954	14.13	16.69	2.56	4.314	3.361
	1969 ~ 1970	夹河滩	2	7.55	1.256	14.45	16.69	2.24	4.314	3.058
一般凌汛年	1955 ~ 1956	夹河滩—高村	2	17.31	1.069	14.26	16.69	2.43	4.314	3.245
	1973 ~ 1974			13.84	1.038	14.23	16.69	2.46	4.314	3.276
	1976 ~ 1977			14.66	1.088	14.28	16.69	2.41	4.314	3.226
较轻凌汛年	1996 ~ 1997	夹河滩	3	11.77	0.843	14.00	16.69	2.69	4.314	3.471

严重凌汛典型年 1967 ~ 1968 年、1969 ~ 1970 年，小浪底水库防凌调度若按第 2 方案，则冰坝壅水河段最大壅水量分别为 0.95 亿 m³、1.26 亿 m³，相应剩余库容分别为 3.36 亿 m³、3.06 亿 m³；冰坝头部断面最高壅水位分别为 14.13 m、14.45 m，分别低于相应大堤设防水位 2.56 m、2.24 m。

第三，一般凌汛典型年 1955 ~ 1956 年、1973 ~ 1974 年、1976 ~ 1977 年，小浪底水库防凌按第 2 方案调度，封河上界为夹河滩—高村，其冰坝壅水河段最大壅水量分别为 1.07 亿 m³、1.04 亿 m³、1.09 亿 m³，相应剩余库容分别为 3.25 亿 m³、3.28 亿 m³、3.23 亿 m³；冰坝头部断面最高壅水位分别为 14.26 m、14.23 m、14.28 m，分别低于相应大堤设防水位 2.43 m、2.46 m、2.41 m。

第四，较轻凌汛典型年 1996 ~ 1997 年，按小浪底水库防凌第 3 方案调度，封河上界为夹河滩，其冰坝壅水河段最大壅水量为 0.84 亿 m³，相应剩余库容为 3.47 亿 m³；冰坝头部断面最高壅水位为 14.00 m，低于相应大堤设防水位 2.69 m。

上述分析说明黄河下游凌汛开河期，一旦在南展宽工程窄河段王庄断面处冰凌卡塞形成冰坝，在不运用南展宽工程分凌滞洪的条件下，依据水量平衡校核计算结果，不同凌汛典型年,在不同封河上界和不同小浪底水库防凌调度方案条件下,南展宽工程王庄冰坝壅水河段最大壅水量1.95亿~0.84亿 m^3,剩余库容2.37亿~3.47亿 m^3;冰坝头部断面最高壅水位为15.03~14.00 m,低于相应大堤设防水位1.66~2.69 m。

按对防凌最不利(特严重凌汛)的典型年1954~1955年、1968~1969年考虑,在小浪底水库防凌调度方案1、封河上界在夹河滩以上条件下的水量平衡校核计算结果为:南展宽工程王庄冰坝壅水河段最大壅水量分别为1.95亿 m^3、1.75亿 m^3,相应剩余库容分别为2.37亿 m^3、2.57亿 m^3;冰坝头部断面最高壅水位分别达15.03 m、14.88 m,分别低于相应大堤设防水位1.66 m、1.81 m。

五、按南展宽工程原主要设计参数对相应冰坝壅水河段防凌能力进行分析计算

南展宽工程原设计方案假定冰坝头部断面在冰坝形成当日出流1 000 m^3/s,第二天以后各日均按500 m^3/s出流,相应冰坝壅水河段水面比降为0.3‰。

根据2001年10月南展宽工程设计冰坝(王庄)壅水河段相应实测大断面资料及原设计冰坝壅水河段水面比降,分别绘制壅水河段水位库容($H \sim V$)曲线,见表7-16、图7-7。

表7-16 南展宽工程王庄冰坝头部断面水位—壅水河段库容关系

水位(m)	11.33	12.50	13.50	14.50	16.00	16.69
库容(亿 m^3)	0	0.087	0.373	0.991	2.628	3.591

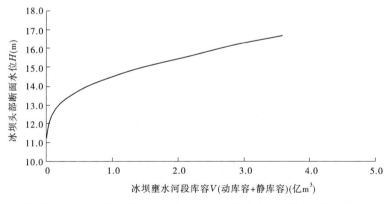

图7-7 王庄冰坝头部断面水位—壅水河段库容关系线(原设计参数)

凌洪来水过程依据小浪底水库防凌运用后,杨房断面设计凌洪来水过程(参见表7-12)计算。

调洪演算按小浪底水库防凌最不利调度方案1、最不利凌汛典型年(特严重)1954~1955年、1968~1969年及最不利封河上界夹河滩等进行计算。

依据上述计算条件,按照水库调洪和河段水量平衡两种计算方法,对南展宽工程相应设计冰坝壅水河段进行防凌能力计算分析,计算结果见表7-17。

表 7-17　南展宽工程冰坝壅水河段按原主要设计参数计算成果

河段（冰坝）	小浪底水库防凌调度方案	封河上界	计算方法	典型年	冰坝计算		大堤设防水位（m）	最高壅水位低于大堤设防水位（m）	大堤设防水位下	
					冰坝壅水河段最大壅水量（亿 m³）	冰坝头部断面最高壅水位（m）			库容（亿 m³）	剩余库容（亿 m³）
南展宽工程河段（王庄冰坝）	1	夹河滩	调洪	1954～1955	2.35	15.76	16.69	0.93	3.591	1.24
				1968～1969	2.02	15.48	16.69	1.21	3.591	1.57
	1	夹河滩	水量平衡	1954～1955	2.34	15.69	16.69	1.00	3.591	1.25
				1968～1969	1.92	15.35	16.69	1.34	3.591	1.67

　　依据南展宽工程原设计主要参数（冰坝过流能力及冰坝壅水河段水面比降）与小浪底水库防凌最不利调度方案（方案 1）、特严重凌汛典型年（1954～1955 年、1968～1969 年）条件下的来水条件，按最不利封河上界夹河滩，使用 2001 年 10 月冰坝壅水河段实测大断面资料计算的库容曲线，分别采用水库调洪和河段水量平衡两种方法对南展宽工程的王庄设计冰坝进行计算，从计算结果可以看出：

　　调洪计算的特严重凌汛典型年 1954～1955 年、1968～1969 年，在小浪底水库防凌最不利调度方案和设计最长封冻长度（封河上界在夹河滩以上）条件下，王庄冰坝壅水河段最大壅水量分别为 2.35 亿 m³、2.02 亿 m³，相应剩余库容分别为 1.24 亿 m³、1.57 亿 m³；冰坝头部断面最高壅水位分别为 15.76 m、15.48 m，分别低于相应大堤设防水位 0.93 m、1.21 m。

　　上述分析说明，依据南展宽工程原设计主要参数与小浪底水库防凌运用后最不利调度方案（方案 1），在特严重凌汛典型年来水条件下，按封河上界在夹河滩，黄河下游凌汛开河期一旦在南展宽工程河段的王庄断面形成冰坝，在不运用南展宽工程分凌滞洪的条件下，不论是调洪计算结果，还是水量平衡计算结果，冰坝壅水河段都有较大的防凌剩余能力。南展宽工程王庄断面剩余防凌库容为 1.67 亿～1.24 亿 m³，冰坝头部断面最高壅水位低于相应大堤设防水位 1.34～0.93 m。

第五节　南展宽工程河段防凌能力综合分析

　　南展宽工程河段防凌能力计算，采用了两种计算依据（按现设计参数及按原设计参数）和两种计算方法（水库调洪计算及河段水量平衡计算），对不同典型年（特严重凌汛典型年 1954～1955 年、1968～1969 年，严重凌汛典型年 1967～1968 年、1969～1970 年，一般凌汛典型年 1955～1956 年、1973～1974 年、1976～1977 年，较轻凌汛典型年 1996～1997 年。其中，按原设计参数计算的典型年仅为特严重凌汛典型年），在不同封河上界

（夹河滩、夹河滩—高村、高村）和小浪底水库不同防凌调度方案（方案 1、2、3）条件下进行水文水力计算。从偏于安全考虑，在上述各种计算成果中，挑选出防凌安全最不利值，如表 7-18 所示。从表中数据可对南展宽工程河段防凌能力作如下分析。

表 7-18　南北展宽工程河段防凌能力水文水力计算结果不利值统计

河段	小浪底水库防凌调控方案	封河上界	典型年	典型年类型	防凌能力水文水力计算						备注
					主要计算参数	计算方法	计算结果				
							冰坝壅水河段最大壅水量（亿 m³）	最小剩余库容（亿 m³）	冰坝头部断面最高壅水位（m）	最高壅水位低于大堤设防水位值（m）	
南展宽工程（王庄冰坝）河段	1	夹河滩	1954～1955	特严重凌汛年	现设计参数	调洪	3.08	1.23	15.84	0.85	1. 王庄冰坝头部断面大堤设防水位为 16.69 m； 2. 王庄冰坝壅水河段，现设计参数条件下，冰坝头部大堤设防水位下防凌库容为 4.314 亿 m³； 3. 王庄冰坝壅水河段，原主要设计参数条件下，冰坝头部大堤设防水位下防凌库容为 3.591 亿 m³
						水量平衡	1.95	2.37	15.03	1.66	
					原设计参数	调洪	2.35	1.24	15.76	0.93	
						水量平衡	2.34	1.25	15.69	1.00	

南展宽工程河段王庄冰坝最不利防凌能力计算结果表明，特严重凌汛典型年 1954～1955 年度在小浪底水库防凌调度方案 1 及封河上界在夹河滩以上时的水文水力计算值为最不利值：

（1）按现设计参数调洪计算结果，南展宽工程河段王庄冰坝最大壅水量为 3.08 亿 m³，相应最小防凌剩余库容为 1.23 亿 m³，冰坝头部断面最高壅水位为 15.84 m，低于相应大堤设防水位 0.85 m；水量平衡计算结果，冰坝壅水河段最大壅水量为 1.95 亿 m³，相应最小防凌剩余库容为 2.37 亿 m³，冰坝头部断面最高壅水位为 15.03 m，低于相应大堤设防水位 1.66 m。

（2）按原主要设计参数调洪计算结果，南展宽工程河段王庄冰坝最大壅水量为 2.35 亿 m³，相应最小防凌剩余库容为 1.24 亿 m³，冰坝头部断面最高壅水位为 15.76 m，低于相应大堤设防水位 0.93 m；水量平衡计算结果，冰坝壅水河段最大壅水量为 2.34 亿 m³，相应最小防凌剩余库容为 1.25 亿 m³，冰坝头部断面最高壅水位为 15.69 m，低于相应大堤设防水位 1.00 m。

总之，上述对南展宽工程河段防凌能力的分析说明，在最不利的防凌情况下，如果不运用南展宽工程分凌滞洪，不论是按现设计参数计算，还是按原主要设计参数计算，不论是采用水库调洪法计算，还是采用河段水量平衡法计算，南展宽工程河段均有一定的防凌剩余库容（1.23 亿 m³），冰坝头部断面最高壅水位均低于相应大堤设防水位（0.85 m）。南展宽工程河段王庄冰坝最小防凌剩余库容为 1.23 亿 m³，是全部防凌库容的近 30%；冰坝头部断面最高壅水位低于相应大堤设防水位的最小值为 0.85 m。

第八章 小浪底水库运用后南展宽区防洪运用分析

小浪底水库建成后,黄河下游防洪工程体系的上拦工程有三门峡、小浪底、陆浑、故县四座水库;下排工程为两岸大堤险工等防洪工程,大堤设防标准为花园口 22 000 m³/s 流量;两岸分滞工程为东平湖滞洪水库等,进入黄河下游的洪水须经过防洪工程体系的联合调度。

第一节 水库及滞洪区联合防洪运用方式

一、小浪底水库防洪运用方式

当五站(龙门镇、白马寺、小浪底、五龙口、山路平)预报(预见期 8 h)花园口洪水流量小于 8 000 m³/s 时,控制汛限水位,按入库流量泄洪;预报花园口洪水流量大于 8 000 m³/s,含沙量小于 50 kg/m³,小(小浪底,下同)花(花园口,下同)间来洪流量小于 7 000 m³/s 时,小浪底水库控制花园口 8 000 m³/s 泄洪。此后,小浪底水库需根据小花间洪水流量的大小和水库蓄洪量的多少来确定不同的泄洪方式。

(1)水库在控制花园口 8 000 m³/s 运用过程中,当蓄水量达到 7.9 亿 m³ 时,反映了该次洪水为"上大洪水"(三门峡以上洪水,下同)且已超过了五年一遇标准,小浪底水库按控制花园口 10 000 m³/s 泄洪。此时,如果入库流量小于控制花园口 10 000 m³/s 的控制流量,按入库流量泄洪。当水库蓄洪量达 30 亿 m³,且有增大趋势时,说明该次洪水已超过三门峡站百年一遇标准,为了使小浪底水库保留足够的库容拦蓄特大洪水,需控制蓄洪水位不再升高,相应增大泄洪流量,允许花园口洪水流量超过 10 000 m³/s,由东平湖分洪解决。此时的泄洪方式取决于入库流量的大小。入库流量小于水库的泄洪能力,按入库流量泄洪;入库流量大于水库的泄洪能力,按敞泄运用。当预报花园口 10 000 m³/s 以上洪量达 20 亿 m³ 时,东平湖水库将可能承担黄河分洪量 17.5 亿 m³。此后,小浪底水库仍需按控制花园口 10 000 m³/s 泄洪,水库继续蓄洪。

(2)水库按控制花园口 8 000 m³/s 运用的过程中,水库蓄洪量虽未达到 7.9 亿 m³,而小花间的洪水流量已达 7 000 m³/s,且有上涨趋势,反映了该次洪水为"下大洪水"(三门峡以下洪水,下同)。若预报小花间流量大于 10 000 m³/s,水库即关闸停泄;否则,控制花园口 10 000 m³/s 泄洪。

二、三门峡水库的调洪运用方式

(1)对以三门峡以上来水为主的"上大洪水",水库按"先敞后控"方式运用,即水库先按敞泄方式运用;达本次洪水的最高蓄水位后,按入库流量泄洪;当预报花园口洪水流量小于 10 000 m³/s 时,水库按控制花园口 10 000 m³/s 退水。

(2)对以三花间来水为主的"下大洪水",三门峡水库的运用方式为:

小浪底水库未达到花园口百年一遇洪水的蓄洪量 26 亿 m³ 前,三门峡水库不承担蓄洪任务,按敞泄运用。水库蓄洪量达 26 亿 m³,且有增大趋势时,三门峡水库开始投入控制运用,并按小浪底水库的泄洪流量控制泄流,直到蓄洪量达本次洪水的最大蓄量。此后,控制已蓄洪量,按入库流量泄洪;直到小浪底水库按控制花园口 10 000 m³/s 投入泄洪运用时,三门峡水库按小浪底水库的泄洪流量控制泄流,在小浪底水库之前退水。

三、陆浑、故县水库调洪运用方式

当预报花园口洪水流量达到 12 000 m³/s 时,水库关闸停泄。当水库蓄洪水位达到蓄洪限制水位时,按入库流量泄洪。当预报花园口洪水流量小于 10 000 m³/s 时,按控制花园口 10 000 m³/s 泄洪。

四、东平湖水库运用方式

东平湖滞洪水库的分洪运用原则:孙口站实测洪峰流量达 10 000 m³/s,且有上涨趋势时,首先运用老湖区;当老湖区分洪能力小于黄河要求的分洪流量或洪量时,即需求分洪量大于老湖区的分洪能力 3 500 m³/s,或需求分洪量大于老湖区的容积,新湖区投入运用。东平湖的石洼、林辛、十里堡三座分洪闸的分洪能力为 7 500 ~ 8 500 m³/s。也就是说,孙口站洪水流量不超过 17 500 m³/s 的情况下,东平湖分洪后可控制大河流量不超过 10 000 m³/s。东平湖的控制蓄洪水位为 44.5 m(考虑侧向分洪不利因素,工程设计按 45 m),库容 30.5 亿 m³,扣除汶河来水 9.0 亿 m³ 和老湖区底水量 4 亿 m³,东平湖能承担黄河分洪的库容为 17.5 亿 m³,也就是说,孙口站 10 000 m³/s 以上的洪量不超过 17.5 亿 m³,东平湖可控制大河流量不超过 10 000 m³/s。

第二节　小浪底水库运用后黄河下游洪水情况及设防流量

按照上述水库及滞洪区的防洪运用方式,对各级各典型洪水进行防洪调度计算。计算的各级洪水沿程流量见表 8-1。从表 8-1 中可以看出,花园口 22 000 m³/s 设防流量相应的重现期为近千年,东平湖的分洪运用概率为 30 年一遇(对于老湖区和新湖区各自的运用概率,受汶河来水影响较大)。黄河下游各断面相应花园口设防标准的流量见表 8-1。东平湖水库分洪后,在其以下黄河大堤的设防流量,由黄河干流下泄流量与支流加水组成,干流下泄流量为 10 000 m³/s,支流加水按 1 000 m³/s 考虑,艾山以下大堤设防流量为 11 000 m³/s。

表 8-1　小浪底水库运用后黄河下游各级洪水流量　　　　（单位：m³/s）

断面名称	不同洪水重现期洪水流量				设防流量
	30 年	100 年	300 年	千年	
花园口	13 100	15 700	19 600	22 600	22 000
柳园口	11 700	15 120	18 800	21 900	21 800
夹河滩	11 200	15 070	18 100	21 000	21 500
石头庄	11 100	14 900	18 000	20 700	21 200
高村	11 000	14 400	17 550	20 300	20 000
苏泗庄	10 700	14 100	17 100	19 800	19 400
邢庙	10 400	13 500	16 500	19 000	18 200
孙口	10 000	13 000	15 730	18 100	17 500
艾山	10 000	10 000	10 000	10 000	11 000
泺口	10 000	10 000	10 000	10 000	11 000
利津	10 000	10 000	10 000	10 000	11 000

由上述分析可知,小浪底水库运用后,对于千年一遇以下的"上大洪水"和"下大洪水",均未考虑南展宽区分滞洪水。

第九章　黄河下游防凌措施

影响防凌的主要因素有气温、流量和河道形态。气温是影响冰凌变化的热力因素,决定着冰量和冰质的变化;流量对冰情的影响既有动力作用也有热力作用;河道形态除能改变河流的动力状况,影响冰情外,它的几何边界条件也对冰凌产生影响。由于黄河下游凌汛的主要威胁是凌汛开河时冰坝、冰塞上游急剧增加的壅高水位,加之气温和河道边界条件难以人为控制,所以防凌措施应以水库调控河道流量为主,辅以分水分凌、破除冰凌、冰情观测和预报、堤防守护及防凌信息化管理。

第一节　分水分凌

分水分凌能有效地减少河道内的槽蓄水量,削减凌峰流量,它可以调整河道流量,发挥水利因素在凌汛过程中的积极作用,以利于热力因素的发挥,为安全开河创造有利条件。

一、分水分凌措施

分水分凌措施在黄河下游主要是利用沿岸引黄涵闸处理多余冰凌洪水,蓄滞凌洪。

近几十年来黄河下游沿黄两岸共建了 90 多座引黄涵闸,设计引黄能力达 4 171 m^3/s。凌汛期引黄用水要服从黄河防凌工作需要,在开河之际若遇大河流量超过安全泄量和槽蓄增量较大的特殊情况,利用涵闸分水,能够减少河槽蓄水量,为平稳开河创造条件。

二、分水分凌调度方式

分水分凌一般有两种调度方式:一是单纯防凌调度,二是防凌结合兴利调度。前者防凌效果比较显著,一般不会发生大的冰凌灾害,但可能造成不需要分水的灌区淹没及其他损失,实施过程中多运用行政命令分水,造成一定的负面影响;后者从实际效果看比较可行,但操作性差,分水时机难以掌握。

(一)单纯防凌调度

单纯防凌调度是指作物不需要灌溉或者气温太低不宜灌溉条件下的防凌分水。在一些地方可将引黄涵闸引出的水通过灌溉干渠输送到排水河道或黄河故道、灌溉工程(沟、渠)储水,待春灌时利用。

根据以往经验,黄河下游涵闸引水最好是在开河期间适时引水,担负削减凌峰的任务。因沿黄涵闸分布较广,可以根据当时实际情况,灵活机动运用;同时凌汛威胁的主要表现为凌峰,要求分出的水量并不大,沿黄涵闸适时就地分水的效果是明显的。

(二)防凌结合兴利调度

结合灌溉用水适当向灌区分水,不仅可以起到分水防凌的作用,同时也满足了灌区冬季灌溉用水,对补源灌溉区进行有效补源,是防凌兴利相结合的比较可行的方式。近十几年来,随着黄河水资源供需矛盾的日益突出,引黄补源灌溉面积发展较快。据统计,花园口至艾山河段,河南、山东设计引黄灌溉面积210.7万 hm²,其中引黄补源灌溉面积90.5万 hm²,占43%。引黄补源灌溉区一般都位于灌区最下游,水资源紧缺,也是引黄灌区用水最困难的地方,利用防凌引水,可避开用水高峰期,有效地进行补源,以满足工农业生产发展的需要。

三、分水防凌引黄涵闸的选取

为了在形成冰坝时使引黄涵闸分水取得较好的效果,涵闸应选择在壅水区段和距壅水区上游较近的大流量引黄涵闸。

据此,在南展宽区垦利窄河段王庄断面以上选择右岸的麻湾、打渔张两座引黄涵闸,左岸的韩墩、小开河和簸箕李三座引黄涵闸。上述引黄涵闸,地处冰坝上游,距冰坝较近,引水流量较大,可利用闸后沉沙池、引黄干渠、灌渠渠系、平原水库、相邻流域河道退水,退水出路相对比较通畅。

四、利用引黄闸分水防凌应采取的措施

冬季引黄涵闸分水需要妥善处理好闸门启闭困难、闸前结冰引水困难、流冰对水工建筑物的撞击以及输水渠及建筑物冻胀等问题。根据引黄闸冬季引水经验,在利用引黄涵闸分水时需辅以如下措施:

(1)建立拦冰导冰系统。该系统的作用是拦截疏导大河流冰顺流下泄,不进入输水渠道,确保引黄闸分水及涵闸工程和输水渠道的安全。同时,配备破冰船,在大河冰凌严重影响引水时在引水口及时破冰。

(2)闸门融冰系统。凌汛期引水,为保证闸门不出现冰冻,能够及时自由启闭,安全运用,需采取防护措施:一是安装潜水泵喷水装置扰动水体,以此保证闸门前一段水面和闸门槽处不封冻;二是利用加热锅炉设置蒸汽管道,对闸门前、门槽等部位进行加热化冰,防止闸门、止水、门槽冻结。

五、分水涵闸工程管护

(1)做好引黄涵闸闸前引水渠道和闸后输水渠道的清淤工作。

(2)控制运用准备:当大河淌凌时,及时关闭闸门,提高水位,促使闸前及早形成稳定连续的冰盖;开闸放水时,闸门不能突然提升太高,应平稳上升,逐渐增大流量,以保持闸前冰盖稳定;当下游输水河道出现冰花、流冰或遇强冷空气时,抬高水位,减小流速,促使及早形成连续冰盖,实施冰盖下分水。

六、分水防凌效果及问题

(一)效果

1974 年度凌汛期利用沿黄 13 处涵闸分水,最大分水流量 400 m³/s,共分出水量 3.37亿 m³,开河时全下游槽蓄水量仅 1.3 亿 m³,为安全开河发挥了较大作用;1977 年度凌汛

开河前,沿河涵闸分水 5.13 亿 m³,最大分水流量达 900 m³/s 左右,致使下游安全开河;1984 年度凌汛期上游来水量较大,下游封冻河段长 330 km,河道总冰量 4 090 万 m³,开河前夕,三门峡水库蓄水增加很快,接近蓄水限制水位,此时下游沿黄灌溉用水量增加,日引水平均最大流量 500 m³/s,引水总量 7.5 亿 m³,利津站开河最大流量未超过 400 m³/s,开河平稳;1985 年度凌汛期,利津河段发生严重冰情,开河时临时分出水量 1.3 亿 m³,减少流量 200 m³/s,起到了削减水势的作用,缩小了冰凌灾害的范围,减轻了凌灾危害程度。

(二)存在的问题

引黄灌区在非灌溉条件下,向排水河道等分水,一是要利用地方引黄工程输水,二是严寒冰冻,因而可能会带来如下问题:

(1)分水的组织及协调。灌区不用水,而黄河又需利用引黄工程输水,问题比较复杂。如何争取各级党政部门及灌区群众的支持,分流中需要的大量人员如何组织,分水中的指挥如何协调等,是首先要考虑的问题。

(2)引黄工程的调度问题。各引黄工程如何调度才能达到最佳效果是今后要进一步研究的技术性问题。如果调度不合理,会对凌汛安全起到一定的负面作用。1982 年 1 月中旬,济南、北镇平均气温较常年偏低 1 ℃ 左右,由于前期黄河下游通过河南省人民胜利渠和山东省位山、潘庄引黄闸向北京、天津地区送水,日平均引水流量 200 m³/s 左右,致使泺口以下河道流量减小到 350 m³/s 左右。1 月 18 日宫家至麻湾插凌封河,21 日封河上延到惠民清河镇,此时向京、津送水停止,泺口流量回升至 700 m³/s,清河镇卡凌阻水造成惠民归仁至五甲扬、高青孟口至张王庄滩区进水,淹地面积 0.08 万 hm²,两岸 42 km 临黄大堤偎水,堤根水深 1.0 m 左右,归仁、王集、茶棚张堤段发生渗水。因此,冬季引水、停水时要预先考虑对凌情的影响,以防患于未然。

(3)对灌溉工程造成破坏。位山灌区近年来向天津送水,据观测资料,凌汛期在温度低于 -10 ℃ 时冰块对工程破坏性较大。一是由于冰块的撞击致使建筑物受损严重,如 2000 年西引水渠的陈庄桥由于冰块的壅塞及碰撞,桥面被推动造成 1 m 多的移位。二是衬砌渠道的破坏,破坏的方式有三种:第一种方式是冰块直接把混凝土板撞坏;第二种方式是冰块与混凝土板冻到一块,冰块往下移动时把混凝土板也带走;第三种方式是冻胀致使渠坡塌方。

(4)冰块阻水。据位山引黄灌区观测资料,当温度达到 -10 ℃ 以下时,渠道行水三两天就可造成冰块阻水,冰层厚度可达 20 cm 至 30 cm。另外,从渠首闸引进的冰块宽度可达 3 m 至 4 m,长度可达 10 m 左右。冰块的存在及运移堆积严重影响水流的正常流动,为维持送水不得不在渠首闸前拦冰,在渠道中采用炸药炸冰、人工捣冰、挖掘机捞冰及船只拖冰等措施。利用多个引黄灌溉闸门和渠道分水,工程分散且总的分水线路长,将要耗费相当大的人力、物力和财力。

(5)闸门的启闭困难。在低温条件下因闸门及闸门槽结冰造成启闭困难,分水前如果渠首闸不能开启就难以将水引出来,分水结束时如果渠首闸不能关闭可能造成淹地问题,渠道上其他闸门亦存在类似问题。位山灌区为保证向天津市供水,在渠首闸专设了 1.5 t 的锅炉作加温用。

第二节　破除冰凌

破冰在历年的防凌斗争中发挥了很大作用。破冰的主要方法有:打冰沟、撒土融冰、破冰船破冰、飞机炸冰、大炮轰冰、炸药包爆破等。

破冰按其对象可分三类:破碎盖面冰、破除冰坝、破碎冰排(大块流冰)。

一、破碎盖面冰

在开河期破除重点河段的冰盖,形成一条溜道,为顺利开河创造有利条件,这就是破碎盖面冰的作用,它是黄河下游防凌破冰工作的基本内容。为防止破冰溜道的冰块流至下游发生卡凌阻水,采取对重点河段打酥、打透的办法,使盖面冰化整为零,烂而不走,而一旦开河水头到达,便可顺势开河。

(一)实施原则

(1)"宽河道不破,窄河道破"。为了保证窄河道安全,避免宽河道破碎的冰块在窄河道发生卡塞,而采取"宽河道不破,窄河道破"的原则。而宽河道即使发生卡塞,因冰水可以绕滩下泄,对堤防威胁较小。

(2)掌握时机,在开河前短时间内突击破冰,这是决定破冰效果的关键。破早了,破而复冻;破晚了,匆忙工作易被动,不能发挥破冰措施的作用。

(3)河道的破除长度要根据上游冰量大小决定,一般应延伸至窄河道下口以下一定距离,以免在窄河道下口附近插冰,卡塞窄河道。

(二)破碎方法:人工炸药包破冰

黄河下游人工炸药包破冰应用硝铵炸药和电雷管,电气起爆比点火起爆具有明显的优点:一是能做到多炮齐爆,增大爆破效果;二是能在距炸药包很远的地方进行爆破,比较安全。目前又试验成功了新型爆破材料和方法,如炸矿2#、乳化炸药和CBD-1型黄河防凌弹。CBD-1型黄河防凌弹是黄委会山东黄河河务局与山东省机械厂研究所20世纪90年代研制的破冰新产品。它可以替代人工"冰上打孔,冰下放药包"的传统方法。其不但破冰速度快,易操作,而且使用安全可靠,是凌汛排险的重要工具。防凌弹主要由穿孔弹、隔爆层、爆破弹三部分组成。其工作原理是,防凌弹在起爆电流的作用下点燃电雷管引爆穿孔弹内的炸药,在爆轰波的作用下压震药罩形成自主爆破片,从中心管内喷射击出,击穿冰层,形成直径30 mm左右的冰孔,随之将爆破弹送到冰盖下。由于爆破弹在隔爆层的保护下不会殉爆,所以爆破弹按设置的延时期,由延时雷管点燃硝铵炸药使爆破弹爆炸,达到破冰的目的。防凌弹在1992年2月曾在内蒙古包头西杨家圪瘩黄河冰面上作过试验,效果较好。1996年2月,利用改进后的防凌弹在黄河下游滨州作试验,效果良好,达到了破冰穿孔送弹的目的。

二、破除冰坝

(一)破除原则

冰坝的形成将大大减小河道排泄冰水的能力,使其上游水位急剧上涨,尤其是在窄河道,会严重威胁堤防安全。因此,必须在冰坝插而未稳时,集中力量破除它。但是,如果冰坝是在宽河道处形成的,在权衡利弊后可以不予破除,使其起到拦冰滞洪的作用,减弱凌洪势头,有利于下游河道安全开河。

(二)破除方法

冰坝破除可以采用人工爆破及大炮轰、飞机炸等方法(见图 9-1、图 9-2),针对要害部位(冰坝的支撑点)全力攻击,或利用冰坝的横向切口(清沟),由下而上连续作业。若结合抽沟引流,效果更好。

图 9-1　人工炸药爆破冰坝

图 9-2　1973 年用大炮炮轰冰坝

大炮轰击采用连续排轰有一定效力,但夜间作业受照明限制,且安装炮位准备时间长,容易贻误时机。可根据历年防凌经验,对可能形成冰坝的河段,预先合理布设炮位,一旦卡凌,及时轰击。

飞机轰炸,不但夜间航行困难,而且受阴、雾、风、雪等恶劣天气的限制,不能随时起飞。

由于下游河道是由堤防护卫的,因此对大炮轰、飞机炸的准确度要求较高,应该确保在轰炸过程中不危及大堤和滩区村庄的安全。所以,过去在破除冰坝时常以人工爆破为主,适当时机结合使用飞机、大炮轰炸。

三、破碎冰排(大块流冰)

冰排可能在横河建筑物(如桥墩等)上游面及窄弯河段处形成卡塞,为保证顺利开河,应在窄弯河段及横河建筑物上游,选择有利地形,投掷手雷、小炸药包,或用大炮轰击,砸碎大块流冰,防止卡塞。在形成冰坝或冰桥的过程中,也可在其上游采取措施砸碎大块流冰,以减轻插塞程度。

第三节　凌情观测与预报

凌情观测是防凌工作的耳目,各级防凌部门应加强冰凌观测的组织和领导,加大观测力度,提高预报水平,为防凌提供准确可靠的冰情观测资料和冰情预报成果。

一、凌情观测

水文、气象直接影响凌情变化,水文、气象观测站、点应加强观测。水文观测项目有水位、流量、冰速、冰厚、水内冰等,由水文站按规范要求进行观测。气象观测项目主要有气温、水温、风向、风力(速),阴、晴、雨、雪等,由水文、水位站和沿黄市、县气象站按规范要求进行观测。

二、凌情预报

随着天气预报水平的提高,凌情预报水平也相应在发展。凌情预报是各级防凌机构指挥防凌工作的重要依据,做好这项工作可增加防凌的预见性和主动性。凌情预报内容有:淌凌日期预报、封河日期预报、开河日期预报等。

第四节　堤防守护

巩固堤防、守护大堤是确保凌汛安全的重要手段。黄河下游两岸大堤,北起孟县中曹坡,南起郑州保合砦,终于山东省利津和垦利县境,北岸大堤长 700 多 km,南岸大堤长 600多 km。这段绵长的千里大堤,约束着历史上经常发生决口改道、南犯江淮、北犯津沽的汹涌黄河。黄河堤防安危,事关下游亿万人民生命财产安全和国家大局稳定。新中国成立以来,强大的防凌大军守护堤防,在历次防凌斗争中发挥了重大作用,保证了下游凌汛自1956 年以来没有决口、改道。

凌汛期要按防大汛的要求建立各级防凌指挥机构和组织,负责了解和掌握水文、气象、凌情、工情变化情况,发布冰情预报,制订防凌方案,进行实时防凌调度,指挥防凌工作。要按时召开各级防凌工作会议,分析年度凌汛形势,布置安排防凌任务。基层防凌部门负责组织发动沿河群众组成防凌抢险队,备好工具、料物、防寒和照明设备。做好冰水偎堤时上堤、巡堤查水、遇险抢护等工作,保证堤防安全。必要时,调人民解放军支援黄河防凌工作。

第五节　建立健全防凌信息化、数字化管理系统

　　防凌信息化、数字化管理是防凌调度成败的关键。正在建设的"数字黄河",为下游防凌工作的统一调度、安全实施提供了有利条件。

　　防凌信息化、数字化管理离不开通信网络、计算机网络。以往利用电话传递信息速度慢,数据既不完整也不准确,给防凌计算分析和防凌决策带来了难度。根据黄委会的规划,黄河计算机网络系统要建立三级网络,即第一级为委机关(包括管理及指挥中心),第二级为直属单位,第三级为各重要信息采集站点。与此同时,还需做好信息处理和软件开发工作,包括冰情观测预报、防凌信息收集处理、防凌调度方案、堤防守护、防灾减灾等内容,建立一套防凌自动化管理的防凌决策支持系统工程,使防凌技术、调度、管理更先进、更科学。

第十章　南展宽区不再作为滞洪区运用分析

第一节　南展宽工程河段防凌能力分析

通过对小浪底水库运用后南展宽工程河段防凌能力分析计算和运用的研究,结论如下。

一、小浪底水库防凌运用后下游防凌形势趋于缓和

(1)小浪底水库运用后,防凌库容增大,下游河道流量调控能力增强。利用小浪底、三门峡水库联合防凌调度,下游河道槽蓄增量将明显减少,降低了黄河下游防凌压力。

(2)小浪底水库运用后,出库水温提高,零温度断面下移,封冻长度变短。模拟结果显示,在小浪底出库水温 4 ℃时,将封河流量控制在 500 m³/s 左右,即使遇到特冷年份,高村以上河段也不会出现封冻,封河上界将下移 200 多 km。根据小浪底水库防凌运用后前 3 年资料,在同等气温条件下,2000～2001 年凌汛期零温度断面下移约 400 km,2002～2003 年凌汛期零温度断面下移约 250 km。

(3)凌汛期下游引黄涵闸引水量呈增多趋势,河道槽蓄增量和径流量相应减少,形成凌汛的动力因素减弱。黄河下游引黄涵闸近百座,设计引水流量达 4 171 m³/s,20 世纪 90 年代凌汛期下游引水已达 13 亿 m³。如果在凌汛开河前及时将产生凌峰的槽蓄水量引出,则可有效减轻凌情威胁。

(4)黄河下游河道近些年主槽淤积,断面几何形态发生变化,出现了河槽高于滩地(二级悬河)的不利局面,相应造成冰塞、冰坝临界流量降低。这种不利因素,可以通过小浪底水库调节流量加以改善。2002 年后黄委会充分利用小浪底、三门峡、万家寨、陆浑、故县水库群进行了四次调水调沙,山东河道从 3 000 m³/s 同流量水位表现来看,各站均较 2002 年调水调沙初期明显降低,平均降低了 0.84 m,其中高村站降低 1.18 m,孙口站降低 0.38 m,艾山站降低 0.88 m,泺口站降低 0.88 m,利津站降低 0.88 m。

(5)小浪底水库运用后,可拦沙 100 亿 t,减少下游河道淤积约 76 亿 t,相当于下游河道 20 年左右的淤积量;碛口、古贤水库修建后可分别减少下游河道淤积 77 亿 t 和 77.5 亿 t,相当于下游河道 40 年的淤积量,加上上中游的水土保持作用,下游河道可以保持一个相当长时期不显著淤积抬高。

(6)由于黄河下游冬季气候有时变化异常,特别是个别年份寒潮入侵,加之下游河道流量受沿黄引(分)水变化影响较大,黄河下游,特别是河口地区窄河段,凌汛开河期仍有出现"武开河",形成冰塞、冰坝,产生凌灾的可能。

二、三门峡、小浪底水库防凌调控方案分析

根据选择的典型年,对不同调控方案进行三门峡、小浪底水库防凌库容运用分析,其

结果表明,在保证下游防凌安全的前提下,无论采用哪种防凌调控方案,多数年份小浪底水库的防凌库容可以满足防凌要求,不需要三门峡水库承担防凌任务;少数年份,两库需联合运用。对于凌汛期来水较丰的年份,如果采用小流量调控方案,则可能导致两水库35 亿 m³ 防凌库容满足不了下游的防凌要求。因此,应避免在丰水年份采用小流量封河调控方案。

三、黄河下游河道凌汛期水流演进分析

对三门峡、小浪底水库不同防凌调度运行方案条件下河道水量的演算表明,凌汛期断面的出流过程与上断面入流过程有很大关系,上断面流量越大,河段形成的槽蓄水量也越多,开河后下断面可能出现的凌峰流量也越大。

一般来水条件下,当小浪底水库按方案 2 调控,即:封河前、封河期、开河期分别按花园口站 500 m³/s、350 m³/s、300 m³/s 控制时,如果封河在高村至夹河滩之间,利津以上河段可形成 2.0 亿 m³ 左右的槽蓄增量,开河后艾山、老徐庄、王庄断面可分别形成 916 m³/s、1 031 m³/s、1 115 m³/s 的凌峰流量,接近使下游可能形成冰坝的流量条件(流量在 1 000 m³/s 以上)。

当来水偏丰时,如果小浪底水库加大凌汛期泄水流量,按方案 1 调控,即:封河前、封河期、开河期分别按凑泄花园口 700 m³/s、500 m³/s、400 m³/s 控制,在封河到夹河滩的情况下,利津以上河段可形成约 3.5 亿 m³ 的槽蓄增量,开河后艾山、老徐庄、王庄断面分别有可能出现 1 710 m³/s、1 832 m³/s、1 919 m³/s 的凌峰,大大超出使下游形成冰坝的流量条件。

在来水偏枯或充分利用水库防凌库容,严格控制小浪底凌汛期下泄流量的情况下,如封河前、封河期、开河期分别按花园口站 400 m³/s、250 m³/s、200 m³/s 控制,此时即使封河到夹河滩,则利津以上河段槽蓄增量也不到 2.0 亿 m³,开河后艾山、老徐庄、王庄出现的凌峰流量都在 1 000 m³/s 以下。

四、冰坝、冰塞是造成黄河下游凌汛威胁的主要冰情现象

(1)冰坝、冰塞是造成黄河下游凌汛威胁的主要冰情现象,封冻期出现严重冰塞的地方,也往往是开河期容易产生冰坝的地方。但二者相比,冰坝形成过程远较冰塞剧烈,其危害也远较冰塞严重得多。

(2)窄河段河弯狭窄处容易产生冰坝,此处形成的冰坝较宽浅河段冰坝的威胁更大。

(3)封冻期槽蓄增量是黄河下游产生冰坝威胁的主要水源。

五、南展宽工程河段防凌能力计算结果

小浪底水库防凌运用后,假定凌汛开河时在容易卡冰阻水的南展宽工程窄河段王庄断面处产生冰坝,出现壅高水位的严重凌情,通过对南展宽工程河段防凌能力的分析计算,其结果如下:

(1)南展宽工程王庄冰坝壅水河段,在不运用南展宽工程分凌滞洪的情况下,依据

2000 年水平大堤设防标准的设防水位,不考虑冰坝壅水河段上游引(分)水影响,在与北展宽工程相同凌汛典型年、防凌调度方案、封河上界等情况下,相应冰坝壅水河段最小防凌剩余库容为 1.23 亿 m³,是全部防凌库容的近 30%;冰坝头部断面最高壅水位低于相应大堤设防水位的最小值为 0.85 m。

(2)综上所述,小浪底水库运用后,南展宽工程河段按遭遇历史上最严重的凌情考虑,在不运用南展宽工程分凌滞洪和不考虑壅水河段上游引(分)水的条件下,黄河下游南展宽工程河段堤防工程,其设防水位(2000 年水平)高于相应冰坝壅水最高水位 0.85 m。

六、黄河下游防凌措施

由于黄河下游防凌的主要威胁是冰坝上游剧增的壅高水位,加之气温和河道边界条件难以人为控制,所以下游防凌措施应以调控河道流量为主,辅以分水、破冰、堤防守护、冰情观测预报及信息化管理等,概括起来主要有 6 个方面:调、分、破、报、防、管。

调——运用小浪底、三门峡水库调控下游河道流量;

分——利用下游沿黄两岸涵闸或滞洪水库(区)分水分凌;

破——使用爆破及破冰船等方法破除盖面冰、冰坝和大块流冰,以利于冰洪下泄;

报——凌情测报,加大观测力度,提高预报水平;

防——堤防和人防,堤防是基础,人防是关键;

管——建立健全防凌通信网络、防凌信息化、数字化管理系统。

第二节　南展宽区不再作为滞洪区运用效益分析

关于南展宽区不再作为滞洪区运用带来的效益,主要考虑经济效益和社会效益两个部分。在计算经济效益时,分别考虑节约工程建设投资、节约工程维修养护资金、减少群众投入时间折算效益以及预测带来的经济发展效益等。

一、经济效益分析

(一)促进区内经济的发展

南展宽区不再作为滞洪区运用后,区内建设可不再受滞洪区建设与管理的限制,地方政府及群众可根据区域经济发展规划和地理位置情况,在区内大力兴办乡村企业和工副业,发展高效养殖业和种植业等,提高群众就业机会,促进区域经济的整体发展。

南展宽区不再作为滞洪区运用,其区内群众随着经济的发展年人均增收比照 2001～2004 年展宽区所在县区农村人均收入与展宽区人均收入之差计算,展宽区群众预计年人均增收不小于 1 500 元,按人均增收 1 500 元考虑,南展宽区群众年增收 5.11 万人×1 500元/人 =7 665 万元,南展宽区合计年增收 1.548 亿元。详见表 10-1。

表 10-1　南展宽区及所属县区农村年人均收入调查　　　　（单位：元）

县区		展宽区年人均收入					展宽区所属县区农村年人均收入				
		2001 年	2002 年	2003 年	2004 年	平均年	2001 年	2002 年	2003 年	2004 年	平均
南展宽区	东营区	1 000	1 167	1 379	1 690	1 309	3 026	3 214	3 530	4 060	3 458
	垦利县	950	1 125	1 316	1 602	1 248	2 726	2 981	3 412	3 986	3 276

（二）节约分泄洪工程建设投资

南展宽区不再作为滞洪区运用后，南展宽区临黄堤向区内分滞洪水的麻湾分洪闸不再需要改建，曹店分洪闸不再需要恢复重建，原设计展宽区外截渗排水沟不再需要开挖。上述减少主要工程项目可节约工程投资 1.6 亿元，具体情况见表 10-2。

表 10-2　节约分泄洪工程投资估算

减少主要工程项目		节约投资（万元）	备注
南展宽区	麻湾分洪闸改建	8 000	设计分凌流量 1 640 m^3/s
	曹店分洪闸恢复	5 000	设计分凌流量 1 090 m^3/s
	截渗排水沟开挖	3 000	长 38.65 km，土方 345 万 m^3，建筑物 38 座
合计		16 000	

（三）节约群众避水村台建设投资

南展宽区不再作为滞洪区运用后，为了解决沿临黄堤村台居住群众的居住拥挤、生产生活不便问题，同时为今后黄河工程的建设与管理创造条件，现沿临黄堤背村台可作为黄河堤防淤背固堤工程的一部分，将沿临黄堤村台居住的群众返迁至区内原村址定居，无需再为他们重修作避水村台，可节约村台建设资金 3.79 亿元。

展宽区兴建时，为了保障区内人口在展宽区运用时的安全，将展宽区群众分别安排在展宽区外和展宽区内靠临黄堤筑台定居。南展宽区内沿临黄堤背村台居住着 73 个自然村 5.11 万人，村台高程为展区内设计水位超高 1 m，村台高度 4.5 m 左右，村台边坡 1:2。若展宽区仍作为滞洪区运用且为这部分群众在展宽区内另行选址继续修作村台避洪，按人均村台面积 70 m^2 计算。经计算，南展宽区人均约需土方 380 m^3。南展宽区需要修作村台土方：5.11 万人×380 m^3 =1 941.8 万 m^3，需投资 1.94 亿元。详见表 10-3。

表 10-3　节约群众避水村台建设投资

区域	减少修作村台土方（万 m^3）	节约修作村台投资（亿元）	备注
南展宽区	1 941.8	1.94	按输沙距离 2～2.5 km 机淤村台计算，加之壤土、黏土包边盖顶，每方土单价 10 元左右

注：淤沙距 2 km 单价 7 元，2.5 km 单价 8 元；包边运距 2 km 单价 17.6 元，2.5 km 单价 19 元；盖顶运距 2 km 单价 11.6 元，2.5 km 单价 13 元。综合单价取 10 元。

（四）节省用于展宽区分泄洪工程的日常维修养护费用，且不必再进行改建加固及设备更新

南展宽区为了有控制地蓄滞洪凌，在临黄堤上端分别建有麻湾分凌分洪闸和曹店分洪放淤闸，在展宽区下端临黄堤上兴建有章丘屋子泄洪闸。麻湾分凌分洪闸的主要任务是分泄凌洪，设计分凌流量 1 640 m³/s；曹店分洪放淤闸（已报废堵复）的主要任务是分洪和放淤造滩，设计分凌流量 1 090 m³/s、放淤流量为 800 m³/s；章丘屋子泄洪闸的任务是当展宽区防洪防凌运用时，将蓄水排回黄河，设计泄水流量 1 530 m³/s。

由于展宽区分滞洪闸建成时间已近 30 年，加之长期以来上级安排维修养护经费严重不足，建筑物自身存在很多问题。有的不仅需要维修养护，还需要更新设备，有的需要改建，详见表 10-4。

表 10-4　南展宽区分洪闸及展宽堤建筑物存在问题情况

建筑物名称	存在的问题	备注
南展宽区临黄堤麻湾分凌分洪闸	原设计防洪水位为 15.56 m，按 2000 年设防标准推算，该闸相应设防水位已达 18.1 m，高出原设计防洪水位 2.54 m；按 2000 年黄河防总颁发的 11 000 m³/s 流量相应水位 17.55 m 计算，高出原设计防洪水位 1.99 m。加之由于该闸建设时间已久，闸室部分混凝土表面严重炭化剥蚀，钢结构部分构件严重锈蚀，该闸已不能安全挡水运用，成为黄河防洪的险点	需要改建
南展宽区章丘屋子泄洪闸	据 1999 年实测大断面资料，临黄一侧黄河河底、滩唇、滩地分别高出闸底板 1.06 m、2.50 m 和 1.20 m，分洪后泄水不畅；闸门钢筋混凝土表面存在不同程度的剥落露筋现象；闸门导轨、门轮锈蚀严重；闸墩下部出现不同程度的冻融破坏，钢筋外露；闸门止水破损漏水严重，启闭机年久老化，已不能使用	需要更新设备和维修

若南展宽区不再作为滞洪区运用，就近期来讲，章丘屋子泄洪闸、曹店分洪放淤闸年可节省维修养护费用 173.67 万元，详见表 10-5。

表 10-5　展宽区分泄洪闸近年安排情况及按新的维修养护定额计算所需费用

闸别	近年计划安排维修养护费用（万元）					按新版定额计算年需维护费（万元）
	2000 年	2001 年	2002 年	2003 年	2004 年	
南展宽区麻湾分凌分洪闸	12.53	9.27	0.00		0.00	54.52
南展宽区章丘屋子泄洪闸	0.00	2.08	11.10		22.00	69.15
南展宽区曹店分洪放淤闸						50.00（估）
合计						173.67

（五）沿临黄堤背村台居住的群众返回原址居住节省的时间及费用

沿临黄堤背村台居住的群众返回区内原村址定居后，由于本村耕地多在老村址周围，土地耕种收割就无需像目前这样多走路途及上下村台,可节省时间及费用。

修建南展宽工程以后,区内群众由区内迁往临黄堤背村台和展宽区外沿展宽堤居住,他们去原村土地耕种收割一般较搬迁前远1~2 km,最远的山后陈村较搬迁前远6 km,还需爬越避水村台或展宽大堤,加之道路状况较差,逢雨雪天气,道路泥泞,上坡下坡更是困难。按采用胶轮车运送货物,每天上午、下午两次出工计算,每个劳动力每天花费在增加路途上的时间为1 h以上,路途的增加给群众带来很大不便。

参与展宽区内农业种植的劳动力按展宽区人口总数的40%计,人均年种植业出工按年内天数的30%计,每天减少收入按2元计,则每人每天减少收入2元。展宽区内村台及沿展宽区居住群众每年浪费在路途上增加的费用合计为825.90万元。其中:

$W_{北展齐河}$ = (1.643万人 + 0.878万人) × 40% × 365 d × 30% × 2元/(d·人) = 220.84万元

$W_{北展天桥}$ = (1.242万人 + 0.635万人) × 40% × 365 d × 30% × 2元/(d·人) = 164.43万元

$W_{南展垦利}$ = (3.106万人 + 0.746万人) × 40% × 365 d × 30% × 2元/(d·人) = 337.44万元

$W_{南展东营}$ = (1.178万人 + 0.000万人) × 40% × 365 d × 30% × 2元/(d·人) = 103.19万元

若南展宽区不再作为滞洪区运用,沿临黄堤背村台居住的群众返回区内原村址定居,由于本村耕地多在老村址周围,土地耕种收割不必像目前这样远距离跋涉和上下村台及翻越大堤,每年可节省路途时间412.95万人小时,若节省的时间用于其他工作可年增收825.90万元。

二、社会效益分析

(1)有利于区内建设和区内的永久建筑物安全。地方政府及群众可根据区域经济发展规划和地理位置情况,在区内兴建文教卫生设施、商业网点、游乐场所等基础设施,可提高区内群众生活质量。展宽区内修建的重要基础设施,如南展东张水库、利津黄河大桥、胜利油田油井等,不再受洪水的威胁。

(2)有利于区内村庄精神文明的建设。村台拥挤不仅造成了群众居住困难,男青年找对象困难,而且引发邻里之间、婆媳之间的矛盾,吵架斗殴现象时有发生。群众在老村址定居以后,宅基地相对宽余,国家再帮助群众改善生产生活条件,这样,可减少或避免因居住拥挤出现的群众打架斗殴现象,有利于创建文明和谐社会。

(3)有利于黄河工程的管护。沿临黄堤背村台居住的群众挤占了黄河堤防及管护区域,若这部分群众返回原村址定居,原村台区域可作为黄河工程的一部分,便于对达不到淤背标准的村台按放淤固堤标准进行加高淤至设计标准,可大大减少群众在黄河工程管护区抛掷杂物、破坏堤防等现象,有利于黄河防洪工程建设、管理和防汛抢险等工作。

(4)区内原居住群众不再担心滞洪运用和临时外迁。展宽区不再作为滞洪区运用后,目前已经在展宽区内老村址居住的0.81万群众可不必担心滞洪运用和临时外迁,可安心地居住和生活。

(5)可消除展宽区内群众村台面积小,土地耕种、施肥、管理、收割路途远,生产生活不便的困难局面。

三、其他效益分析

若结合展宽工程修建水库,存蓄黄河淡水资源,发展水产养殖、旅游观光或水产养殖等产业,不仅可以缓解黄河下游缺水状况,而且还可以改善周边地区生态环境。

南展宽区可以再将部分区域建成水库,蓄存黄河淡水,解决东营市淡水资源短缺问题,用于周边区域人畜吃水、农业灌溉、水产养殖和工业发展,同时改善了这一地区的生态环境。

第三节　南展宽区不再作为滞洪区运用风险分析

由于南展宽工程是为解决东营市麻湾至利津王庄险工窄河段的凌汛威胁而建的,若不再作为滞洪区运用,存在的主要风险是南展宽区河段凌汛期防凌风险。

关于南展宽工程河段防凌能力,已在第七章进行了分析,从表7-18中可看出,特别严重凌汛典型年1954~1955年、封河上界至夹河滩为小浪底水库防凌运用最不利调度方案,采用南展宽工程现设计参数及原设计参数,用调洪计算及水量平衡计算两种方法进行水文水力计算,结论为:

采用现设计参数,南展宽工程王庄冰坝壅水河段最大壅水量为1.95亿~3.08亿 m^3,为冰坝头部大堤设防水位下防凌库容(4.31亿 m^3)的45.2%~71.5%,而抗风险库容(剩余库容)为1.23亿~2.37亿 m^3,为防凌库容的28.5%~54.9%,冰坝头部断面最高壅水位低于相应大堤设防水位0.85~1.66 m;采用原设计参数,冰坝壅水河段最大壅水量为2.34亿~2.35亿 m^3,为防凌库容(3.59亿 m^3)的65.2%~65.5%,而抗风险库容(剩余库容)为1.24亿~1.25亿 m^3,为防凌库容的34.5%~34.8%,冰坝头部断面最高壅水位低于相应大堤设防水位0.93~1.00 m。

在本章第一节南展宽工程河段防凌能力分析结论中也已表述清楚,利用三门峡、小浪底水库防凌运用,加上分水、破冰等措施,可解除黄河下游凌汛威胁,南展宽工程可不作为分凌滞洪区运用。

由以上分析得知,南展宽工程河段即使在上述最不利凌汛情况下,冰坝壅水河段最大壅水量占冰坝头部大堤设防水位下防凌库容的比例≤71.5%,抗风险库容≥28.5%,说明当前对应南展宽工程河段具有较强的防凌抗风险能力。除此之外,在凌汛严重时还可辅以分水分凌、破除冰凌、冰情观测和预报、堤防守护及防凌信息化管理等防凌措施,从而进一步增强南展宽工程所处河段在凌汛期的安全。

第四节　南展宽区防凌功能被取消

综上所述,小浪底水库运用后,利用三门峡、小浪底水库防凌运用,南展宽工程河段按遭遇历史上最严重的凌情考虑,在不运用南展宽工程分凌滞洪和不考虑壅水河段上游引(分)水的条件下,黄河下游南展宽工程河段堤防工程设防水位(2000年水平,下同)高于相应冰坝壅水最高水位 0.85 m,抗风险库容为冰坝头部大堤设防水位下防凌库容的 28.5%以上,具有较大的安全空间。加上分水、破冰等措施,可基本解除黄河下游凌汛威胁,故南展宽工程可不再作为分凌滞洪区运用。

南展宽区不再作为分凌滞洪区运用,不仅可节约国家大量的资金投入,产生巨大的经济效益、社会效益,而且可以创造条件较好地解决黄河下游相关河段黄河防洪工程建设与管理方面存在的问题,较好地解决区内群众生产生活方面存在的问题,促进区内基础设施的建设和社会经济的全面发展。2008 年 7 月,国务院在批复的《黄河流域防洪规划》中,做出"大功、南展宽区、北展宽区 3 个蓄滞洪区防洪防凌运用几率稀少,予以取消"的规定。

第三编　黄河南展宽工程的利用规划

第十一章　展区自然环境与经济社会发展现状

第一节　自然环境

　　黄河南展宽区位于山东省东营市东营区西部,东营区、垦利县和利津县的交界位置,是由黄河右岸大堤和黄河南展大堤合围构成的梭形狭长地带,西依黄河呈西南东北方向分布,东北端坐标(118°31′E,37°37′N),西南端坐标(118°12′E,37°21′N)。展区总面积123.3 km²,加上可作为农民部分收入来源的河滩地,展区控制总面积126 km²。南展大堤东北西南方向总长度约38.65 km,与临黄大堤之间的最大距离约6 km,平均距离3.5 km。

　　一、地形地貌

　　(一)地形

　　整体来看,黄河南展宽区在东营市范围地势较高。展区顺河方向为西南高、东北低,背河方向近河高、远河低,背河自然比降为1:7 000。黄河沿岸、龙居镇的西南部、董集乡东北部、胜坨镇西南部的海拔在15~20 m,其余地区海拔在10~15 m。地表经由当地居民开发垦殖,形成了平地、岗、坡、洼地相间排列的复杂微地貌。

　　(二)土壤

　　展区土壤以潮土、盐土为主,其次是褐土,少量砂姜黑土和水稻土。按表层质地可划分为沙壤土、轻壤土、中壤土、重壤土和黏土。土壤缺乏有机质,普遍缺氮,严重缺磷,氮磷比例失调,钾较丰富。受黄河来水的影响,展区土地基本无盐碱化现象,总体营养成分较东营北部地方为好,只在展区东北部存在微盐碱地带,面积小于3 km²。

　　(三)植被

　　展区属暖温带落叶林区,植被受水分土壤含盐量、潜水位与矿化度和地貌类型的制约,类型少、结构简单、组成单纯。区内无地带性植被类型,主要乔木包括杨、柳、桑树、榆树、刺槐等,覆盖率在10%左右。夏季的农作物主要有棉花、玉米、花生、西瓜等,夏季区内植被覆盖率可达85%以上。

二、工程地质条件

(一)天然地基承载力

展区天然地基承载力通常在 100 kPa 左右,由于受深层地貌的影响,局部地区存在稍微的差异,最高为 120 kPa,位于胜坨镇胜采十九队,最低为 80 kPa,位于董集乡黄河大堤赵家滩部位。总体来看,展区地基承载力适中,宜于建造重型建筑地基。

(二)地震等级

展区地质环境质量基本分为两种类型,龙居镇北部和董集乡南部交接地带以及胜坨镇北部(宁海周围)属地震烈度六度区,天然地基承载力为 100~120 kPa,区内无软土、地方病、地下淡水,远离海岸,地下水质量差,基本无液化沙土和盐碱化;其余地带为地震烈度 7 度区,地质条件相对较好。

三、河流

黄河在该区域北侧流过,沿展区河道长度约 40 km,是为展区提供淡水来源的主要河道。黄河径流量有年际变化大、年内分配不均、含沙量大等特点。据利津水文站 1952~2004 年实测资料,黄河径流量年均 315.27 亿 m³,最大 973.1 亿 m³(1964 年),最小 18.61 亿 m³(1997 年);流量最大为 10 400 m³/s(1958 年),最小为断流干河;输沙量年均 7.89 亿 t,最大 21 亿 t(1958 年),最小 0.16 亿 t(1997 年);含沙量多年平均 24.96 kg/m³,年均最大 1959 年为 48 kg/m³,1973 年 9 月 7 日出现含沙量极高值 222 kg/m³,年均最小 1987 年为 8.84 kg/m³。

黄河水质较好,含肥丰富,经利津站化验测定:酸碱度(pH 值)为 8~8.3,矿化度一般为 0.3~0.4 g/L,总硬度为 3~6 mg/L,适合城乡生活用水和工业、农业用水标准要求。多年平均每吨泥沙中含氮 0.8~1.5 kg,含钾 2 kg,含磷 1.5 kg,是引黄灌溉的天然肥源。上中游不少城市、工矿企业废水污水排入黄河,对黄河水质有一定的污染,但经过数千千米的降解和稀释,流至展区位置时,基本符合国家规定的地表水Ⅱ类和Ⅲ类标准。

过去展区发生黄河灾害,一方面是由于堤防薄弱,另一方面则是由于该区段河道狭窄,夏秋不利于行洪,冬春容易卡凌。但自 20 世纪 90 年代后,黄河年径流量偏少,多次出现断流,而且近年来,黄河中下游的水利工程对黄河水流的调控功能日趋完善,展区出现溢洪和卡凌危害安全的可能已经不复存在。

四、气象

黄河南展宽区属暖温带半湿润半干旱大陆性季风气候,主要气候特点是:季风影响显著,四季分明,冷热干湿界限明显,春季干旱多风回暖快,夏季炎热多雨,秋季凉爽多晴天,冬季寒冷少雪多干燥。

(一)气温

据各县区气象站多年气象资料统计,展区历年平均气温 12.3 ℃,年极端最高温度 41.9 ℃,极端最低温度 -23.3 ℃,历年平均月最高温度 26.3 ℃,月最低温度 -3.9 ℃。历年平均出现日期,初霜为 11 月 2 日左右,终霜一般在 3 月 30 日左右,无霜期历年平均

216 d,最长的年份为 262 d,最短的年份为 173 d。

(二)降水

黄河南展宽区属少雨地区,年均降雨量 556 mm,年际变化大,最多的 1990 年为 968.1 mm,最少的 1992 年为 358.4 mm。四季分配不均,春季(3~5月)平均降雨量 74.5 mm,占年均降雨量的 13.4%,仅能满足小麦需求量的 1/3 和春播需水量的 1/2;夏季(6~8月)平均降雨量 364.5 mm,占年均降雨量的 65.6%,多数年份能满足作物对水分的需要,且与夏热吻合,有利于作物生长,但由于年际变化大,分布不均匀,时有旱涝发生;秋季(9~11月)平均降雨量 96.5 mm,占年均降雨量的 17.4%,降雨量较少且多集中在早秋,故晚秋多旱;冬季(12~2月)平均降雨量 20.7 mm,仅占年均降雨量的 3.7%。该地区旱涝灾害具有年内年际交替出现的特点,且旱灾发生的年份多于涝灾发生的年份,以春旱发生的年份居多,在 1949~2004 年 55 年中,旱年频率为 22.2%,每 4.5 年一遇,涝年频率为 18.8%,每 5.3 年一遇。春旱尤其多,频率为 55.6%,平均不到 2 年一遇;夏季旱、涝灾害频率为 66.7%,3 年两遇,秋季旱、涝灾害频率为 61.6%,旱多于涝。总的规律是春旱,夏涝,秋冬又旱,交替出现,旱多于涝。

(三)蒸发

据多年蒸发资料,年平均蒸发量为 1 848.5 mm,最大年份蒸发量为 2 246.3 mm(1981年),最小年份蒸发量为 1 470.3 mm(1991 年),年平均蒸发量为年平均降雨量的 3.3 倍。

(四)风向、风速

南展宽区处在我国东部沿海季风盛行区内,历年出现过的最大风速为 32 m/s,大风日多出现在 3、4、5 月份。全年春季多南、南东风,夏季多东、东南风,秋季多南、南东风和西南、西风,冬季多西北风。

(五)光照

南展宽区内光能源充足,多年平均日照时数 2 657.5 h,年均日照率 59.9%,年均太阳辐射总量 139.7 kcal/cm²,高于全省平均值。太阳总辐射和日照时数的年内分布规律基本一致,多集中于农作物生长发育期间,特别是 5、6 月份光照时间最长,分别达到 277.9 h 和 261.7 h,总辐射量也高,在农业上,对小麦的扬花灌浆、春播作物生长极为有利,但 7、8 月份日照时数则明显减少,这对喜光喜热的棉花、玉米等作物有一定的不良影响。

(六)冻土

东营市最大冻土深度为 60 cm,出现于 1968 年 3 月 3 日至 5 日,发生在利津县。南展宽区距离黄河较近,受黄河水和两条大堤的影响,最大冻土深度仅为 36 cm。

五、自然资源

本区内自然资源主要是石油、天然气和土地资源。

南展宽区内有油井 117 口,其中胜利采油厂 112 口,大明采油公司 5 口,资产总值 23 400 万元,日产原油达 1 170 t。至今,黄河南展宽区仍然是胜利油田石油天然气产量稳定的地区之一。

(一)展区土地利用现状

展区内土地按权属类型可分为国有土地和集体土地两种,集体土地主要是指村集体所有土地,包括住房、村内道路、耕地等;国有土地主要包括大型干渠、临黄大堤、南展大堤、主要水域和道路等。按土地使用性质,展区内土地又可以分为农业用地、居民建设用地、水域、林地、道路用地等。目前,展区内土地主要以集体用地为主,其中,农业用地占较大份额,其次是房屋建筑用地、林地。国有土地主要是水域和道路,水域主要包括广利河、虹吸沟、六干河、六干排以及胜干河等引黄工程区及其水系,还有东张水库、胜利油田10号水库等。从区内土地利用分布状况来看,耕地从沿着临黄大堤分布的房台南部延伸至黄河南展大堤,另外,临黄大堤内侧的滩区土地也是展区群众收入来源的重要组成部分;建筑物主要沿着临黄大堤分布,展区内基本无村庄;林地主要沿临黄大堤、南展大堤、展区内交通道路、生产道路以灌排水系两侧分布;区内道路主要包括东西走向的临黄大堤和南展大堤,以及基本呈南北走向的一条省道、六条县级公路、四条乡镇公路。展区规划与开发涉及大面积的土地权益调整,根据《中华人民共和国土地管理法》规定,占用任何土地都应按照相关规定交纳土地使用补偿费用(见图2-1)。

展区内不同类型土地面积及其所占比例见表11-1。

表11-1　土地利用现状

土地利用类型	面积(km^2)	百分比(%)
农田	54.67	43.37
林地及其他(含道路)	45.22	35.87
水域	16.56	13.14
建筑用地	9.60	7.62
合计	126.05	100.00

(二)土地适宜性评价

对展区进行总体规划,必须首先进行土地适宜性评价。选择展区土地适宜性评价因子时,基于对如下因素的考虑:一是对于黄河南展宽区这样一个区域来说,大的地貌类型是一致的,研究区的地貌类型应归为平原类;二是南展宽区内存在岗、坡、洼相间的微地貌类型,微地貌类型不同的土地的适宜性并不一致,有必要选择微地貌类型;三是不同海拔高度的地区的适宜性亦不一致,在进行土地适宜评价或土地生产潜力评估时常以海拔作为评价标准。通过对上述因素的考虑和对展区的自然条件、社会经济的综合调查,并考虑展区的具体情况和实测资料,提取地貌类型、海拔、土壤质地、全氮、含盐量、地下水埋深、地下水矿化度、引黄量等8个指标,组成土地适宜性指标体系。

根据已有的地理信息数据层以及新的遥感影像资料提取的数据进行土地适宜性综合评价,构造综合评价模型,对各指标分类打分。

通过层次分析法确定了各个指标的相对权重,用综合评价模型计算各个单元的综合指数。参考土地分等定级的标准以及相关资料确定划分适宜类等级的阈值,最终完成黄河南展宽区的土地适宜性综合评价。

展区各类等土地的适宜性,总体来看,黄河南展宽区土地整体适宜农、林、牧、渔产业,尤其是传统种植业有较大优势。但是,二等、三等适宜性土地面积占整个区域的较大部分,土地利用总体效率不高,土地潜力有待进一步挖掘,有必要对展区土地进行规划与整理,以优化灌排体系,提高土地质量,实现较高的土地利用效率,同时进行生活区的基础设施建设,营造良好的人居和发展环境。

同时,通过上述分析可以看出,每一个景观单元都有多种适宜性,如某一单元,它既是一等宜农又是一等宜牧。在实际的规划时应根据土地改造的可能性和成本效益等多种因素,在保障耕地的前提下,合理选择林、牧、渔用地,逐步建成高产稳产良性循环的农业生产基地。

第二节　村镇与人口分布及构成

黄河南展宽区内现涉及2个县区4个乡镇,分别是东营区龙居镇,垦利县胜坨镇、董集乡、垦利镇,共涉及行政村84个。展区内大堤共涉及行政村76个,另有8个村已经迁至展区外大堤,但仍在此次规划范围之内。

涉及房台和村庄布局规划的共76个行政村,其中东营区20个,垦利县56个。东营区20个行政村共有居民3 332户11 728人,房台总面积107.68 hm²,户均用地面积0.032 hm²;垦利县56个行政村共有居民10 202户41 126人,房台总面积252.26 hm²(公用地面积70.65 hm²),户均用地面积0.025 hm²。各镇涉及房台改造的行政村具体情况如下。

一、龙居镇

展区内共涉及村庄20个:麻一、麻二、麻三、小麻湾、董王、圈张、林家、陈家、老于、王家、刘家、三里、北李、谢何、曹店、蒋家、吕家、打渔张、赵家、小杨。区内人口构成情况见表11-2。

表11-2　龙居镇人口构成情况

项目	类别	数量(人)	百分比(%)
人口结构	人口总数	11 728	100
	男性人口	5 852	49.9
	女性人口	5 876	50.1
各年龄段人口数	18(周岁)以下	2 463	22.5
	19~40(周岁)	3 160	26.9
	41~60(周岁)	4 700	40.0
	60(周岁)以上	1 225	10.6
人口学历构成	大学	821	7
	中学	4 691	40
	小学	5 278	45
	文盲	938	8
外出务工情况	务工人口	1 876	16

二、董集乡

董集乡南展宽区规划房台改造 20 个行政村,包括七井、东韩、大王、小王、石家、郑家、邱家、崔家、北范、小街、东范、南范、宋王、杨庙、后许、前许、新李、西韩、罗家和大户,共 8 462 人。房台面积 73.2 hm^2,其中公用地面积 17.33 hm^2。区内人口构成情况见表 11-3。

表 11-3 董集乡人口构成情况

项目	类别	数量(人)	百分比(%)
人口结构	人口总数	8 462	100
	男性人口	4 409	52.1
	女性人口	4 053	47.9
各年龄段人口数	18(周岁)以下	2 234	26.4
	19~40(周岁)	2 919	34.5
	41~60(周岁)	2 158	25.5
	60(周岁)以上	1 151	13.6
人口学历构成	大学	313	3.7
	中学	4 307	50.9
	小学	3 224	38.1
	文盲	618	7.3
外出务工情况	务工人口	1 303	15.4

三、胜坨镇

胜坨镇南展宽区涉及 35 个行政村,包括大白、梅家、卞家、许家、吴家、林子、徐王、佛头寺、小白、棘刘、苏刘、新张、小张、大张、陈家、胥家、宋家、海西、王院、前彩、西街、后彩、辛庄、三佛殿、常家、路家、周家、寿合、张东、张西、苏家、丁家、花台、义和和海东,总人口 32 386 人。现有房台面积 177.73 hm^2,其中公用地面积 53 hm^2。区内人口构成情况见表 11-4。

表 11-4 胜坨镇人口构成情况

项目	类别	数量(人)	百分比(%)
人口结构	人口总数	32 386	100
	男性人口	16 296	50.3
	女性人口	16 090	49.7

续表 11-4

项目	类别	数量(人)	百分比(%)
各年龄段人口数	18(周岁)以下	7 033	21.7
	19~40(周岁)	6 260	19.3
	41~60(周岁)	13 006	40.2
	60(周岁)以上	6 087	18.8
人口学历构成	大学	1 295	4.0
	中学	18 137	56.0
	小学	9 716	30.0
	文盲	3 238	10.0
外出务工情况	务工人口	5 829	18

四、垦利镇

垦利镇西尚村位于黄河南展宽区内最东端,北靠黄河大坝,南临油田水库,三面环水。全村现有 90 户 278 人,房台面积 1.33 hm²,公用地面积 0.32 hm²。区内人口构成情况见表 11-5。

表 11-5　垦利镇人口构成情况

项目	类别	数量(人)	百分比(%)
人口结构	人口总数	278	100
	男性人口	123	44.2
	女性人口	155	55.8
各年龄段人口数	18(周岁)以下	65	23.4
	19~40(周岁)	79	28.4
	41~60(周岁)	94	33.8
	60(周岁)以上	40	14.4
人口学历构成	大学	8	3
	中学	125	45
	小学	125	45
	文盲	20	7
外出务工情况	务工人口	16	5.8

第三节　基础设施现状

自大堤修筑和群众搬迁之后展区形成,展区群众一直居住在淤筑的房台上。居住面积狭小,区内及对外交通不便,水利设施欠缺或损毁,是造成展区经济发展滞后的主要原因。

一、住房条件

按照当初展区规划时国家的政策,南展宽区内的居民只被允许在淤筑的房台上建房,展区形成时人均房台面积45 m²。随着30多年来人口增长和公用设施的不断建设,区内村庄人均居住面积逐年减少,宅基地狭小,住房紧张问题异常突出。目前,现有房台总面积359.94 hm²(东营区107.68 hm²,垦利县252.26 hm²),户均房台面积0.025 hm²,人均居住面积仅为9.7 m²,大大低于20.8 m²的东营市平均水平。今后,随着展区人口的增多,居住密度会越来越大。此外,由于院落狭小,群众沿黄河大堤堆垛晒场、倾倒垃圾,使黄河防洪工程遭受破坏,削弱了工程的抗洪强度。

二、道路、交通

展区内的公路密度非常小,目前经过展区的省道仅有一条,即S220(东郑路)。S220由龙居乡向西进入展区,经利津大桥向西接滨州市,展区内长度约5 km。经过展区的县级公路有6条,一条自麻湾分凌分洪闸经龙居、史口至东营区,展区内长度约36 km;一条是永莘路,由董集乡向西进入展区,经利津黄河大桥,向西进入滨州境内;一条位于龙居镇,自圈张至小杨村,全长4.5 km;一条位于董集乡,自南范至大户,全长6 km;另外两条位于胜坨镇,其一自路家至胜采十队和胜采十九队,全长14 km,其二自宁家至胜坨镇,全长8 km。展区对外交通依赖于临黄大堤,由于容易和防凌、防汛、工程管理发生冲突,不但利用不便,雨季时甚至影响到汛期抢险交通。

三、水利

展区总体地势较高,内部无较大天然河流,原有水系因修建展区被彻底破坏。现有水系由黄河引水干渠和田间灌排渠道构成。展区内大堤上共建有分洪闸五个,其中位于龙居镇的有三个,分别是麻湾分凌分洪闸、小麻湾分洪闸和蒋家分洪闸;位于胜坨镇的有一个,即徐王的六干排分洪闸;位于垦利镇的分洪闸一个,即西尚分洪闸。区内自黄河引水的干渠主要包括麻湾总干渠、曹店干渠、胜利干渠和路东干渠等,经常出现"旱难浇、涝难排"现象。

四、供水、供电

供水方面,目前展区内已经实现了自来水入户工程,垦利县部分由垦利县第二自来水公司供水,龙居镇由东营区自来水公司供水。自来水供水水压稳定,无间隔,为展区群众的生活用水提供了便利,同时也为展区群众的身体健康提供了保障。但是由于现有水管线的铺设并未考虑展区的重新规划问题,尚需进行较大规模的工程建设和改造,将高标准、高质量的供水管线铺设至新淤筑的房台。电力方面,目前展区村庄使用的高低压线路均为三级电力设备,现有线路总长度超过 200 km,主要线路是在 20 世纪 70 年代末展区搬迁时安装的,有些区段至今已经使用 30 年,严重老化,存在着极大的安全隐患,亟需进行整改,建设一级供电线路,以保障展区重新规划后的电力供应。

第四节　经济社会发展现状

南展宽工程完成后,早在 1980 年国民经济调整时期,国家计委就将其确定为缓建项目,建设尾工项目亦停止建设。有关群众生产、生活的截渗排水和恢复生产等项目未能如期完成;南展大堤上灌排涵闸初建规模小,灌排能力不足;房台窄小,住房紧张;自流放淤造滩等远期规划未实现;工程管理经费未按《蓄滞区运用补偿暂行办法》落实,造成群众的生产落后、生活困苦。按照当初工程要求,南展大堤建成后,展区村庄均需迁至临黄大堤房台上。展区内群众无私地奉献出了土地,离开了家园,全部搬迁到了划定的临黄大堤狭小房台上居住,并为展区建设投入了大量的人力、物力、财力。但受展区制约,30 年来,该区群众收入水平、生活水平以及经济增长速度长期以来一直低于其他地区,至今仍停留在 20 世纪 70 年代的水平。生产多以农作物种植、劳务输出和畜牧养殖为主。年人均纯收入大大低于全市平均水平,至今未通上自来水。经济发展的滞后,制约了农村各项工作的开展,道路交通、文化教育、医疗卫生等社会公益事业落后,展区内水、电、路、讯等基础设施均不完善,经济社会发展长期处于落后状态,与展区外部存在着较大差距,展区群众已经成为全市最为贫穷落后的弱势群体。群众对废除黄河南展堤、解除展区政策性约束的呼声越来越高,主要表现在以下几个方面。

一、经济发展落后

南展宽区(包括展区内外)涉及东营区龙居镇和垦利县董集乡、胜坨镇、垦利镇 2 个县区 4 个乡镇 84 个行政村(东营区 20 个村,垦利县 64 个村)15 610 户(东营区 3 332 户,垦利县12 278户)56 331 人(东营区 11 728 人,垦利县 44 603 人)。展区控制总面积 126 km²(东营区 30 km²,垦利县 96 km²),其中耕地面积 0.61 万 hm²(东营区 0.15 万 hm²,垦利县 0.46 万 hm²),现有房台总面积 421.52 hm²(东营区 107.68 hm²,垦利县 313.84 hm²),户均房台面积 0.025 hm²。南展宽区内有油井 117 口,资产值 23 400 万元;日产原油 1 170 t;各种输变电线路、设施(线路 135 km、变压器 117 台)及其他零星设施价值 450 万元。农民在展区内的住房和其他经营性固定资产 29 539 万元。其中包括房屋 35 357 间。集体财产,包括学校、乡镇企业等固定资产 4 193 万元。农业基础设施,包括灌排渠道和斗门等价值 850 万元。区内公路 53 km,价值约 1.2 亿元。

作为黄河蓄滞洪区,展区内不允许兴建较大型水利工程和工业项目,生产方式单一,二、三产业发展受到空间限制,群众收入渠道狭窄。同时,由于展区耕地少,农业主要依靠农作物种植,收入增长缓慢,大大低于其他地区群众收入平均水平。2006 年,展区农民人均纯收入 4 141 元,比东营市平均水平低 1 016 元,其中,东营区展区农民人均纯收入

4 168元,低于全区平均水平 1 025 元,低于东营市平均水平 989 元。垦利县展区农民人均纯收入 4 134 元,低于全县平均水平 867 元,低于东营市平均水平 1 023 元。

二、群众居住条件差,地域封闭,群众思想保守

展区形成时人均房台面积 45 m^2。30 多年来,随着人口增长和公用设施的不断建设,区内村庄人均居住面积逐年减少,宅基地狭小,住房紧张问题异常突出。目前,人均居住面积仅为 9.7 m^2,大大低于 30.5 m^2 的东营市农民人均居住面积。有的户一家三代 10 余人居住在一个庭院内,相当多的农户人畜共居一处,既不便于生活,又容易引发各类疾病。今后,随着展区人口的增多,居住密度会越来越大。还有 8 个村庄的 5 332 人只好迁入展区旧村址建房,这给分凌分洪造成了障碍;由于展区村台紧靠临黄大堤,造成大量柴草、垃圾等堆积在大堤堤坡上,摆摊、摊晒等活动时有发生,给黄河工程管理带来了很大困难。

受展区地域条件制约,区内群众长期接受一切服从于防洪的教育,奋发进取的思想受到束缚,观念趋于保守。近几年来,虽然在乡镇党委、政府的积极扶持下,展区养殖业有所发展,但因缺少宅基地,扩大畜牧养殖业的空间受限,环境卫生难于维持,使该产业一直处于自生自灭的自然发展阶段。

三、基础设施建设严重滞后

展区内群众收入主要依靠农作物种植、畜牧养殖和劳务输出,生产方式单一。水是制约农业发展的主要因素之一,展区农业用水全部依靠黄河水源和自然降雨,近几年虽然修建了曹店、麻湾、胜利、路庄等引黄闸及配套设施,基本解决了区内农田灌溉问题。但排水问题一直没有得到有效解决,经常发生涝灾,导致土地盐碱化,农业产量长期低而不稳,致使展区经济发展缓慢,群众收入与展区外的农民收入差距日趋拉大。

展区交通条件十分不便。由于区域位置偏僻,长期以来交通条件较差,与外界信息、物资交流很不畅通。展区内的生产道路仅有三条,公路密度非常小,交通主要依靠临黄大堤,不能实现各村之间及各村与展区外城镇之间的便利交通,居民出入不便,雨季时甚至影响了汛期抢险交通。另一方面,各村房台狭小,各村群众目前仍主要使用牛、驴等畜力车和人力推车,一些好的经营项目根本无法落实,极大地限制了展区二、三产业的发展。

四、产业发展缓慢

展区既是黄河汛期洪水行洪、滞洪、沉沙的区域,又是展区群众赖以生存、生产的场所。展区内第一产业受制于气候和黄河,土地多为沙土地和盐碱地,受资金制约,滩区内土地长期得不到综合治理,水利设施不配套。同时,由于展区内信息相对闭塞,群众科技水平差,还是沿用传统的耕作方式,许多新科技、新技术难以推广应用,农业结构仍处于粗放型的自然经济状态。展区内由于受自然条件所限,水、路、电和通信等基本设施建设落后,在产业布局和项目规划上受到制约,除油田矿区外,很少有其他乡镇企业,二、三产业基本属于空白状态,展区内群众经济来源主要依靠农业和外出务工。

五、村级公益设施严重滞后

东营市近年来一直大力实施城乡统筹发展的政策,城乡一体化发展走在了全省甚至全国的前列。由于展区群众居住分散,交通条件差,村镇体系规划难以实施。因此,在推进展区城乡一体化,加快村镇建设,改善农民生产生活条件方面存在较大困难,致使展区在社会事业方面远远落后于展区外。目前,由于经济的发展迟缓导致一系列的连锁反应,各项社会事业远远落后于展区外。

由于房台建设用土等原因,房台外侧坑塘密布,均被村民开发成鱼塘、苇塘或藕池,给房台增宽造成障碍。展区内因排水不畅,河水渗压,土地碱化严重,农业生产条件不断恶化。加之展区道路建设受限,交通不便,工商业发展条件差,居民生活水平低下,多年来人民群众上访不断,市、县人大代表多次提案,要求扩建房台,改善居住生活环境和生产条件,地方政府也做了大量工作,虽经各方努力,但受条件所限,改观不大。

展区内面积狭小,村庄人口较为密集,而且所有村都是典型的纯农业村。受制于土地及交通、信息等各方面的制约,二、三产业难以实现发展和突破,随着农业税的取消,村集体收入只能依靠上级财政的转移支付,只够应付日常办公及"两委"的工资,根本无力进行大的公益设施投入,造成目前大部分村庄的社会公益基础设施不完善,严重制约了文教、卫生等公益事业的发展,展区构建和谐社会的难度大。

六、展区形势不利于防洪工程管理

展区内由于经济社会发展的特殊状况,在防洪能力上较弱。一是居住分散,宅基抗御洪水能力较差。黄河最下游滩区居住的人口,平均每平方千米不足30人。一旦发生洪灾,各村孤立,届时四处告急,处境可以想象。近年来,随着经济社会的发展,农民生活条件有所改善,部分农户在村外另垫新台建造新房,但大部分都处在偏僻孤立的位置,洪水漫滩后,难以抵御,危险系数很大。二是无防汛专用路,展区内公路稀少,标准很低,如遇黄河汛期,由于无通往河道的交通路,防汛人员、车辆和物资无法按时到达,延误了防汛时机,将给黄河和展区人民生命安全带来极大威胁。同时,展区内几乎没有大型交通运输工具,也给防洪撤退带来困难。三是可用劳力少。由于生产结构单一,大约占劳动力总数一半的农民常年外出务工,给迁安救护工作带来一定困难。四是生产堤问题严重。滩区随河道的演变而变化,洪水灾害频繁。为维持生计,下游滩区群众普遍修建了生产堤,黄河水漫滩的机会相对减少。但也使泥沙大部分淤积在生产堤以内的主河槽内,河槽逐年抬高,行洪河道束窄,主河槽淤积严重,逐渐形成了"二级悬河",生产堤的危害性越来越明显。

七、展区构建和谐社会的难度大

目前,东营市为落实科学发展观,积极推进经济社会发展,提出了构建和谐社会的发展思路。但是由于展区在历史发展和现实自然条件方面存在的客观问题,与和谐社会发展要求相距甚远。一是在村庄返迁中的矛盾比较突出。由于居住条件较差,目前仅南展宽区就有5 332人返迁居住,给分凌运用增加了难度。二是自然条件恶劣。黄河南展宽区原先土地肥沃,物产丰饶,沟渠纵横,林木葱茏,现在防风固沙万亩林海被毁,生态环境遭到严重破坏,原来的水系也被彻底打破,旱涝不断。三是由于各方面条件限制,难以进行项目布局,严重制约了经济社会发展。

八、展区教育现状

目前,展区内学校仅设有小学课程,初中及以上课程需要到展区外就读。据统计,东营区龙居镇共有 2 所小学,分别位于麻湾和曹店房台上,有文化大院的村有 18 个。垦利县董集乡现有学校 2 所,在东韩有 1 所东韩联小,为七井、东韩、大王、小王、石家、郑家、邱家、崔家 8 个村服务,在杨庙有 1 所杨庙联小,为北范、小街、东范、南范、宋王、杨庙、后许、前许、新李、西韩、罗家 11 个村服务;文化大院 10 处,罗家、七井、东韩、邱家、小街、东范、南范、宋王、杨庙、后许各 1 处。胜坨镇共有小学 9 所,张西、张东、宁海、海西、大张、胜利、崔家、戈武、郑王各 1 处;共有文化大院 39 处,每村 1 处。垦利镇西尚村规模较小,没有设立学校,亦无文化大院等设施。由于学校很少,加之交通不便,展区孩子上学是展区人民的一大难题。

九、展区医疗卫生现状

东营区龙居镇展区内共有 5 个社区卫生服务站,分别位于麻湾、谢何、赵家、北李、老于房台上。垦利县董集乡展区内共有社区卫生服务站 2 处,杨庙 1 处,大王 1 处。胜坨镇展区内共有卫生所 12 处,戈武、郑王、卞家、佛头寺、辛庄、大张、花台、宁家、苏家、张东、崔家、前彩各 1 处。垦利镇西尚村有卫生设施 1 处。以上共计卫生设施 20 处,按照展区共计 5 万余人计算,平均 2 500 人合一处卫生设施,大大低于东营市的平均水平。而且,由于医疗卫生设施简陋,没有先进仪器,展区人民经常需要到展区外就医。

十、展区劳动力就业技能现状

从展区人口的文化结构看,大学、中学、小学、文盲的比例分别是 4.16%、51.61%、34.65%、9.58%,农民文化素质明显偏低;从年龄结构看,18 岁以下、19~40 岁、41~60 岁、60 岁以上的比例分别是 19.04%、26.14%、39.03%、15.79%,许多年轻人外出打工,区内主要劳动力结构趋向高龄化。这不仅直接影响自身的经济收入,也制约着农业劳动生产率的提高和经济社会可持续发展。因此,急需开展农民就业技能培训,提高农村劳动力的科技文化素质和转移就业能力。

第十二章 规划的战略定位、指导思想和原则

第一节 战略定位

一、黄河南展宽区发展 SWOT 分析

SWOT 分析,即态势分析法,内容包括优势(Strength)、劣势(Weakness)、机遇(Opportunity)和威胁(Threats)分析。黄河南展宽区作为一个相对封闭的区域,其发展与战略规划存在着自身的优势和劣势,面临着重要机遇和挑战。

(一)优势

1.周边快速发展的带动优势

展区背倚黄河,地处东营、滨州两地市的交界,离东营中心城区和利津县城较近,周边开发开放的大环境对于展区的可持续发展能起到潜移默化的带动作用。利津黄河大桥建成后贯通黄河天堑,其成为穿越展区的交通要道。展区外道路交通发达,黄河几大干渠的源头都在展区附近,一旦南展宽工程废弃,展区道路和农田水利设施建设便于与区外对接。展区形状像一张弓,而利津黄河大桥又恰似一支箭,张弓搭箭,蓄势待发。

2.发展生态高效经济得天独厚的环境优势

展区内及其周边地区均无污染型工业项目,在黄河大堤与展区外坝之间形成一片净土,这里空气清新、自然环境好,展区土壤结构以粉土和粉砂为主,适宜种植蔬菜、桑树、西瓜、花生、速生杨等经济作物,发展绿色"无公害"生态农业有着得天独厚的条件。

近年来随着东营市纺织企业的迅速发展,展区内桑蚕养殖业被有效地带动,形成了一定的规模。以垦利县胜坨镇大白村为例,近年来发展桑园 20 hm²,建养殖大棚 38 个,使村里 36 户通过植桑养蚕走上了增收之路。

展区内可以因地制宜发展农业"龙头"企业,带动民营产业迅速发展。在生产过程中,走出一条生产标准化、产品优质化的绿色生态的可持续发展的路子。

3.展区背靠黄河、内建四大渠首的用水便捷优势

展区与黄河仅有一坝之隔,引用黄河水距离近,用水便捷。河坝一侧建有麻湾、曹店、胜利、路庄四座引黄闸,是东营市四大灌区主干渠首所在地,配套建设引水工程成本低,可充分利用黄河水沙资源,改良盐碱地。展区建立后的 1979 年和 1982 年,曾分别实施了两次放淤改土工程,都取得了良好的效果。由于黄河径流的表层水中,多为悬移质细颗粒泥沙,通过相应的工程措施引用该层水沙,可形成覆盖展区土壤的红淤层,有效提高展区内土地质量。如能连续坚持十年引水放淤,可将展区耕地全部改造为极其肥沃的高地良田。

4.多种经营的传统优势

展区发展多种经营在历史上有着良好的传统,如作物种植、采桑养蚕、柳编刺绣、黑陶

制作等,均有良好的基础。形成的特色工艺品、农产品,如佛头寺黑陶、麻湾刀剪、"蜜汁西瓜"、家纺布等名扬四海。根据目前的环境条件还可以发展各类新型的产业和技艺。由于房台建设用土等原因,房台外侧坑塘密布,可以开发成鱼塘、苇塘或藕池。把一亩荒碱地进行挖掘改造,就能造出一亩水面外加一亩台田(或房台),用水面养鱼,台田(或房台)养畜(或建房)。垦利县胜坨镇就创出展区土地利用新模式,近年来,靠改造利用荒碱地,淤置房台 100 hm²,安置群众 2 600 户,带动了一方水产业、畜牧业及个体私营经济的发展。

展区村民取土筑建房台,不但能有效地改造利用荒碱地养鱼养蟹,同时也能靠筑起的房台发展个体私营经济。如垦利县胜坨镇义和村和宁家村靠改造荒碱涝洼地建起了 13.33 hm² 蟹池、鱼池,同时还带起 16.67 hm² 房台。房台对外租给村民搞私营园区,走出了集体不花一分钱便改造荒碱涝洼地的成功之路。张西村利用荒碱地开发搞起了 133.33 hm² 上畜下渔项目,台田上养猪,池中养鱼,年创产值 300 万元。海西村在设置的房台上建起养鸡小区,目前年饲养蛋鸡 30 万只,成了全市蛋鸡饲养第一村。典型的带动促进了展区荒碱地的开发。展区内发展养殖业前景广阔,不同村庄可以根据不同条件发展鱼蟹、生猪、奶牛、蛋鸡、肉食鸡养殖业,促进农民增收致富。

展区内传统家庭副业历史悠久,名扬四方,如佛头寺黑陶、麻湾刀剪、家纺布等。目前区内工业发展缓慢,整个展区只有 1 处工业加工企业,第三产业不够活跃,只有少数分布的批发、零售及餐饮企业。大量劳动力闲置,为展区壮大家庭副业提供了保障。

展区内很多村庄完全有条件发展村办企业或村民合伙企业,在传统家庭副业的基础上,不断壮大规模,加大出口外销,既能解决闲置劳动力的就业问题,又促进一方经济的腾飞。

5. 产业基础良好,发展环境显著改善

多年来,在各级党委、政府的正确领导和关心支持下,展区群众克服困难,扎实苦干,经济和社会各项事业稳步发展,农民生活水平有了一定提高。展区群众结合自身实际,积极调整农业产业结构,大力发展绿色、高效农业,桑蚕、西瓜、速生杨等优势产业初具规模,农民收入也在不断提高。各级党委、政府做了很多工作,积累了不少经验,在展区发展环境得到显著改善的条件下,各级党委、政府定能带领展区人民艰苦创业,更快实现人民富裕和社会发展。

(二)劣势

1. 地域封闭,思想禁锢

长期以来展区群众在生产活动上树立了为防洪而牺牲的信念,一切让位于治黄,这当然是顾全大局的表现,但是这种服从意识同时也使得展区人民思想被禁锢,失去了在这片土地上自强、奋进的主观能动性。

由于黄河大坝和南展大堤所围闭的地域环境造成了交通不便,信息闭塞的现实,群众科技水平差,一直沿用传统的耕作方式,许多新科技、新技术难以推广应用。群众市场意识缺乏,农业结构仍然处于粗放型的自然经济状态,群众经济来源主要依靠农业和外出务工,好多传统家庭副业得不到发展壮大。如垦利县胜坨镇佛头寺村盛产佛头黑陶,是黄河口名优特产品,历史悠久,远销四方。但目前的佛头黑陶工艺美术厂还仅仅是个仅有 10

来人的家庭手工作坊,一年的产值只有30多万元。村民生活大都只靠几分薄地,也有少数年轻人外出干建筑、打零工、收破烂或赶集卖小百货补贴家用,2006年佛头寺村全村人均收入不足3 000元。

2."经济洼地",产业单一

作为黄河蓄滞洪区,展区内没有兴建工业项目,生产方式单一,群众收入渠道狭窄,形成一片发展滞后的"经济洼地"。展区耕地少,农业主要依靠农作物种植,生产多以农作物种植、劳务输出和畜牧养殖为主。第一产业受制于气候和黄河,土地多为沙土地和黄河侧渗形成的盐碱地,致使农业结构单一,粮食产量低而且不稳。展区内由于受自然条件所限,水、路等基本设施建设落后,在产业布局和项目规划上受到制约,除油田外,基本没有其他工矿企业,二、三产业基本属于空白状态,收入增长缓慢,大大低于其他地区群众收入平均水平。

3.基础设施严重滞后,发展要素集散不畅

展区位置偏僻,基础设施严重滞后,导致发展要素集散不畅。展区总体地势较高,原有水系因修建展区被彻底破坏,经常出现"旱难浇、涝难排"现象。展区内水、电、路、讯都不完善,受展区政策限制,一直不允许进行大的基础设施建设,造成展区水利设施极不完善,群众生产生活条件多年来难以得到大的改善。主要表现在农田引水和排水工程不配套,河道、排沟基本上是自然形成,而且严重淤积,暴雨冲刷使沟、渠、坡经常出现大面积的塌陷,严重影响行洪排涝。生产设施落后,导致经济发展缓慢,教育、卫生等各项社会事业发展迟缓。展区内公路密度非常小,交通主要依靠临黄大堤,环境闭塞,居民出入不便。

(三)机遇

目前展区发展面临两大机遇。一是社会主义新农村建设出现了蓬勃发展的大好形势。东营市一直把社会主义新农村建设作为一项重要工作来抓。2007年《东营市政府工作报告》指出,要深入推进社会主义新农村建设。坚持把解决"三农"问题作为全部工作的重中之重,抓住发展生产、致富农民这个根本,促进农业不断增效、农村加快发展、农民不断增收。大力发展现代农业,加强农村基础设施建设,努力提高农民素质。二是山东省提出的"一体两翼"总体发展思路,黄河三角洲处其北翼,展区是近代黄河三角洲的顶点,黄河三角洲(东营)高效生态经济区建设已列入国家"十一五"规划并进入山东省政府决策,确定以东营为主战场进行总体规划,这不仅为全市也为展区发展带来了千载难逢的发展机遇。

(四)威胁

几十年来展区存在着两个方面的严重局面。一是展区人民生活困苦,经济发展滞后;二是展区存废问题至今尚未有国家正式文件确定,这将不利于本规划的贯彻实施。黄河南展宽工程是为了保护东营市和胜利油田的防洪安全而兴建的,但由于历史的原因,造成了一系列的问题。为了解决南展宽区存在的问题,东营市历届政府作了大量工作,黄河河务部门持续向上级反映情况,争取资金为展区群众修筑了房台和部分道路等基础设施。小浪底水库投入运用后,黄委会以黄规计〔2004〕148号文向水利部上报了《关于黄河下游南北展宽工程运用有关问题的请示》,2006年山东黄河河务局以鲁黄防〔2006〕14号文向黄委会再次上报了《关于尽快取消南北展宽工程运用任务的报告》。水利部审查通过的

《黄河流域防洪规划》中已不再提南、北展宽区的工程作用,该规划修改完善后报国务院批复,并通过新华社内参向国务院作了废除南、北展宽区防汛任务的报告,山东省水利厅已经编制了南、北展宽区项目建议书,国务院批准《黄河流域防洪规划》或废除南、北展宽区防汛任务后可立即立项实施。尽管东营市和河务部门都为废除展区工程做了大量的工作,而且东营市已确定全面规划展区建设,但如果展区的废除仍然长期得不到正式确认,将对本规划的实施带来不利影响,甚至对其自身经济社会的有序发展造成威胁。

二、展区规划的战略定位

这次编制黄河南展宽区经济社会发展规划,主要是按照党的十七大提出的"统筹城乡发展,推进社会主义新农村建设"的总要求,正确处理当前解困和促进长远发展的关系,推进展区由传统农业向现代农业转变。本着先急后缓的原则,先行论证实施一批从根本上改变展区面貌的基础建设工程,切实解决展区农民的突出问题。通过对展区发展进行 SWOT 分析,确定采取启动内力,循序渐进,因地制宜,多元投入的工作方针,全面加强展区农村经济建设、政治建设、文化建设、社会建设和党的建设,因此本规划确定以"建设社会主义新农村"作为展区发展的战略定位。

第二节　指导思想

以邓小平理论和"三个代表"重要思想为指导,坚持以科学发展观统领全局,认真贯彻胡锦涛总书记关于"两个趋向"的重要论述,以全面提高展区综合功能、提高土地使用效益为核心,统筹规划展区经济社会发展,按照"生产发展、生活宽裕、乡风文明、村容整洁、管理民主"的要求,全面规划展区的现代农业建设和农村公共事业发展,优先解决展区群众生产生活中的主要困难,不断提高展区群众收入水平,逐步建立展区社会稳定长效机制,促进经济社会可持续发展,努力建设繁荣、富裕、文明、和谐、民主的社会主义新农村。

第三节　规划原则

一、坚持突出重点,统筹兼顾

优先解决展区群众生产生活中的突出问题。要按照先急后缓、急事急办的精神,首先规划、解决好展区群众住房和饮水安全等民生问题。

二、坚持以人为本,造福于民

展区开发建设是一项惠及广大农民群众的民心工程。坚持把维护农民群众的根本利益作为出发点和落脚点,从实际出发,量力而行,切实提高农民的生活质量,让农民得到更多的实惠。

三、坚持科学规划,扎实推进

要立足当前、着眼长远,根据当地经济社会发展水平和农民群众的现实需要,合理确定展区建设的目标任务,切实做到科学规划、扎实有效,有计划有步骤有重点地逐步推进。

四、坚持增强展区人民自我发展能力

实行统一部署,加强组织引导,充分调动展区群众自力更生、艰苦创业、合理开发利用资源的积极性,增强自我积累、自我发展能力。

五、坚持城乡统筹,农业、农村、农民一体化发展

农业、农村、农民是一个有机整体,相互联系,相互依靠,相互影响,不可分割。农业是农村的产业支撑和农民收入的主要来源;农民是农业和农村的主体,是农村生产力的第一要素;农村则为农业发展和农民生活提供直接的社会环境与自然条件,直接决定着农业发展、农民生活。

以现代化的理念发展农业。适应现代农业发展的要求,以区域化布局、规模化生产、产业化经营、市场化运作为着力点,加快推进农业产业结构调整,统筹优化农业发展的各种要素,形成具有较强市场竞争力和自我发展能力的现代农业发展体系。

以城镇化的方向引领农村。城镇化是新农村建设的"发动机",既是促进农村三次产业发育、农民生活方式转变的动力,也是新农村建设的重要内容。农村各种产业发展、劳动力转移、社会服务体系建设、现代文明传播,都离不开城镇化。以城镇化方向引领农村,就是要打破城乡分割的二元格局,走城乡一体化规划、一体化布局、一体化建设、一体化管理的新路子。

以市民的标准提升农民。农民是建设社会主义新农村的主体。提升农民素质,保障农民权益,使农民共享发展成果,是新农村建设的根本动力和目的。以市民标准提升农民,就是要坚持不懈地用现代化理念武装农民,多样化经营富裕农民,合作化形式组织农民,社会化机制保障农民,社会化模式服务农民,多元化渠道转移农民,促进农民生产生活方式的根本转变。

六、坚持生态保护和生态建设

按照"严格保护、统一管理、合理开发、永续使用"的工作方针,以控制不合理的资源开发活动为重点,加强水土流失治理,强化对水源、土地、林木等自然资源的生态保护,密切配合村镇建设,抓好村镇节点绿化和生态绿地建设,促进沿黄田园风光带的形成。规划建设村镇污水处理、垃圾处理设施,从源头防止污染和保护生态。

七、坚持与当地国民经济、社会发展规划相结合

要结合当地实际情况,科学编制展区发展规划,编制规划时坚持与市、县"十一五"规划及全市村庄建设规划,以及水利、农业、环保等部门规划相结合,展区规划的主要指标要纳入市、区、县国民经济和社会发展规划之中。

八、坚持与全市重大工程建设相结合

(一)与黄河淤背工程相结合

要对黄河南展宽区进行统筹规划,综合开发,首先要服从和配合黄河治理工程,不但要把黄河淤背区的继续放淤和完善放在重要位置,更要认真研究淤背区的开发利用问题,使其发挥应有的经济社会效益。在进行新房台布设的时候,务必为后续淤背工程留足所需空间(按照目前东营市黄河河口管理局统一规划,根据展区实际情况,确定展区黄河两岸的淤背区预留地为每侧 50 m),在此范围内的土地不得另作他用,现有障碍物要及时清理。对淤背区的开发利用必须采取科学的管理,既要创造出该区的经济价值,同时不得破坏其防洪、防凌的主要作用。

(二)与广利河治理工程相结合

本规划将对六干渠进行综合治理工程,改造引水闸,清理河道,实施岸线绿化工程,使黄河水可以保质保量地注入到广利河中,为其注入新鲜的血液,保障广利河综合治理工程的顺利实施。

(三)与"三网"绿化工程相结合

本规划着眼于依托展区内的有利条件,积极发展林业产业,并紧紧围绕全市"三网"建设规划,力争与全市的整体发展目标和布局相衔接。

第十三章　展区发展目标、主要任务与空间布局

第一节　发展目标和主要任务

规划范围:南展宽区在东营市内的 123.3 km² 范围内。

规划期限:2010~2025 年,拟分为三个发展阶段。

一、近期发展阶段

期限为 2010~2015 年。

按照社会主义新农村的建设要求,高标准规划新房台、改造老房台,建成新的街区及社区环境体系,改善群众基本生活条件;以废止黄河南展宽工程为前提,申请国家和山东省土地整理项目资金扶持,对土地进行集中连片整理,达到沟、渠、路、林、桥、涵、闸全面配套;根据全市"三网"建设规划方案,建设展区林网;大力发展节水灌溉,兴建排涝工程,改造电力、交通道路等基础设施,改善群众生产条件,提高发展能力;大力发展适宜展区条件的优势产业;展区农民人均纯收入达到 6 402 元, 比 2006 年增长 54.62% , 年均增长11.51% 。

二、中期发展阶段

期限为 2016~2020 年。

通过实施土地整理项目、排河治理工程、节水灌溉工程、新建路东干渠沉沙池及南展宽区水库等项目,完善展区农田水利设施配套工程,改善展区灌排条件,提高农业产出率,增加农民收入;建设展区城乡供水一体化工程;改造原有道路,新建部分道路,改善展区交通条件;配套建设村委会、文化大院、学校、集贸市场、卫生站、沿街商业区等公共设施;在完善各项基础设施建设的基础上,推进各规划产业的全面发展,形成具有展区特色的产业结构和绿色农产品系列;展区农民人均收入接近全市农民收入人均水平。

三、远期发展阶段

期限为 2021~2025 年。

全面实现展区发展目标。生态环境大为改观,初步建成以林木为主体,总量适宜、分布合理、植物多样、景观优美的乡镇森林生态网络体系;居民饮水条件改善,供水保证率达100% ,水质良好、便于卫生防护,供水水质符合《城市供水水质标准》(CJ/T 206—2005)的要求;文明乡村达到 80% 以上,建成"二纵五横"的道路框架布局,村庄之间实现三级公路连接,乡镇建有汽车站,村村设有停车点,教育、卫生基本达到城乡均衡发展,90% 的村

通上宽带网并接入城域网;全面实现展区各项规划目标。到 2025 年,展区农民人均收入达到或超过全市平均水平。

第二节 总体空间布局

一、规划主要内容

展区背临黄河天堑,受到临黄大堤和南展大堤的双重制约,对外交通交流极为不便,严重限制了展区经济社会发展;同时,展区内外鲜明的地区差异又为其规划与开发提供了巨大的潜力和广阔的前景。因此,本规划的内容及布局必须能使展区打破现有的发展障碍,充分发挥自身潜力和优势。本规划坚持与全市整体规划相协调、一致的原则,根据展区地域环境及土地利用现状,对各业发展进行规划研究,确定的展区规划主要内容可概括为"1 带、3 片、4 网、9 渠、31 房台"。"1 带"即沿黄观光旅游产业带;"3 片"是根据土地整理规划将展区划分为三大片区,即龙居片区、董集片区和胜坨片区;"4 网"包括林网、道路交通网、电力通信网和自来水供应网;"9 渠"指重点建设的 9 条灌排渠道。

东营市黄河南展区规划示意见图 13-1。

二、空间布局

(一)"1 带"

依托 90 m 宽黄河生态防护林、"三网"绿化工程和顺堤新村建设工程,发展沿黄观光旅游产业带。

(二)"3 片"

在三大片区内规划 8 个土地整理项目。其中,龙居片区 4 个,包括曹店片 1 333.3 hm² 土地整理项目,麻湾片 666.7 hm² 土地整理项目,四干南于刘王家片 266.7 hm² 土地治理项目和老于滩 100 hm² 土地灌排综合治理项目;董集片区 1 个,即董集乡 2 000 hm² 土地整理项目;胜坨片区 3 个,包括胜坨镇沿黄南五村 400 hm² 土地整理项目,胜坨镇六干北十五村及戈武、郑王、王营五村 1 333.3 hm² 土地整理项目和西尚村(垦利镇)30 hm² 中低产田改造项目。两县区土地治理总面积 6 130 hm²,其中,东营区 2 366.7 hm²,垦利县 3 763.3 hm²。土地整理的资金主要靠申请国家和山东省立项支持。

(三)"4 网"

1. 林网

结合全市"三网"建设规划方案,按照"三三一"的布局原则,将南展宽区初步建成以林木为主体,总量适宜、分布合理、植物多样、景观优美的乡镇森林生态网络体系。"三三一"原则是指"三点、三线、一面","三点"即镇、村、房台三级点状结构单元,"三线"即(堤)坝、路、渠通道主干线,"一面"即农田林网绿化面。通过主要村镇庭院绿化,大堤、干道、干渠沿线绿化和农田林网绿化,达到"林网标准化、道路林荫化、庭院美化、环境优化"的目标,保护和改善生态环境,全面推进城乡绿化美化向纵深发展,促进农业结构调整,改善和优化社会经济环境,推进城乡一体化进程。

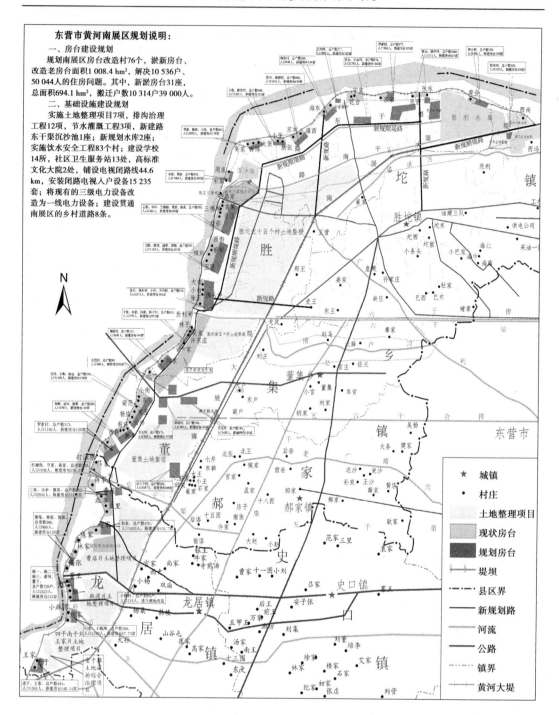

图 13-1　东营市黄河南展区规划示意图

　　林网规划主要实施三个方面的工程建设:一是全面推进城乡绿化一体化工程建设,以镇、村绿化和村民房台绿化为"点",坝、路、渠通道绿化为"线",农田林网建设为"面",构成点线面一体化、功能相互辐射的城乡森林生态网络体系;二是实施沿坝绿化工程建设,沿堤坝两侧建设高标准绿化带,护滩固堤,形成完善的沿堤防护林体系;三是推进经济林振兴工程,在堤坝两侧适地规划建设 100 m 宽桑园或 50 m 宽速生林,引导发展桑树养蚕产业和经济林业。

2.道路交通网

重点新建乡村道路 7 条,形成"二纵五横"的框架布局。其中"二纵"系指东营区的坝顶路和垦利县的顺堤路,两条道路在龙居镇和董集乡接壤处相连,形成展区南北方向交通要道;"五横"是指展北路、展新路、海永路、张胜路及胜干南路,主要承担沿黄村镇的对外交通。东营区(龙居镇)展区内将重点建设 3 条乡村公路,即展新路(打渔张至兴龙路南段)、展北路(赵家至南展堤)和坝顶路(临黄堤),总长度 19.5 km,配套建设部分村内公路 42 km;垦利县展区内将重点建设贯通南北的乡村道路 4 条,即海永路(海东、海西村至永莘路)、张胜路(张东、张西村至胜坨镇北外环路)、胜干南路(沿胜利干渠南侧)和顺堤路(沿新淤房台的背河方向,东张水库至打渔张),4 条道路总长度 45.6 km,并配套建设部分村内道路 100 km。道路交通网建设按照县区统一规划,乡镇分头施工的原则进行,按 3 级公路标准实施,主路面宽 6 m。

3.电力通信网

规划采用"1＋1"方案,即分为动力照明线路敷设和通信线路敷设两部分完成展区电力供应和通信工程,所有电力设备由原来的三级标准提高为一级标准。村内线路沿主要交通道路在地上布置,便于检修,各村一户一表供电。通信线路主要布置在地下,相应设置警告标志。

4.自来水供应网

主要是新建房台区的"两级"供水网络建设(现有房台已实现了自来水管敷设),包括"一级"供水网络和"二级"供水网络。"一级"供水网络以各个村为单位,通过一级管线连接形成大的网络;"二级"供水网络以各家各户为单位,通过二级管线连接,形成相对独立的网络单元。网络户内供水系统可按当地情况和居民意愿灵活布置。在一级管线压力不足处设置增压站,一级管线和二级管线节点处设置增压泵(每村至少 1 个)。垦利镇、胜坨镇、董集乡涉及的 56 个行政村,铺设各级管线 217.43 km,建设加压站 3 座,布置压力泵 60 个。龙居镇涉及的 20 个村庄铺设 PE 管线 465.0 km,建设加压站 1 座,布置压力泵 20 个。"一级"供水网络和"二级"供水网络通过节点、中程泵站等相互连接,形成覆盖展区的引用水供水网络。

(四)"9 渠"

水利建设布局按照全面规划、统筹兼顾、标本兼治、综合治理的原则,重点完善 9 条灌排渠系,形成"3 灌 6 排"的整体格局。"3 灌"是以现有的麻湾、曹店、胜利三大引黄干渠为依托,建设引水支渠,控制整个区域;"6 排"是将新广蒲河、老广蒲沟、曹店干排、胜利干排、广利河、溢洪河 6 条排水河道向展区延伸,构成展区骨干排水框架。同时,实施排河治理工程,对承担展区排水和排碱任务的主河道与支排进行高标准治理,彻底解决展区内的排碱排涝问题;完善水利工程配套建设,整体实施灌区节水改造,面积达到 4 666.7 hm^2,提高农业综合生产能力;新建占地 200 hm^2 沉沙池 1 座,提高其沉沙、过水能力,改善沉沙效果。

（五）"31 房台"

展区按照高标准淤筑新房台 31 座,涉及房台改造的村庄共 76 个。其中,东营区规划新淤房台 7 座,总面积 222.13 hm²,涉及搬迁的村庄 20 个,户数 3 332 户,人口 11 728 人;垦利县规划新淤房台 24 座,总面积 471.93 hm²,涉及搬迁的村庄 56 个(不含就地进行改造的大户村),户数 7 028 户,人口 27 272 人。房台建设规划按照建设新村与改造老村相结合的方针,分三期工程实施。第一期,在制定各村新村建设规划的基础上,在原房台外侧背离黄河大堤方向实施新淤房台工程,新淤的房台基本平行于原有房台。第二期,将各村 2/3 左右人口迁出,在新淤房台落户。第三期,按照国家水利工程要求和各村村庄规划,全面实施老村改造。

其他相关产业及社会发展的各类建设项目,将在以上主体工程空间布局的框架内定片定点安排。

第十四章　展区分项规划

为使规划编制工作符合国家和省、市的相关政策与法规,确定以下文件作为规划编制依据:

(1)《村庄和集镇规划建设管理条例》,国务院令第 116 号,1993 年 6 月 29 日;

(2)《村镇规划标准》(GB 50188—93);

(3)建设部、国家计委、体改委、科委、农业部、民政部关于印发《关于加强小城镇建设的若干意见》的通知,建村〔1994〕564 号,1994 年 9 月 8 日;

(4)《中华人民共和国防洪法》,中华人民共和国主席令第 88 号,1998 年 1 月 1 日;

(5)建设部关于发布《村镇规划编制办法》(试行)的通知,建村〔2000〕36 号,2000 年 2 月 14 日;

(6)建设部关于印发《县域城镇体系规划编制要点》(试行)的通知,建村〔2000〕74 号,2000 年 4 月 6 日;

(7)中共中央国务院《关于促进小城镇健康发展的若干意见》,中发〔2000〕11 号,2000 年 6 月 13 日;

(8)山东省实施《村庄和集镇规划建设管理条例》办法,山东省人民政府令第 66 号,1996 年 4 月 1 日;

(9)《山东省村镇规划编制办法》,鲁建村发〔1997〕293 号,1997 年 10 月 5 日;

(10)《山东黄河河道管理条例》,山东省人大常委会,1998 年 1 月 1 日;

(11)山东省人民政府办公厅转发省建设厅等部门《关于加快农村二、三产业向中心镇以上城市集中促进城市化进程的意见的通知》,鲁政办发〔2000〕17 号,2000 年 11 月 23 日;

(12)中共东营市委、东营市人民政府《关于进一步加快小城镇建设的意见》,东发〔2000〕12 号,2000 年 8 月 10 日;

(13)《山东省黄河工程管理办法》,山东省人民政府令第 179 号,2005 年 3 月 25 日;

(14)东营市发展和改革委员会《关于解决黄河南展宽蓄滞洪区移民生产生活困难的建议》,2007 年 5 月;

(15)《山东省建设用地集约利用控制标准》(2005 年);

(16)《东营市城乡供水一体化工程规划》(2005 年);

(17)《村镇供水工程技术规范》(SL 310—2004);

(18)《农村给水设计规范》(CECS 82:96);

(19)《国务院办公厅转发发展改革委等部门关于建立农田水利建设新机制意见的通知》(国法办〔2005〕50 号);

(20)《节水灌溉技术规范》(SL 207—98)等相关的工程技术规范;

(21)国家林业局《全国林业生态建设与治理模式》;

(22)山东省林业局《山东省造林典型设计》;

(23)《山东省实施〈中华人民共和国土地管理法〉办法》。

第一节　土地整理规划

展区土地整理共分为 8 个片区,其中东营区 4 个,垦利县 4 个。东营区土地整理工作主要包括曹店片 1 333.3 hm² 土地整理,麻湾片 666.7 hm² 土地整理,四干南于刘王家片 266.7 hm² 土地治理和老于滩 100 hm² 土地灌排综合治理;垦利县土地整理内容主要是胜坨镇沿黄南五村片 400 hm² 土地整理,胜坨镇六干北十五村及戈武、郑王、王营五村 1 333.3 hm² 土地整理,董集乡 2 000 hm² 土地整理和垦利镇西尚村 30 hm² 中低产田改造。两县区土地治理总面积 6 130 hm²,其中,东营区 2 366.7 hm²,垦利县 3 763.3 hm²。

土地整理所实施的主要工程见表 14-1。

表 14-1　展区土地整理面积统计

县区	乡镇	项目名称	涉及面积(hm²)
东营区	龙居镇	曹店片土地整理	1 333.3
		麻湾片土地整理	666.7
		四干南于刘王家片土地治理	266.7
		老于滩土地灌排综合治理	100
垦利县	胜坨镇	南五村片土地整理	400
		六干北十五村及戈武、郑王、王营五村土地整理	1 333.3
	董集乡	董集乡土地整理	2 000
	垦利镇	西尚村中低产田改造	30
合计			6 130

两县区土地整理涉及土地 6 130 hm²,所需资金主要是靠向国家及山东省争取土地开发整理项目立项解决,个别面积较小的区块可由市区、县安排协助解决。

第二节　居民点布局与房台扩建规划

为彻底改善展区群众的居住条件,东营市发改委协同东营区、垦利县相关部门人员以及规划承担单位的工作人员,对黄河南展宽区内各村情况进行了认真的调查研究,对各村人口数进行了详细摸底统计,对人口增长率进行了科学推算,制定了居民点布局和房台改造规划。

工程将按照"先试点,后推开,三步实施,三年到位"的步骤实施规划改造,三年的时间内完成全部房台改造和新建工作。此次规划实施房台改造的村庄共 76 个,其中东营区 20 个,垦利县 56 个。东营区展区预计淤筑新房台、改造老房台占用耕地 222.13 hm²,解决 3 332 户 11 728 人的住房问题,共动用土方 703 万 m³。垦利县展区内规划淤筑新房台、改造老房台总面积 678.6 hm²,解决 10 202 户 41 126 人的住房问题,其中,新淤房台 24 座,总面积 471.93 hm²,搬迁户数 7 028 户,人口 27 272 人;改造老房台面积 206.67 hm²,老房台安排留居户数 3 174 户,人口 12 212 人,共动用土方 1 180 万 m³。

一、房台现状

东营区展区内房台改造共涉及 20 个行政村,共计 3 332 户 11 728 人,现有房台面积 107.7 hm²,其中公用地面积 30 hm²,户均用地 0.03 hm²。垦利县南展区房台改造共涉及 56 个行政村,10 202 户 41 126 人,房台总面积 252.3 hm²,其中公用地面积 70.65 hm²,户均用地面积 0.025 hm²。南展区内群众宅基地非常紧张,有的户一家三代居住在一块宅基地上,10 余口人居住在一个庭院内,相当多农户人畜共居一处,既不便于生活,又容易引发各类疾病。同时,随着展区人口的增多,居住密度将越来越大。

(一)龙居镇展区规划改造村房台现状

龙居镇涉及房台改造的行政村有 20 个,分别是:麻一、麻二、麻三、小麻湾、董王、圈张、林家、陈家、老于、王家、刘家、三里、北李、谢何、曹店、蒋家、吕家、打渔张、小杨、赵家。共计 3 332 户 11 728 人,现有房台面积 107.7 hm²,其中公用地面积 30 hm²,户均用地 0.032 hm²。

(二)董集乡展区规划改造村房台现状

董集乡南展宽区规划房台改造 20 个行政村,包括七井、东韩、大王、小王、石家、郑家、邱家、崔家、北范、小街、东范、南范、宋王、杨庙、后许、前许、新李、西韩、罗家、大户,共 2 716 户 8 642 人。房台面积 73.2 hm²,其中公用地面积 17.33 hm²,户均用地面积 0.027 hm²。

(三)胜坨镇展区规划改造村房台现状

胜坨镇南展宽区涉及 35 个行政村,包括大白、梅家、卞家、许家、吴家、林子、徐王、佛头寺、小白、棘刘、苏刘、新张、小张、大张、陈家、胥家、宋家、海西、王院、前彩、西街、后彩、辛庄、三佛殿、常家、路家、周家、寿合、张东、张西、苏家、丁家、花台、义和、海东,共 7 396 户,总人口 32 386 人。现有房台面积 177.73 hm²,其中公用地面积 53 hm²,户均居住面积 0.024 hm²。

(四)垦利镇西尚村房台现状

垦利镇西尚村位于黄河南展区内最东端,北靠黄河大坝,南临油田水库,三面环水。全村现有 90 户 278 口人,房台面积 1.33 hm²,公用地面积 0.32 hm²,户均用地面积 0.015 hm²。

二、房台规划基本方案

房台改造和新建的基本方案是:建设新村与改造老村相结合,以 2020 年为规划期限,宅基地用地占村庄整体用地的 50% ~60%,公用设施、道路、绿化占 40% ~50%;户均人口 3.3 人,户均宅基地 0.027 hm²,加上公共设施、道路、公用建筑物,户均 0.067 hm²;村主干道宽 12 ~20 m,次干道宽 8 ~12 m,配套建设村委会、文化大院、学校、集贸市场、卫生站、沿街商业区等公共设施。

三、房台建设规划

东营区规划房台改造 20 个村,计划新淤房台 7 座,总面积 222.13 hm²,搬迁户数 3 332 户,动用土方 703 万 m³。垦利县规划房台改造村 56 个,计划新淤房台 24 座,总面积 471.93 hm²,搬迁户数 7 028 户,人口 27 272 人;改造老房台面积 206.67 hm²,老房台安排留居户数 3 174 户,人口 12 212 人。

房台建设的取土方式主要有三种:一是结合黄河挖河淤背工程,采用引水淤地的方式从黄河及黄河滩区取土。这种方式获得的沙性土壤能够在短期内达到建房条件,经济上较为实惠,每立方米的成本在 4~5 元。二是沿新建房台外侧挖塘取土填筑房台,平地以上筑高 1.5~2.5 m,实施上房下渔综合开发利用工程,有效解决房台土源问题。这种取土方式每立方米的成本在 4~8 元不等。三是个别房台采取从展区内距离房台稍远的合适区域取土的方式,成本较高,约 20 元/m³。规划房台建设主要采取第一种方式取土施工。

第三节　城乡供水一体化建设规划

供水工程是村镇规划建设的重要基础设施。解决饮水安全问题是全面建设小康社会的基本组成部分,是体现以人为本,构建和谐社会的必然要求。胡锦涛总书记曾对饮水安全先后五次作出重要批示。温家宝总理曾在政府工作报告中指出:我们的奋斗目标是,让人民群众喝上干净的水、呼吸清新的空气,有更好的工作和生活环境。

2006 年以来,在建设社会主义新农村的形势下,全国农村饮水工作重点由人饮解困向保障饮水安全转变,国家对农村饮水工作投入力度进一步增大,建设标准也不断提高。解决农村饮水安全问题,保障农村饮用水,直接关系到广大农民群众的切身利益,是提高农民生活水平和生活质量的重要条件。

一、规划现状

2006 年 4 月东营市城乡供水一体化工程启动,到 2006 年底,全市 75% 的农村群众用上了洁净安全的自来水。位于黄河南展宽区的农民收入、生活水平以及经济增长幅度大大低于全市平均水平,该区居民主要以饮用黄河水为主,部分住户使用机井提取当地未经处理的浅层地下水,由于各村引水、蓄水情况不同,饮水水质均不达标,加之受季节影响黄河水丰枯不均,给农民群众的生活带来极大不便,其生活质量一直难以提高。展区内原有的老村已铺设部分供水管线,但考虑到新淤房台、村庄合并,村级管网需要重新铺设,急需进行供水管网及辅助设施的改造与新建,实施城乡供水一体化工程已迫在眉睫。

二、基本方案

围绕建设社会主义新农村的宏伟目标,扎实推进城乡供水一体化工程的建设。把解决农村饮水问题放在首位,把农民吃上放心水、安全水提高到政治和战略的高度上。各项目区按选择的水源,从管网嫁接点铺设供水分干管,分干管上再分出几个支管延伸到各个受益村头,与各村内管网对接,中途压力不够的增设加压泵站,各个村头设置管理房,管网中间按规范要求设置阀表井等附属设施。尽可能发挥规模化供水效益,采用新技术、新材料、新设备,提高工程质量,降低工程造价,探索适宜的工程建设机制和运行管理体制,不断提高管理水平,实现供水工程良性运行。通过实施城乡供水一体化工程,使项目区的农民享受到与城镇居民基本相同的饮水条件。

三、工程需水量预测

为便于进行规划施工,现将规划区分为东营项目区和垦利项目区两部分进行建设。

(一)需水量

设计用水量定额及参数取值如下。

居民生活用水量:正常年人均日用水量为 70 L。

牲畜用水量:大牲畜 40 L/d,小牲畜 20 L/d。

管网漏失水量和未预见水量:按上述水量之和的 15% 取值。

时变化系数:根据各村的供水规模、供水方式,生活用水的条件、方式和比例,结合当地相似供水工程的最高日供水情况综合分析,按表 14-2 确定。

表 14-2　供水工程的时变化系数

供水规模 $w(\text{m}^3/\text{d})$	$w > 5\ 000$	$5\ 000 > w > 1\ 000$	$1\ 000 > w > 200$	$w < 200$
时变化系数 K_h	1.6 ~ 2.0	1.8 ~ 2.8	2.0 ~ 2.5	2.3 ~ 3.0

日变化系数:根据供水规模、用水量组成、生活水平、气候条件,结合当地相似供水工程的年内供水变化情况综合分析确定,取 $K_日 = 1.4$。

(二)项目区新建管网需水量预测

1. 东营项目区

人口数量为 11 728 人。

居民生活用水量　　　$q_1 = 11\ 728 \times 0.07 = 820.96(\text{m}^3/\text{d})$

最高日生活用水量　　$q = 820.96 \times K_日 = 1\ 149.34(\text{m}^3/\text{d})$

管网漏失水量及未预见水量 q_2 以最高日生活用水量的 15% 计,为 172.40 m^3/d。

项目区最高日用水量　　$Q = 820.96 + 172.40 = 993.36(\text{m}^3/\text{d})$

最高日平均时用水量　　$Q_T = Q \div 24 = 41.39(\text{m}^3/\text{d})$

最高日最高时用水量　　$Q_h = Q_T \times K_h = 82.78(\text{m}^3/\text{d})$

以上各式中,依据《城镇供水工程技术规范》,本次工程主要供生活用水,性质比较单一,项目区企业用水少,日供水量变化较小,用水条件好,用水定额较高。取日变化系数,$K_日 = 1.4$,时变化系数 $K_h = 2.0$。

2. 垦利项目区

人口数量为 41 126 人。

居民生活用水量　　　$q_1 = 41\ 126 \times 0.07 = 2\ 878.82(\text{m}^3/\text{d})$

最高日生活用水量　　$q = q_1 \times K_日 = 2\ 878.82 \times 1.4 = 4\ 030.35(\text{m}^3/\text{d})$

管网漏失水量及未预见水量 q_2 以最高日生活用水量的 15% 计,为 604.55 m^3/d。

项目区最高日用水量 $\qquad Q = 2\ 878.82 + 604.55 = 3\ 483.37(\mathrm{m}^3/\mathrm{d})$

最高日平均时用水量 $\qquad Q_T = Q \div 24 = 145.14(\mathrm{m}^3/\mathrm{d})$

最高日最高时用水量 $\qquad Q_h = Q_T \times K_h = 290.28(\mathrm{m}^3/\mathrm{d})$

以上新建管网项目总需水量为 4 476.73 m^3/d。

四、建设内容及工程设计

(一)工程建设内容及规模

龙居镇工程计划铺设 PE 管线 465 km,安装各级水表、阀门、管件 13 804 件,管理房 7 座,加压站 1 座。董集乡工程、胜坨镇工程、垦利镇西尚村工程共覆盖展区 56 个行政村,包括胜坨镇的 35 个村、董集乡的 20 个村、垦利镇的西尚村,铺设各级管线 217.43 km。

(二)工程设计

1. 工程建设标准

水源。水质良好,便于卫生防护,符合《生活饮用水水源水质标准》(CJ 3020)的要求。地表水源水质还应符合《地表水环境质量标准》(GB 3838)Ⅲ类水要求。水源水量充沛,供水保证率达到 95% 以上。

供水水质。集中供水工程,供水水质应符合《城市供水水质标准》(CJ/T 206—2005)的要求。

水压。管道承载能力要留有一定空间,至村头的供水压力水头达到 15 m 以上。同时,用户水龙头的最大水头不宜超过 40 m,超过时应采取减压措施。

2. 管网工程设计

管材比选。近年来,国家在给水管材领域积极推广和应用塑料管材,限制淘汰落后建材产品。塑料管材作为继水泥管、铡管、球墨铸铁管之后,发展起来的又一重要给水管材,其卫生、环保、低耗等优越的性能,为广大用户所广泛接受。作为给水用的塑料管材主要有 ABS、PE、PP、UPVC 四种。

ABS 管。ABS 是丙烯腈、丁二烯、苯乙烯的三元共聚物,有较高的耐冲击性和表面硬度,主要用于热水管和采暖供热管。

PE 管。PE 管是聚乙烯管,用于给水的主要是 PE80 和 PE100。PE 管具有耐温、耐压、稳定性和持久性好等特性,而且无毒、无味,具有很好的卫生性和综合力学物理性能,被视为新一代绿色管材。质地坚实而有耐性,抗内压强度高。管材内壁光滑,流体阻力小,在相同管径下,输送液体的流能用量比金属管材大,噪声也低。质量轻,搬运方便,安装简单,一般采用机械连接。PE 管主要用于冷热饮用水管道系统、食品工业中液体食品输送管道、水暖供热系统等。

PP 管。PP 管是聚丙烯管,无毒,耐热、耐寒、耐老化,有较高强度,但易龟裂,在农村供水管道上有所使用。

UPVC 管。UPVC 管是硬聚氯乙烯管,具有自熄性和阻燃性,耐老化性好,价格低,但韧性低,线膨胀系数大,使用温度范围窄。UPVC 管主要用于排水管道、建筑雨水系统、电气配线用管和空调冷凝水系统。

上述常用的 4 种输水管材,ABS 管和 PP 管价格较高,而 PE 管和 UPVC 管价格较低,根据城乡供水一体化工程的特点,综合各管材优缺点,以及以往已经实施工程采用管材的情况,本规划供水管材选用 PE100 给水管。

3.管网水力计算

1)节点流量及管段流量计算

各节点出流量按所控制的供水人口数量,采用最高日最高时用水量计算方法确定,各管段流量等于其下游所有节点用水量的总和,管网中所有管段的沿线出流量之和等于最高日最高时用水量。

2)输配水管段管径计算与选定

根据各管段的计算流量,以经济流速确定管段的管径。

计算公式为

$$D = 18.8 \times (Q/v) \times 0.5$$

式中　Q——管中流量,m^3/h;

$\qquad D$——管道内径,mm;

$\qquad v$——管中流速,m/s。

经济流速参考下列范围取值:

输水管和配水干管 $v = 0.5 \sim 1.2 \text{ m/s}$;

配水支管 $v = 0.75 \sim 1.0 \text{ m/s}$。

部分支管输水距离较长,采用计算管径水头损失太大,水压不能满足要求,单纯采用设置泵站加压的方式很不经济,经比较,将部分管段管径适当加大。为了方便维修和选配管件、仪表,利于后期管理,设计尽可能采用标配管径。

经计算输水干管选用 $\phi315 \text{ mm}$ 给水管材,公称压力为 0.8 MPa。通往各村的支管,选用的给水管材规格分别为 $\phi250 \text{ mm}$、$\phi200 \text{ mm}$、$\phi160 \text{ mm}$、$\phi110 \text{ mm}$、$\phi90 \text{ mm}$、$\phi75 \text{ mm}$,公称压力为 0.6 MPa。

4.建筑物工程

加压泵站。加压泵站设置在管网末端、水头能满足设计要求且便于操作和管理的位置。

阀表井。在各分干管设置水表和控制闸阀;管道直径 ≥200 mm 的闸阀、水表处均设伸缩节;为方便管理,采取表阀分离的方式,在各村管理房后设置控制阀;在管线上选取管段较高的地方安装排气阀,排气阀不直接安装在管线上,采用支线安装,与闸阀组合设置;为方便以后的维修,穿越河道、渠道管线两端设置闸阀,闸阀、水表、排气阀、伸缩节均设置阀表井。阀表井均按国家建筑标准设计,采用 C20 混凝土底板,井壁为 M7.5 浆砌 Mu7.5 机制黏土砖,阀表井均按有地下水做。

第四节　道路建设规划

一、展区道路现状

黄河南展宽工程的主要目的是滞蓄凌洪,因此自展区形成以后,展区内道路再没有经过系统规划,原有道路网络已逐渐不能满足展区内外的交通需求。目前,展区内现有省道

1 条,区内长度 17 km;县级公路 6 条,区内长度约 36 km(不含临黄大堤坝顶路),道路总密度约为 0.426 km/km²。除上述道路外,展区对外交通严重依赖于临黄大堤,不但利用起来非常不便,雨季时甚至和防凌、防汛、工程管理发生冲突,影响汛期抢险。为了进一步开发黄河南展宽区,急需对现有道路实施拓宽工程,并修建新的村间村内道路,解决南展宽区内交通的问题。展区道路完善工程将按照县区统一规划、乡镇分头施工的原则进行实施。

二、道路规划布局

(一)东营区重点建设乡村公路 3 条

1. 展新路

南至兴龙路、北至打渔张村,并在蒋家南出岔直通垦利县顺堤路南端,道路总长 6 km,宽 7 m,建筑物 8 座。

2. 展北路

展北路西起赵家村北部临黄堤,经西史村、尚家村至 220 国道,将赵家、三里等村与 220 国道连接起来,规划柏油路长 6 km,路宽 7 m,建筑物 10 座。

3. 坝顶路

将展区南展大堤坝顶进行硬化,规划柏油路长 7.5 km,路宽 7 m。

(二)垦利县重点建设贯通南北的乡村道路 4 条

1. 海永路

即海东、海西—永莘路,将海东、海西村至永莘路打通,建设柏油路,路宽 7 m,3:7 灰土 30 cm,6 cm 路面,长 4.3 km,建筑物 7 座。

2. 张胜路

即张东、张西—胜坨镇北外环路,将张东、张西村至胜坨镇北外环路连接起来,建设柏油路,路宽 7 m,3:7 灰土 30 cm,6 cm 路面,长 6.1 km,建筑物 10 座。

3. 胜干南路

胜利干渠南侧道路,长 5.2 km,建设柏油路,路宽 7 m,3:7 灰土 30 cm,6 cm 路面。

4. 顺堤路

沿黄河临河堤在新淤房台外侧规划顺堤路,自董集乡罗家开始,向东北方向,经董集至利津大桥公路、六干渠、胜采十九队,沿衬砌后的路东干渠北坝到东张水库南坝、西尚村东,接临黄大堤现有柏油路。按三级路标准建设,路面宽 7 m,长 30 km。

(三)村内公路

规划实施对现有房台和新淤筑房台的村内道路进行完善,东营区新建村内公路 42.6 km,垦利县将实施村内公路建设 100 km。

第五节 电力与通信建设规划

一、电力规划

(一)展区电力现状

目前,展区内农村使用的高低压线路为三级电力设备,主要线路是在 20 世纪 70 年代末展区搬迁时安装的,严重老化,存在着极大的危险性,计划重新安装,改造为一级电力设备。

（二）展区电力规划

1. 龙居镇电力设施规划

龙居镇对各村电网重新改造,具体电网设施测算如下:

老于、王家、刘家、小麻湾等 18 个村,用电户数为 3 160 户,配变 1 270 kVA。新建改造 0.4 kV 低压线路 60 km,新装低压用户电表箱 450 台。新建标准配电室 20 座。

老于村房台至打渔张村房台铺设 10 kV 线路 17 km,接支线 5 km,共计架设 10 kV 线路 22 km。

2. 董集乡展区电力设施规划

董集乡展区需架设 6 kV 高压线路 25 km,安装容量 50 kVA 的变压器 20 台,架设 380 V 供电线路 30 km,架设村内低压 220 V 线路 15 km。通过一户一表供电,保证用电安全。

3. 胜坨镇展区电力设施规划

胜坨镇展区需将宁海线、闸西线、坨九零甲线、史水线四条高压线路改造为一级电力设备,全长约 61.1 km,安装镇直变压器 3 台,安装 50 kVA 变压器 27 台、100 kVA 变压器 52 台、200 kVA 变压器 13 台。线路计划沿规划区外架设,每村通过一户一表供电,保证用电安全。

4. 垦利镇西尚村电力设施规划

需新安装 150 kVA 变压器 1 台,架设 380 V 供电线路 1 500 m,架设村内低压 220 V 线路 2 000 m。

二、通信规划

（一）目标

根据现代化通信的要求,高起点、高效能、高速度、高可靠性、高标准地规划建设展区邮电通信网。除传统的邮电业务外,通信网将向多种数据业务、智能业务等发展,建设一个布局合理、技术先进的展区通信网。

（二）电信分局和服务点位置

在各县区设有电信分局,因此展区内只在各乡镇驻地设置服务网点。

（三）电话容量预测

规划到 2020 年,展区内居民家庭电话普及率达到 90% 以上,即共拥有固定电话 14 000 部。

（四）线路敷设

通信线路建议采用地下管道敷设通信电缆方式。为留有发展余地,建议通信管道按以下标准设计:主干道 24 孔,一般街道 6～12 孔。

第六节　水利设施规划

一、规划现状

黄河南展宽工程自 1971 年 9 月开工建设到 1978 年完成后,主体工程已具备运用条件。1980 年国民经济调整时期,国家计委确定为缓建项目,尾工项目亦停止建设。有关群众生产、生活的截渗排水和恢复生产等项目未能如期完成,南展大堤上灌排涵闸初建规模小,灌排能力不足。受展区政策限制,一直不允许进行大规模的基础设施建设,造成展区水利设施极不完善,群众生产生活条件多年来难以得到大的改善。其主要表现在农田引水和排水工程不配套,河道、排沟基本是自然形成,而且严重淤积,暴雨冲刷使沟、渠坡经常出现大面积的塌陷,严重影响行洪排涝。

二、规划目标

以现有的麻湾、曹店、胜利三大引黄干渠为依托,建设引水支渠,控制整个区域,将新广蒲河、老广蒲沟、曹店干排、胜利干排、广利河、溢洪河六条排水河道向展区延伸,构成展区骨干排水框架。

建设排河治理工程,彻底解决展区内的排涝问题,将主干排河五六干合排、清户沟向上延伸至南展宽区,承担展区内排涝任务的河道全部轮治一遍,并对展区内各支排及田间工程进行高标准治理。

完善农田灌排工程配套,提高农业综合生产能力。整体推进节水工作,实施灌区节水改造,提高农业水利用效率,保障农田灌溉用水。节水灌溉工程将进一步提高渠系水利用系数,改善展区灌排条件,节水改造面积将达到 4 666.7 hm²。

建立沉沙池,使黄河水沙资源得到较好综合利用。新建占地 200 hm² 沉沙池一座,提高其沉沙能力、过水能力,改善沉沙效果,将对干渠引蓄黄河水起到促进作用。

三、建设内容与规模

项目是水利设施建设的有效载体。要牢固树立"发展抓项目"的观念,把项目建设作为加快展区水利设施发展的一项基础性、战略性工作来抓,真正从思想上、导向上把项目建设摆在突出位置,努力实现项目建设进度,从而促进和带动展区水利基础设施建设的全面推进。

南展宽区内农田水利设施不配套,灌排条件跟不上,致使农业产出率低,群众增收缓慢。针对展区水利设施现状,特提出以下项目建设规划:实施排河治理工程、节水灌溉工程、路东干渠沉沙池新建工程、南展水库新建工程、曹店水库新建工程等五项工程。

(一)排河治理工程

为彻底解决展区内的排涝问题,计划将主干排河五六干合排、清户沟向上延伸至南展宽区,将承担展区内排涝任务的河道全部轮治一遍,并对展区内各支排及田间工程进行高标准治理,共规划实施 12 项工程。

(二)节水灌溉工程

为了进一步提高渠系水利用系数,改善展区灌排条件,规划对 3 条渠系实施节水灌溉工程,包括路南干渠渠系,路东干渠渠系,董集乡展区一支渠、二支渠渠系,节水改造面积 4 666.7 hm²。

(三)路东干渠沉沙池新建工程

路东干渠沉沙池是路东干渠的关键性配套工程。现有沉沙池占地 146.7 hm²,由于多年运行、逐年淤积,池内平均沉沙已达 1.2 m,沉沙效果越来越差,明显表现出沉沙能力不足、过水能力降低等现象,已经基本不能利用,对干渠引蓄黄河水造成很大影响。同时,沉沙池内淤积形成的高地上长满芦苇、蒲草及杂草等,经过枯荣变化形成了大量腐殖质,引起水体富氧,导致水质恶化。鉴于以上原因,重新规划建设沉沙池。选址在原路东干渠沉沙池南侧,永莘公路以北,周家新村以西,临黄大堤以东,占地 200 hm²。

(四)南展水库新建工程

规划在原胜利乡政府以东、六干渠以南无基本农田区域建设半地下水库一座,开挖弃土用于房台填筑,占地面积 300 hm²,库容 1 000 万 m³。建设进水闸、排水闸各一座。

(五)曹店水库新建工程

曹店水库布置在曹店村南,引水口为曹店引黄闸,自曹店二干渠开挖引水渠引水,水库充库采用低水位自流入库、高水位提水入库的方式,建筑物包括引水渠、水库围坝、入库泵站、引水涵闸、出库涵闸。

第七节 林网建设规划

林业作为生态建设的主体,是一项重要的公益事业和基础产业,是经济社会可持续发展的重要保障和能动因素。实践表明,随着经济的快速增长,发达的林业对于维护生态安全,改善生态环境质量,统筹城乡发展,提高区域综合竞争力的作用越来越大。

一、规划现状

由于国民经济调整时期的原因,南展宽区尾工项目停建,相关的工程项目未能如期完成,工程管理经费未按《蓄滞区运用补偿暂行办法》落实,致使后续水利、道路、林网等规划建设不能接续。现展区内林木植被稀少,水土流失严重,涵养水源能力低,生态环境差,群众生活贫困,防御自然灾害的能力弱。展区临近村台的区段堤防绿化毁坏严重。树株受人为和牲畜破坏,部分村台处大堤行道林不成规模,堤坡植草也由于倾倒垃圾等原因被掩埋。堤防树株遭到损坏,刚植的小树,由于人为原因致死,成树更成为不法村民猎取的对象,因此造成"年年栽树不见树"的局面。堤旁两侧除部分大树尚保存较好外,新植树成活率很低,该区林木覆盖率及绿化水平都非常低。为此,亟需进行统一的林网建设规划。

二、规划目标

规划的总体目标:通过主要村镇庭院绿化、干道干渠沿线绿化和农田林网绿化,达到"林网标准化、道路林荫化、庭院美化、环境优化"的目标,保护和改善生态环境,全面推进城乡绿化美化向纵深发展,促进农业结构调整,改善和优化社会经济环境,推进城乡一体化进程。具体指标是:村庄绿化覆盖率 26% 以上,人均公共绿地 3 m²,道路、河道绿化地段绿化率 95%,林带林网控制率 98%,村民庭院绿化率达到 75%。

三、规划布局

以改善生态环境、美化家园为目标,结合全市"三网"建设规划方案,按照"三三一"的结构布局,将南展宽区初步建成以林木为主体,总量适宜、分布合理、植物多样、景观优美的乡镇森林生态网络体系。"三三一"是指"三点、三线、一面","三点"即镇、村、房台三级点状结构单元,"三线"即(堤)坝、路、渠通道主干线,"一面"即农田林网绿化面。

四、建设内容

为加强保护和改善区内生态环境,全面推进乡镇绿化美化向纵深发展,实现林网规划目标,展区将重点实施三个方面的工程建设。

(一)全面推进城乡绿化一体化工程建设

参照全市"三网"建设规划,吸收其中较好的设计思路,借鉴其中先进的技术,注意与"三网"建设规划的衔接和一致。以镇、村绿化和村民房台绿化为"点",人均绿化面积达到 3 m²;以坝、路、渠通道绿化为"线",区内沿路、坝、渠绿化长度达 300 km;以农田林网建设为"面",构成点线面一体化、功能相互辐射的乡镇森林生态网络体系。

(二)沿堤绿化工程建设

在黄河堤北一侧的近堤区建设高标准绿化带,长度达到 40 km,宽度达到 50 m,部分地区达到 90 m,起到护滩固堤的作用,形成完善的沿堤防护林体系。在防护林的外观设计上,重视景观优化,按照景观生态学的一般原理筛选造林典型模式;在树种选择方面,重视所选植被的适宜性,一般以速生杨、柳及桑科植物为主,与展区的土质、水质相适宜,地表灌木、草本有较强的互补性;在种植密度方面,合理密植,尽量避免长期种植出现自然死亡或长势不佳的状况。

(三)特色林业基地建设

大力推进经济林振兴工程,在堤背一侧的近堤区适地规划建设 100 m 宽桑园或 50 m 宽速生林,引导发展桑树养蚕产业和经济林业。依托展区内原已种植的 1 333.3 hm² 桑树,扩大种植面积,使桑园种植面积达到 2 666.7 hm²;依托现有的 20 hm² 南展宽区冬枣园,扩大种植,使其种植规模达到 133.3 hm²。

第八节 产业发展规划

一、大力发展第一产业

(一)种植业

按照建设生态高效经济区的总体要求,以高产、优质、生态、安全为目标,利用展区内土地无污染、水利设备齐全的优势,各乡镇、县区根据各自的特点,发展以粮食、棉花、桑蚕、蔬菜、水果、花卉等产品为主导,以生产基地的建设为核心,以稳定农业保护区为基础,以推广先进适用的栽培技术和引进推广优良品种为手段的绿色农业生产基地,努力提高产品的档次和质量,满足市场的需要。

1. 粮食

继续抓好商品粮基地建设,稳定总产,提高质量,增加单产,重点发展优质专用粮生产。

2. 棉花

稳定棉田面积,主攻单产,提高品质,重点发展产量水平较高、可纺性强、适应市场需求的杂交抗虫棉和优质棉。积极发展棉粮、棉菜、棉蒜等间作套种,提高棉田经济效益。

3. 蔬菜

重点实施无公害蔬菜系统工程,抓好生产基地设施的建设。抓好种子工程的实施,尽快建成蔬菜良种引进中心和蔬菜种子加工推广中心,发挥种子工程基础性行业的促进作用。加快实施蔬菜的品牌战略,不断提高蔬菜的质量和档次。积极引进、推广新的蔬菜品种,尽快形成规模化生产。

4. 水果

重点发展优质和有特色的水果品种,形成规模化生产。组织力量,集中资金,采用先进技术,重点攻克水果病虫害防治及名优水果保鲜、储藏、运输等难题。结合现代化观光农业的发展,扩大水果的种植面积,增加水果产量,利用展区的沙地、淡水条件优化种植"蜜汁西瓜"等特色农产品,增加产品销售及旅游收入。

5. 花卉

适应中心城市和人民生活水平提高的需要,继续增加花卉种植面积,培育新的花卉品种,集中做好良种的引进和培育工作。推广现代化栽培技术,大力发展花卉温室栽培和无土栽培,增加高档花卉的品种和产量,扩大在周边城市的市场占有率。做好花卉市场的开拓工作,加快花卉产业化的发展。

(二) 林业

积极实施"三网"绿化工程,以综合治理风沙、改善生态环境的防护林为主,并大力发展林粮间作的经济林。

(三) 畜牧业

优化畜牧业的产业结构,重点发展良种生产,促进"三高"畜牧业的发展,推动畜牧业产业化的进程。综合开发利用畜牧业养殖场。建立和完善疫情监测网,确定畜禽生产的标准模式,减少病害发生。建立畜禽产品检测中心,制订严格的畜禽产品质量标准,保证上市畜禽产品的质量。加强对大、中型畜禽场废水和污物的处理。

(四) 水产业

以淡水养殖基地为依托,以工厂化规模经营为支柱,点面结合,大力发展"三高"水产养殖业。通过拓宽生产养殖面积,加大水产科技投入,努力提高展区的水产养殖产量和产值。利用工厂化的养殖模式,因地制宜建立特色水产养殖场,通过集约化、规模化的生产,降低成本,提高经营利润。加强水产品的保鲜技术研究,引进水产品深加工技术,开展水产品综合利用试验和推广。

二、积极发展多种经营和农产品加工业

(一) 发展编织、黑陶等特色加工业

发挥展区地域优势,充分利用当地特产。利用其特产的香蒲、芦苇、柽柳、柳条、玉米皮等,重点发展编织加工业;利用黄河口淤泥加工制造享有"齐鲁黑陶之花"美誉的佛头黑陶,使这一独特工艺产品得以传承并发挥其经济和社会效益。对"麻湾刀剪"、家纺布

等传统特色产品做好标准、规范工作,提高其质量、产量和销量。

(二)发展食品加工业

根据居民膳食结构变化趋势,及时调整食品生产结构,发展安全、营养、方便的绿色食品。突出发展以乳制品、油料、肉制品、水产、蔬菜、冬枣为主的食品加工业,加快发展特色传统食品,开发精深加工产品,培育一批知名品牌。按照"壮大龙头、优化机制、延长链条、规模发展"的思路,通过引进联产、改制改造、投资参股、加大扶持等多种形式,以发展农产品精深加工为重点,重点建设清真肉业产业化、大豆分离蛋白等项目。努力形成以农产品精深加工为特色的食品加工产业集群,建成农副产品加工基地。

(三)发展生物质能产业

按照"科学规划、合理布局、综合利用、保护生态"的原则,以发展生物能源、生物产品和生物质原料为重点,积极争取国家农作物秸秆生物气化、固化成型燃料试点项目和农林生物质科技工程项目等,着力搞好生物质产业技术的研发、引进和推广。发挥项目区农业资源优势,加快发展以农作物秸秆等为主要原料的生物质燃料、肥料、饲料等产业,开辟农业新的发展空间。

三、加快发展农村服务业

以服务农业生产、方便农民生活和拉动农村消费为目标,以建设农村社区综合服务中心为载体,改造提升商贸、餐饮、交通运输等农村传统服务业,着力发展现代物流、信息咨询、中介服务、乡村生态农业、金融保险等农村新兴服务业,充分发挥生产、生活、生态、文化功能,大力发展"农家乐"等休闲旅游业,进一步提高第三产业对农民增收的拉动能力。

(一)发展农民专业合作组织

认真贯彻落实《中华人民共和国农民专业合作社法》,以农业龙头企业、农村经纪人、种养和购销大户为载体,加快培育各类专业协会、专业合作社,鼓励农民专业合作组织开展市场营销、信息服务、技术指导、农产品加工储藏和农资采购经营。按照民办、民管、民受益的原则,指导农民专业合作组织不断完善内部管理和运行机制,增强自律和服务功能,切实维护入社入会农民的合法权益。

(二)发展农村劳务产业

大力发展农村劳务产业,大规模开展农村劳动力技能培训。以提高劳务输出质量和效益为目标,推进展区劳务产业上台阶。要建立健全劳务输出管理机构和城乡就业公共服务网络,为外出务工农民免费提供法律咨询、就业信息、就业指导和职业介绍。逐步建立城乡统一的就业制度,严格执行最低工资制度,建立工资保险金制度,切实解决务工农民工资偏低和拖欠问题;逐步建立务工农民社会保障制度;依法处理劳动争议,完善劳动合同制度,切实维护务工农民的合法权益。扩大农村劳动力转移培训工程实施规模,增强农民转产转岗就业的能力。整合农业技术培训资源,充分利用现有资源,采取政府补贴、定向培养等方式,为农村培养一批掌握一至两门先进实用技术,能对群众致富产生示范带动作用的农民技术员队伍,要将农村劳动力培训经费纳入财政预算。开展多层次、多渠道、多形式的培训,引导农民务工有序转移、就地转移。

(三)发展农产品流通产业

健全完善农产品流通设施。加快建设农产品批发市场,着力建设几个区位优势明显、辐射带动能力强的区域性大中型农产品批发市场。完善提高"超市进乡镇、放心店进村"工程,尽快形成农资供应、日用品供应和农产品购销三大流通网络。积极发展农村连锁经营、电子商务、网上交易等现货流通业态。落实鲜活农产品运输"绿色通道"政策,取消对农民进城销售农产品的各种不合理限制,切实改善农产品物流环境。加强农产品流通市场监管,全面推行农产品市场准入制度,切实规范农村市场秩序。

积极发展多元化市场流通主体。鼓励商贸企业、邮政系统等市场流通主体,通过新建、兼并、联合、参股等方式,参与农村市场建设和农产品、农资经营,培育一批大中型涉农商贸企业。支持社会力量兴办各类流通中介组织,加快培育农产品运销大户,发展壮大农村经纪人队伍。鼓励农村经济能人、经纪人、购销大户、务工返乡农民等以多种形式发展农产品收购、存储、运输、加工、配送等功能一体化的流通产业。

(四)建设沿黄旅游观光产业带

重点包括"黄河景观"和"农业观光旅游"两部分,形成"亲近母亲河农家游"的特色景观体系。

黄河洪水进入麻湾—王庄窄河段后,两端均需经过接近90°的弯道,受双堤挟持而又"坐弯顶冲",自古就有"惊涛争奔、宕跌雷鸣"的险境奇观,游客可在洪水期临河观涛,一瞻黄河奔腾下注、波涛汹涌的壮美画卷。非汛期也可登临险工坝岸,观赏鳞次栉比的水上长城,感怀源远流长的黄河文化和中华民族自强不息的精神。

"农业观光旅游"则主要彰显当地人文生态与民俗文化。可利用黄河大坝和黄河泥沙淤地抬地的条件,营造高低错落、林水掩映的田园风光。农业旅游还要求以环境友好的方式充分利用农村自然资源和环境容量,在农业生产的基础上开发旅游功能。为此,要树立"民俗文化、民族文化就是资源"的思想,区别于名胜古迹、高山峡谷或海滩浴场等传统旅游,不追求豪华奢侈的饭店宾馆设施,而是让游客融入当地农民的民俗生活之中,增加参与农业生产、果实采摘以及彩陶、纺织等工艺制作流程的浓厚兴趣。为此,要遵循朴素、自然、协调的基本原则,最大程度地突出和保持原汁原味的农家风味。

发展绿色旅游,还应避免各种环境污染。根据生态文化的要求,发展农业旅游时,应注重培植绿色旅游产品。旅游农产品的产出过程应注重不施化肥,不施农药,绿色环保,现场生产现场消费。力求保持当地农村的生态环境和人文风貌,重视生态、经济、社会三大效益的获取,促使农业旅游资源的循环再生,从而走上旅游的可持续发展之路。

"黄河景观"与"农业观光旅游"相结合,可构成"一张一弛"的沿黄特色旅游景观,形成展区特有的旅游品牌,带动休闲、娱乐、餐饮、园艺、商贸等相关产业的发展。与黄河口生态旅游共同形成最佳旅游线路,展现近代黄河三角洲丰富多彩的地域风貌。

第九节　社会发展规划

展区内面积狭小,村庄人口较为密集,而且所有村都是典型的纯农业村,经济条件差,无力进行大规模的公益设施投入,造成目前大部分村庄的社会公益基础设施不完善,严重制约了文教、卫生等公益事业的发展。为完善展区公益设施,改善群众生活条件,在全面分析展区情况的基础上,对展区学校、社区卫生服务站、文化设施等进行统一规划。

一、学校建设规划

展区拟建设学校及幼儿园 14 所,其中,龙居镇 5 所,董集乡 2 所,胜坨镇 7 所。

龙居镇展区学校及幼儿园建设。根据村庄、人口布局,计划按省级规范化标准要求,拟新建曹店、麻湾 2 所小学,每所建筑面积各 1 600 m²,共计 3 200 m²;在老于、麻湾、曹店新建 3 所幼儿园,建筑面积共计 720 m²。

董集乡展区学校建设。董集乡南展宽区内拟建设杨庙小学及幼儿园,选址在杨庙大街东侧 300 m 处,征地 1.33 hm²,淤积房台土方 2 万 m³。

胜坨镇展区学校建设。胜坨镇按照山东省农村小学二类标准建设农村幼儿园及小学共 7 所。包括周家、宋家幼儿园,海东、义和幼儿园,海西、苏刘幼儿园,南五村幼儿园,大张幼儿园,张东、张西幼儿园,大张小学。

二、社区卫生服务站建设规划

根据南展宽区村庄分布情况,共规划建设卫生服务站 13 处,其中,龙居镇 2 处,董集乡 3 处,胜坨镇 7 处,垦利镇 1 处。

(1)龙居镇展区卫生服务站建设。在龙居镇老于、麻湾建设农村社区卫生服务站 2 处。

(2)董集乡展区卫生服务站建设。董集乡展区需新建农村社区卫生服务站 3 处,分别是:罗家村 1 处、小街村 1 处、大王村 1 处。

(3)胜坨镇展区卫生服务站建设。胜坨镇展区规划新建社区卫生服务站 7 处,分别是:梅家、林子、许家、吴家、卞家 5 个行政村 1 处,周家、宋家 2 个行政村 1 处,前彩、西街、王院、棘刘 4 个行政村 1 处,大张、胥家、陈家、新张、小张 5 个行政村 1 处,海东、义和 2 个行政村 1 处,苏家 1 处,戈武 1 处。

(4)垦利镇展区卫生服务站建设。在垦利镇西尚村新建房台中间位置建设社区卫生服务站 1 处。

三、文化设施建设规划

(一)文化大院及农业科技教育培训中心建设

为丰富展区群众的精神文化生活并向广大农民传播科技知识,计划在龙居镇新建居住区和垦利镇展区各建 1 处高标准的文化大院,建筑面积共 1 792 m²。

(二)电视闭路线布置规划

东营区展区:实施有线电视户户通工程,铺设光缆 12 km;安装入户设备 3 565 套;垦利县展区:自临黄大提与南展大堤分界点开始,沿新淤房台架设一条光缆线路,贯通所有搬迁村庄,线路走向自垦利镇西尚村经胜坨镇至董集乡的罗家村。架设光缆干线总长 32.6 km,安装入户设备 11 670 套。

四、劳动力就业技能培训规划

为进一步提高展区农村劳动力科技文化素质,提高就业技能,加快广大农民脱贫致富奔小康的步伐,并推进农村劳动力向非农产业和城镇转移,切实搞好展区农民就业技能培训工作十分重要。自 2007 年起,在展区范围内实施"农民就业技能培训工程"。

(一)培训目标

通过实施农民科技和就业技能培训,使广大农民的市场主体意识、开拓进取意识和现代文明意识明显强化,科技致富能力、市场竞争能力和转移就业能力进一步增强,科技对农业、农村经济的贡献率和农民的经济收入有大幅度提高,并尽快培养出一批科技文化素质高、经营管理和市场开拓能力强、能从事专业化生产和产业化经营的新型农民。2010年,全展区所有农户都有一名主要劳动力接受培训,受训人数达到 15 000 人;2020 年,全展区所有具备受训条件的农民将都能得到培训。

(二)主要培训对象、内容

培训对象主要包括拟向非农产业、城镇转移的劳动力,回村务农的初、高中毕业生,农村"两委"成员、科技示范户、专业户,从事二、三产业的农村劳动力,农业技术人员;培训内容包括农业科技知识与技能培训,针对拟向非农产业、城镇转移的劳动力,开展转移就业前的引导性培训和岗位培训。

(三)培训方式

培训分为短期(农闲)、中期(半脱产)和长期(脱产)培训。实用技术短期专题培训,主要以乡镇农业科技教育培训中心、成教中心、农技站和村培训点为主办班培训,每期安排不少于 1 d,学习 1~2 项课目。农业技术人员培训中期班,以县乡农业广播电视大学、农业科技教育培训中心、农技站为主,每期 2~3 个月或不少于 40 学时,并结合教学内容和人员情况,每年选派一批农业技术骨干到大专院校进行脱产学习培训。长期班以市、县区农业广播电视大学、农业科技教育培训中心和农业院校为主,主要进行学历培训。培训时间要根据农民从事各行业生产的季节性特点,尽量安排在农闲时期。

第十五章　展区发展项目及进度计划

第一节　项目分解及项目建设内容

根据规划的编制要求和空间布局框架,初步规划论证了 8 个项目,其基本情况与计划进度如下。

一、黄河南展宽区房台建设项目

(一)项目建设的必要性

黄河南展宽区于 1978 年建成,展区房台面积是按 1973 年春季实有人数增加 15% 考虑的,随着人口的自然增长,住房紧张程度日益突出,有的住户一家三代居住在一块宅基地上,10 余口人居住在一个庭院内,相当多农户人畜共居一处,既不便于生活,又容易引发各类疾病。随着展区人口的增多,居住密度也越来越大。为彻底改善展区群众的居住条件,急需对黄河南展宽区内村庄进行统一规划建设。

(二)项目建设规模

龙居镇的房台建设采取以改造和新建相结合的方式,对于规模较大、基础条件较好、近年来新建房屋较多的村庄可采用部分保留、部分翻建的方式进行改造;在临黄大堤上淤筑房台建设新村,改善群众的居住条件。争取通过合并改造,进行组团式村庄建设,使展区群众的居住条件得到彻底改善。规划淤积 7 座比较大的房台,在原村的基础上进行旧房改造。

垦利镇、胜坨镇、董集乡在制定各村新村建设规划的基础上,在原房台外侧背离黄河大堤方向实施新淤房台工程。规划改造旧房台村 56 个,新淤房台 24 座,淤筑新房台、改造老房台总面积 678.6 hm²。

(三)项目建设内容

黄河南展宽区房台建设涉及 4 个乡镇,下面就各个乡镇分项论述。

1. 龙居镇展区房台建设

由于要为黄河预留 90 m 宽的淤背区,现有房台基本不再延用,在靠近原房台的地带,规划淤积 7 座比较大的房台。其中:

老于、王家合并到 1 座房台上,2 村共计 446 户群众,向东淤积房台占地约 29.87 hm²,动用土方 95.5 万 m³;

刘家、小麻湾合并到 1 座房台上,2 村共计 357 户群众,向东淤积房台占地约 23.93 hm²,动用土方 74 万 m³;

麻一、麻二、麻三、谢何、董王合并到 1 座房台上,5 村共计 722 户群众,向东淤积房台占地约 49.27 hm²,动用土方 154.3 万 m³;

圈张、林家、陈家合并到 1 座房台上,3 个村共计 274 户群众,向东淤积房台占地约 18.4 hm²,动用土方 61 万 m³;

赵家单独淤筑到 1 座房台上,共计 465 户群众,向东淤积房台占地约 31.13 hm²,动用土方 101 万 m³;

三里、北李、曹店合并到 1 座房台上,3 个村共计 728 户群众,向东淤积房台占地约 49.67 hm²,动用土方 155.5 万 m³;

打渔张、吕家、蒋家合并到 1 座房台上,3 个村共计 296 户群众,搬到五干以南,淤积房台占地约 19.87 hm²,动用土方 62.2 万 m³;

小杨村(64 户 215 人)因已搬至南展堤以东,进行就地改造。

2. 董集乡展区房台建设

董集乡 20 个村规划改造房台,新淤房台、改造老房台总面积 170.2 hm²,解决 2 396 户 8 641 人的住房问题。其中,新淤房台 8 座,面积 116.87 hm²,搬迁户数 1 598 户,人口 5 753 人,户均用地 0.073 hm²;改造老房台 53.33 hm²,留居户数 798 户,人口 2 888 人,户均用地面积 0.067 hm²。

1) 新房台建设

董集乡规划新淤房台 20 个村、总户数 2 396 户,其中 1 598 户迁新房台。其中:北范、宋王、南范、东范 4 个村新房台位于老村东侧,七井、东韩、大王、石家、小王、邱家、郑家、崔家南 8 个村新房台位于南展宽区内,五干渠以北,小街、杨庙、后许、前许、新李、西韩、罗家 7 个村均在原老村位置向东扩展,大户村因已迁至南展大堤以南,就地进行改造。

共新淤房台 8 座,面积 116.87 hm²,总房台面积 170.2 hm²,户均用地面积 0.067 hm² 左右。其中:

南八个村新淤 1 座房台,面积 57.34 hm²;

南范村新淤 1 座房台,面积 9.67 hm²;

北范村新淤 1 座房台,面积 6 hm²;

东范村新淤 1 座房台,面积 8 hm²;

宋王村新淤 1 座房台,面积 11.53 hm²;

罗家村新淤 1 座房台,面积 8.33 hm²;

西韩、前许、新李村新淤 1 座房台,面积 7.33 hm²;

后许、小街、杨庙新淤 1 座房台,面积 8.67 hm²。

2) 老房台改造建设

对于老房台村的规划整合,将按照"逐步收回,统一规划,统一建设,合理利用,新老房台结合安置"的原则进行,从而切实解决滩区群众的住房难问题。展区老房台总面积 73.2 hm²,改造面积 53.33 hm²(不含黄河大堤预留 100 m 缓冲带),老房台预留户数 798 户,人口 2 888 人,户均用地面积 0.067 hm²。

3. 胜坨镇南展宽区房台建设

胜坨镇 35 个村规划改造房台,新淤房台、改造老房台总面积 499.73 hm²,解决 7 396 户 29 356 人的住房问题。其中,新淤房台 15 座,面积 346.4 hm²,搬迁户数 5 340 户,人口 21 200 人,户均用地 0.065 hm²;改造老房台 153.33 hm²,留居户数 2 056 户,人口 8 156

人,户均用地面积 0.075 hm²。

1)新村建设

胜坨镇展区寿和、张东、张西、苏家、宁家、花台、义和、海东、苏刘、海西、新张、小张、大张、陈家、胥家、周家、宋家、路家、常家、三佛、辛庄、后彩、前彩、西街、棘刘、王院、大白、小白、佛头、徐王、林子、梅家、卞家、许家、吴家共 35 个村 5 340 户 21 200 人需新淤房台,沿现有房台外侧背离黄河大堤方向新淤房台。

共新淤房台 15 座,总面积 346.4 hm²,户均用地面积 0.065 hm²。其中:

寿和村新淤 1 座房台,面积 8 hm²;

张东、张西村新淤 1 座房台,面积 42.1 hm²;

苏家村新淤 1 座房台,面积 8.5 hm²;

宁家、花台村新淤 1 座房台,面积 12.4 hm²;

义和村新淤 1 座房台,面积 12.4 hm²;

海东村新淤 1 座房台,面积 10.3 hm²;

苏刘、海西村新淤 1 座房台,面积 55.9 hm²;

新张、小张村新淤 1 座房台,面积 8.2 hm²;

大张、陈家、胥家村新淤 1 座房台,面积 11.9 hm²;

周家、宋家村新淤 1 座房台,面积 20.3 hm²;

路家、常家、三佛、辛庄、后彩村新淤 1 座房台,面积 43.3 hm²;

前彩、西街、棘刘、王院村新淤 1 座房台,面积 17.7 hm²;

大白、小白、佛头、徐王村新淤 1 座房台,面积 24.3 hm²;

卞家、许家、吴家、林子村新淤 1 座房台,面积 61.5 hm²;

梅家村新淤 1 座房台,面积 9.6 hm²。

2)老村改造建设

对于老房台村的规划整合,将按照"逐步收回,统一规划,统一建设,合理利用,新老房台结合安置"的原则进行,从而切实解决滩区群众的住房难问题。胜坨镇展区老房台总面积 177.73 hm²,改造面积 153.33 hm²(不含黄河大堤预留 100 m 缓冲带),老房台安排留居户数 2 056 户,人数 8 156 人,户均面积 0.086 hm² 左右。

4.垦利镇展区房台建设

垦利镇西尚村 90 户 319 人整体搬迁到新房台,房台选址于胜利油田供水公司 5 号水库以西、6 号水库以南,垦利县东张水库东南角。因西尚老村原址均在黄河大坝 100 m 以内,整体搬迁后,予以拆除。

共新淤房台 1 座,面积 8.67 hm²,公用地面积 5.316 hm²。因西尚村三面临水库,库存水位高达 6 m,为防止渗透,新房台设计地势较高,原地抬高 5 m,共预计动用土方 45 万 m³。

(四)项目投资估算

项目共计投资 10 173.12 万元,其中:

龙居镇展区房台建设投资 2 345 万元;

董集乡展区房台建设投资 3 531 万元;

胜坨镇展区房台建设投资 3 336.32 万元；

垦利镇展区房台建设投资 960.8 万元。

二、黄河南展宽区土地整理项目

(一)项目建设的必要性

自黄河南展宽区建成 30 年来,群众受展区条件制约,收入水平、生活水平以及经济增长速度长期以来一直低于其他地区,生产多以农作物种植为主,展区内土地由于受其原有规划的限制,至今仍未摆脱"怕旱、怕涝"的被动局面,离高产、稳产田的耕作条件仍有相当大的距离。当地群众广种薄收,农业生产效益低下,从事农业生产的积极性不高,经济发展的滞后,制约了农村各项工作的开展。土地整理项目的建设将对展区的农业生产起到积极的推动作用。

(二)项目建设规模

为改善展区的基础设施条件,使其达到"旱能浇、涝能排"的目标,规划对展区内的土地进行整理,垦利镇、胜坨镇、董集乡土地治理总面积达到 3 763.33 hm^2,龙居镇治理土地总面积 2 366.67 hm^2。

(三)项目建设内容

1. 龙居镇

曹店片 1 333.3 hm^2 土地整理项目。项目区位于曹店干渠以南,南至兴龙路,涉及耕地面积 1 333.3 hm^2。项目区内灌排体系配套不完善,多年来一直是二、三级提水,农田产出率低下。通过对沟渠路林的综合整治,改善农田灌排条件和生态环境,实现一级提水,建成高标准农田,推动曹店片 7 个村的农业发展。规划衬砌斗渠 16 条,长 16.1 km;衬砌农渠 41 条,长 18.4 km;疏挖支渠 2 条,长 4.05 km,斗沟 13 条,长 16.1 km,农沟 39 条,长 16.6 km;新建扬水站 2 座,斗渠进水闸 16 座,农渠进水闸 41 座,节制闸 2 座,生产桥 147 座;农田防护林植树 4.6 万株。

麻湾片土地整理项目。项目区位于麻湾干渠以北,北至兴龙路,与曹店片 1 333.3 hm^2 土地整理项目相邻。控制耕地面积 666.7 hm^2。项目区土地高低不平,地面悬殊较大,需要进行综合整治。规划衬砌斗渠 9 条,长 9.35 km;衬砌农渠 30 条,长 16.4 km;疏挖支渠 2 条,长 5.66 km,斗渠 10 条,长 111 km,农渠 26 条,长 12.75 km;新建扬水站 2 座,配套建筑物 118 座。

四干南于刘王家片 266.7 hm^2 土地治理项目。项目区控制土地面积 266.7 hm^2。此项目由于多年来未进行土地整理改造,土壤硬化严重,极不利于作物生长。项目治理重点放在土地整平、防风固沙、改良土壤、灌排配套方面。规划新挖支渠 1 条,长 2.8 km,建设渠首泵站 1 座,配套斗渠 5 条,长 7.2 km,农渠 20 条,长 1.5 km,并对支渠、斗渠、农渠进行衬砌硬化,新挖斗、农级田间排水沟 21.9 km,新建田间生产路 24.2 km,林网植树 12 万株。

老于滩土地灌排综合治理项目。项目区控制土地面积 100 hm^2,涉及老于、王家 2 个村庄。项目区内土壤性能良好,非常适宜农作物生长,但灌排及交通条件极不方便。规划疏挖支排 1 条,长 2.1 km,斗级沟渠 8 条,长 4.8 km,农级沟渠 24 条,长 12 km;新建扬水站 1 座,新修生产路 22 条,长 11.2 km,新建水工建筑物 32 座。

2. 董集乡

董集乡土地整理工程位于董集乡西部展区内,西起西排沟,东至东排沟,南至曹店干渠,北至七斗渠,涉及董集乡展区全部 20 个村的集体土地,总面积 2 000 hm²。项目整平土地 1 200 hm²;开挖渠道 33 条,长 20.31 km;衬砌支渠、斗渠、农渠 8.6 km;修建水工建筑物 355 座;修田间道 7.11 km、生产路 4.01 km;道路硬化 6.9 km。

3. 胜坨镇

南五村片土地整理工程。工程位于胜利干渠以南,涉及土地面积 400 hm²,荒碱地面积占总面积的近 1/2,开发潜力、开发意义重大,此工程实施后将对胜坨镇展区胜利干渠以南 5 个村的农业生产起到积极的推动作用。工程土地平整 266.7 hm²,斗渠衬砌 6 000 m,新建田间道 9.67 km、生产路 20.94 km;农沟长 12.3 km,斗沟长 9 620 m;农渠 13 370 m;农渠 U 形槽水泥现浇 11 570 m。新建扬水站 2 座,沟渠涵 36 座,农渠进水闸 32 座,节制闸 3 座,斗渠控制闸 3 座;防护林木 21 000 株。

胜坨镇六干北十五村及戈武、郑王、王营土地整理工程。工程位于胜北一支以东,南展大堤以西,胜利干渠以北,永莘路以南。南展宽区北十五村及戈武、郑王、王营村土地以胜利干渠为主要灌溉水源,自永莘路排汇入广利河,直通到海。工程区经过多年的治理开发,沟渠基本配套,但是由于胜利引黄闸闸底高程偏高,该地段位于干渠上游,取水困难。工程实施计划覆盖面积 1 333.3 hm²,区内干渠渠首修建扬水站,其中胜北一支、二支、三支进行渠道砌衬,全长 12 km;另建设支排 3 条,全长 17 km,实施土方工程 45.9 万 m³;斗渠 52 条进行砌衬,全长 50.4 km,土方 20.8 万 m³;斗排 52 条,全长 55.2 km,土方 52.3 万 m³,整平土地 1 000 hm²。另外,由于广利河王营泄水闸覆盖面积大而闸孔小,需要进行重建。

4. 垦利镇

垦利镇重点在西尚村实施 30 hm² 中低产田改造工程。该工程区位于县胜利水库以南、新建房台以西,南至胜坨镇地界,西与胜坨镇接壤,总面积 30 hm²。工程整平土地 13.3 hm²;开挖农渠 10 条、农排 10 条,总长 8 800 m;新建引水能力 0.5 m³/s 扬水站 1 座;衬砌斗渠 1 条,长 1 km,配套进水闸门 10 座。

(四)项目投资估算

项目共计投资 11 531.36 万元,其中:

龙居镇工程投资 3 320 万元;

董集乡工程投资 3 955.86 万元;

胜坨镇工程投资 4 220 万元;

垦利镇工程投资 35.5 万元。

三、黄河南展宽区城乡供水一体化工程项目

(一)项目建设的必要性

黄河南展宽区农村居民以饮用黄河水为主。饮水大部分采用单村供水方式,部分住户使用机井提取当地未经处理的浅层地下水,含盐量较高,细菌严重超标,水质较差,井深一般在 10～20 m。取水方式主要采用水泵和压力罐供水,供水压力 0.2 MPa,建设标准

低。区内农村供水水质、水量和供水保证率均不达标,加之受季节影响黄河水丰枯不均,给农民群众的生活带来极大不便,影响了区内农民的正常生产生活,阻碍了经济发展,造成展区内群众生活质量下降,实施饮水安全工程迫在眉睫。

(二)项目建设规模

项目建设只包括新建房台区及改造区的供水工程建设,龙居镇铺设 PE 管线达 465.0 km,安装各级水表、阀门、管件 13 804 件,建设管理房 7 座、加压站 1 座。垦利镇、胜坨镇、董集乡 56 个行政村,铺设各级管线达 217.43 km,建设加压泵站 3 座。

(三)项目建设内容

1.龙居镇展区工程

计划铺设 PE 管线 465.0 km,其中,直径 160 mm 的 7.0 km,直径 110 mm 的 14.0 km,直径 90 mm 的 17.0 km,直径 63 mm 的 24.5 km,直径 20 mm 的入户管线 402.5 km;安装各级水表、阀门、管件 13 804 件;建设管理房 7 座、加压站 1 座。

2.董集乡展区工程

董集乡展区饮水安全工程覆盖大户、七井、东韩、大王、小王、石家、郑家、邱家、崔家、北范、小街、东范、南范、宋王、杨庙、后许、前许、新李、西韩、罗家 20 个行政村,2 393 户 8 462 人。

工程建设加压泵站 2 座,阀表井 41 个,铺设管线 137.5 km,其中,ϕ315 mm 主管线 63 km,ϕ250 mm 主管线 6 km。

3.胜坨镇展区工程

胜坨镇沿黄片集中供水工程设计使用垦利县第二水厂水源,覆盖胜坨镇展区的 35 个村庄。同时,向董集乡、郝家镇工业园供水,将主管线铺设到董集乡、郝家镇与两乡镇原有主管线对接,解决园区嫁接油田管线压力小、价格高的问题。

工程需开挖土方 5.80 万 m³,工程共铺设管线 43.03 km,其中 ϕ400 mmPE100 管 4.30 km,ϕ315 mmPE100 管 6.05 km,ϕ250 mmPE100 管 6.00 km,ϕ200 mmPE100 管 7.60 km,ϕ160 mmPE100 管 3.00 km,ϕ110 mmPE100 管 11.55 km,ϕ90 mmPE100 管 4.53 km。

工程 ϕ400 mm 管线跨越路东干渠一处计 60 m,ϕ400 mm 管线跨越宁海排沟一处计 40 m,ϕ400 mm 管线跨越路南干渠一处计 60 m,ϕ400 mm 管线跨越顺堤排沟一处计 40 m,ϕ400 mm 管线跨越溢洪河一处计 80 m,ϕ400 mm 管线跨越崔家支渠一处计 30 m,ϕ315 mm 管线跨越路东干渠一处计 60 m,ϕ315 mm 管线跨越宁崔路一处计 20 m,ϕ250 mm 管线跨越永莘路一处计 60 m,ϕ250 mm 管线跨越路南干渠一处计 80 m,ϕ200 mm 管线跨越永莘路一处计 60 m,ϕ200 mm 管线跨越六干渠一处计 60 m,共计 12 处,采用 PE 管穿越施工。管线跨越商业街及公路,管道沿线混凝土路面拆除恢复 2300 m²,沥青路面拆除恢复 500 m²;设置混凝土支墩 224.0 m³;设置标志牌 190 个。

工程共设加压泵站 1 处,管理房 35 座,阀表井 101 座。本工程共需加压设备 1 套,水表 44 块,排气阀 18 个,闸阀 120 个,减压阀 35 个。

在此基础上,沿黄片 35 个村需进行村内管网改造,包括村内主管线更换、入户管线更换、安装水表、设置阀表井以及开挖管槽、恢复路面。

4.垦利镇西尚村工程

西尚村现有 90 户 278 人。从西冯铺设 ϕ90 mm 自来水主管线 2 000 m,投资 8 万元;村内管网需用 ϕ75 mm 管线 1 500 m,ϕ20 mm 管线 4 000 m,投资 6 万元;水表、阀门等附件投资 1.5 万元;安装施工费 3.5 万元。共安装水表、阀门 91 套。

(四)项目投资估算

项目共计投资 4 632 万元,其中:

龙居镇投资 517 万元;

董集乡投资 586 万元;

胜坨镇投资 3 510 万元;

垦利镇投资 19 万元。

四、黄河南展宽区水利基础设施建设项目

(一)项目建设的必要性

随着人口的增长、人们生活水平的提高,粮食安全在寄希望于良种、化肥等提高农业生产率的同时,如何改善农村水利基础设施条件、增强农业抵御旱涝灾害的能力,成为农业面临的一大问题。最近,国家针对这些问题提出了调整农业经济结构等一系列措施,设法保护农业生产,增加农民收入,其中就包括了农田水利基础设施建设问题。

黄河南展宽区内土地盐碱化,农业产量长期低而不稳,人民生活难以改善。为了改变这种现状,彻底解决展区内的旱、涝问题,计划对其进行一系列水利基础设施项目建设,只有搞好现代化的农村水利建设,才能进一步开发展区农业生产潜力,加大农产品的竞争能力。

(二)项目建设规模

项目包括排河治理工程、节水灌溉工程、路东干渠沉沙池新建工程、南展水库新建工程、曹店水库新建工程。

(1)排河治理工程。将主干排河五六干合排、清户沟向上延伸至南展宽区,将承担展区内排涝任务的河道全部轮治一遍,并对展区内各支排及田间工程进行高标准治理,共规划实施 12 项工程,河道治理长度 114.86 km,新建、改造、拆除建筑物 122 座。

(2)节水灌溉工程。为了进一步提高渠系水利用系数,改善展区灌排条件,规划对 3 条渠系实施节水灌溉工程,包括路南干渠渠系,路东干渠渠系,董集乡展区一支渠、二支渠渠系,节水改造面积 4 666.7 hm^2。

(3)路东干渠沉沙池新建工程。占地 200 hm^2,新建截渗沟 1 条,沉沙池进水闸 1 座,路南干渠渡槽及附桥各 1 座。

(4)南展水库新建工程。占地面积 300 hm^2,开挖土方 750 万 m^3,水面面积 266.7 hm^2,蓄水深度 4.0 m,库容 1 000 万 m^3。

(5)曹店水库新建工程。水库充库采用低水位自流入库、高水位提水入库的方式,引水涵洞设计流量 3.0 m^3/s、设计提水流量 2.5 m^3/s,出库水经出库涵洞供水,设计供水流量 5.0 m^3/s。

(三)项目建设内容

为彻底解决展区内的排涝问题,计划对黄河南展宽区内各支排及田间工程进行高标准治理。

1.排河治理工程

1)南展排水沟建设工程

南展排水沟位于南展堤外200 m处,与该堤走向平行。由于展区内放淤、泄洪、泄凌、灌溉等因素,展区内地势高于展区外。因此,展区内的灌溉、降水,都会因地势的高低差使展区内盐碱渗向展区外,造成展区外农田次生盐碱化。为此,以控制南展宽区向展区外渗盐碱为主,同时担负南展宽区外排水的任务,修建排水沟,设计沟底宽15 m,挖深3.5 m,边坡1:3,总长度38.65 km,总土方345万 m³。

2)五六干合排西延工程

五六干合排西延工程规划自南清户村向西延伸穿南展大坝,疏浚长度10.2 km,设计边坡1:3,底宽5~16 m,动用土方29万 m³,沿途需改建建筑物2座,新建穿南展大堤清户排水闸,选址于南清户村西南,承担董集乡南展宽区的排涝任务,设计排涝流量23.05 m³/s。排水闸建成后,将彻底解决南展宽区南部的排水问题,减轻胜干排水闸的压力,加快涝水的排泄速度,使南展宽区内的排涝标准显著提高,降低涝灾发生的概率。工程实施后将有效解决展区董集乡境内的排涝问题,控制排涝面积25 km²。

3)清户沟疏浚治理工程

清户沟疏浚治理工程自南展胜利灌排闸开始,至广利河入口结束,治理长度15 km,设计边坡1:3,底宽6 m,动用土方20万 m³,新建拦河闸1座,闸址选在秦家村以南,设计排水流量25 m³/s,加大流量35 m³/s,沿途需改建建筑物3座。工程实施后将有效解决展区董集乡、胜坨镇境内的排涝问题,控制排涝面积10 km²。

4)广利河疏浚治理工程

广利河疏浚治理工程自路东干渠穿涵开始,至东营区与垦利县交界处结束,治理长度12.21 km,设计边坡1:3,底宽18~25 m,动用土方16万 m³,沿途改建建筑物3座,原建筑物拆除1座。工程实施后将有效解决展区胜坨镇境内的排涝问题,控制排涝面积35 km²。

5)胜坨镇展区宁海大排沟治理工程

胜坨镇展区宁海大排沟治理工程自苏家村开始,至广利河结束,治理长度9 km,底宽3 m,挖深2.5 m,边坡1:2,开挖土方18万 m³,维修、改建建筑物15座。

6)胜坨镇展区清户大排沟治理工程

胜坨镇展区清户大排沟治理工程自梅家村开始,至戈武排灌闸结束,治理长度5.8 km,底宽3 m,挖深2.5 m,边坡1:2,开挖土方6.96万 m³,维修、改建建筑物12座。

7)胜坨镇展区顺堤大排沟治理工程

胜坨镇展区顺堤大排沟治理工程自王营闸开始,至东张水库结束,治理长度6 km,底宽3 m,挖深2.5 m,边坡1:2,开挖土方9万 m³,维修、改建建筑物8座。

8)胜坨镇南展堤张东泄水闸新建工程

闸址选于溢洪河、宁海大排沟东端,即张东水库西端。胜坨镇展区宁海工作区辖17个村,总人口17 000人,耕地面积1 733.3 hm²。由于南展堤阻挡,该区排水受到严重制约,目前区内建有宁海排灌闸 1 座,但该闸属灌排一体型,灌、排水容易形成矛盾。因此,规划新建 1 座泄水闸,将展区 17 个村的渍水汇入溢洪河,彻底解决宁海工作区排水问题。

9)董集乡南展宽区西排沟疏浚治理工程

董集乡南展宽区西排沟疏浚治理工程南起罗盖村地界,北至七支渠,全长 6 km,设计底宽 5 m,边坡 1:2.5,平均挖深 3 m,疏浚土方 25 万 m³,需配套节制闸 1 座,生产桥 25 座。

10)董集乡南展宽区七支渠疏浚治理工程

董集乡南展宽区七支渠疏浚治理工程西起西排沟,东至东排沟,全长 5 km,设计底宽 5 m,边坡 1:2.5,平均挖深 3 m,疏浚土方 18 万 m³,需配套生产桥 13 座。

11)清户排扩建工程

计划对原清户排进行扩建,治理长度 7 km,治理土方 50.4 万 m³,沿途布置绿化、改建建筑物 6 座。

12)大孙排水闸改建工程

改建穿南展大堤大孙排水闸,该闸位于大孙村西南,承担着南展宽区的排涝任务,设计排涝流量 23.05 m³/s。南展宽区大孙排水闸改建后,将彻底解决南展宽区的排水问题,加快涝水的排泄速度,使南展宽区内的排涝标准显著提高,降低了涝灾发生的概率。

2. 节水灌溉工程

1)路南干渠渠系建设

规划衬砌路南干渠 9.6 km,衬砌宁家水库以东斗渠 7 条,长 8.3 km,开挖斗排 7 条,长 8.3 km,衬砌农渠 33 条,长 14.8 km,开挖农排 33 条,长 14.8 km。衬砌宁家水库以西斗渠 7 条,长 9.2 km,开挖斗排 7 条,长 9.2 km,衬砌农渠 36 条,长 18 km,开挖农排 36 条,长 18 km。节水改造面积 1 333.3 hm²。

2)路东干渠渠系建设

规划衬砌路东干渠长 10.53 km,维修和新建桥、涵、闸 55 座,衬砌支渠 25 条,总长 18 750 m。节水改造面积 1 333.3 hm²。

3)董集乡展区一支渠、二支渠渠系建设

工程衬砌长度 11 km,需配套扬水站 2 座,节制闸 24 座,生产桥 14 座。节水改造面积 2 000 hm²。

3. 路东干渠沉沙池新建工程

新建沉沙池选址在原路东干渠沉沙池南侧,永莘公路以北,周家新村以西,临黄大堤以东,占地 200 hm²,将旧池退池还田。开口位置选在路家村西北,纪冯扬水站以东,出口选在新建沉沙池以北。围坝采用碾压式均质土坝围成,从沉沙池内取土筑坝。围坝长 6.8 km,坝高 4.5 m,坝顶宽 5 m,外边坡 1:3,内边坡 1:6,共动用土方 77 万 m³。新建截渗沟 1 条,工程位于沉沙池东侧和南侧,接路南干渠,长度 3.5 km,底宽 3 m,设计边坡 1:3,深度 3 m,动用土方 11 万 m³。新建沉沙池进水闸 1 座,开敞式,2 孔,宽 3 m,设计流量 10 m³/s;新建路南干渠渡槽及附桥,设计过水流量 10 m³/s;对现有沉沙池扬水站进行改造。

4. 南展水库新建工程

规划在原胜利乡政府以东、六干渠以南无基本农田区域建设半地下水库 1 座,开挖弃土用于房台填筑,占地面积 300 hm²,平均挖深 3.0 m,水库围坝高 2.0 m,采用混凝土板衬砌与砌石组合护坡,开挖土方 750 万 m³,水面面积 266.7 hm²,蓄水深度 4.0 m,库容 1 000 万 m³。建设进水闸、排水闸各 1 座。工程需解决引黄沉沙问题。

水库开挖土方除围坝填筑用土外,其余土方用于附近村庄新规划房台填筑,解决新建房台土源问题,同时增加胜利灌区抗旱生产后备水源,改善局部生态环境,附属建设景观设施达到景观湖建设效果,扩充广利河综合治理引水建源工程的生态旅游功能。详细规划时应考虑引黄沉沙问题。

5. 曹店水库新建工程

曹店水库布置在曹店村南,引水口为曹店引黄闸,自曹店二干渠开挖引水渠引水,水库充库采用低水位自流入库、高水位提水入库的方式,引水涵洞设计流量 3.0 m³/s、设计提水流量 2.5 m³/s,出库水经出库涵洞供水,设计供水流量 5.0 m³/s。曹店水库主要建筑物包括引水渠、水库围坝、入库泵站、引水涵闸、出库涵闸。

(四)项目投资估算

本项目总投资 20 882.60 万元,其中:

排河治理工程投资 6 138.60 万元;

节水灌溉工程投资 3 949 万元;

路东干渠沉沙池新建工程投资 1 295 万元;

南展水库新建工程投资 5 300 万元;

曹店水库新建工程投资 4 200 万元。

五、黄河南展宽区道路建设项目

(一)项目建设的必要性

黄河南展宽区区域位置偏僻,长期以来交通条件极差,与外界信息、物流不畅通,群众观念保守。随着展区人口的增多,居住越来越密集,群众出入主要依靠临黄大堤,容易和防凌、防汛、工程管理发生冲突,交通不便的问题日渐突出。此外,由于居住条件的紧张,群众沿临黄大堤堆草垛、建打谷场、倾倒垃圾,使水利工程遭受破坏,削弱了工程的抗洪能力。为进一步改善交通和社会公益设施条件,展区内急需进行道路设施的建设项目。

(二)项目建设规模

(1)垦利项目区。展区重点建设贯通南北的乡村道路 4 条:海东、海西—永莘路,张东、张西—胜坨镇北外环路,胜干南道,顺堤路,总长 45.6 km,并配套建设部分村内道路。

(2)东营项目区。为进一步改善区内交通设施条件,将重点建设 3 条乡村公路,即展新路、展北路、坝顶路。规划长度 19.5 km。

(三)项目建设内容

1. 海东、海西—永莘路

将海东、海西村至永莘路打通,建设柏油路,路宽 7 m,3:7 灰土 30 cm,6 cm 路面,长 4.3 km,建筑物 7 座,投资 320 万元。

2. 张东、张西—胜坨镇北外环路

将张东、张西村至胜坨镇北外环路连接起来,建设柏油路,路宽 7 m,3:7 灰土 30 cm,6 cm 路面,长 6.1 km,建筑物 10 座,概算投资 400 万元。

3. 胜干南路

胜干南路长 5.2 km,建设柏油路,路宽 7 m,3:7 灰土 30 cm,6 cm 路面,概算投资 260 万元。

4. 顺堤路

沿黄河临河堤在新淤房台外侧规划顺堤路,自董集乡罗家开始,向东北方向,经董集至利津大桥公路、六干渠、胜采十九队,沿衬砌后的路东干渠北坝到东张水库南坝、西尚村东,接临黄大堤现有柏油路。按三级路标准建设,路面宽 7 m,长 30 km,投资 2 300 万元。

5. 垦利镇

西尚村需配套生产路 8 条,总长 4.2 km,修建生产桥 3 座,概算投资 335 万元。其中:

西冯村东—西尚新村,建设长 2 km,路面宽 4 m;

新村后向北—黄河大坝,建设长 200 m,路面宽 4 m;

西尚村内硬化路 2 横 4 纵共计 6 条,建设长 2 km,路面宽 8 m。

6. 展新路

展新路南至兴龙路、北至打渔张村的公路,规划柏油路长 6 km,宽 7 m,建筑物 8 座,计划投资 320 万元。

7. 展北路

展北路西起赵家村北临黄堤,经西史村、尚家村至 220 国道,将赵家、三里等村与 220 国道连接起来,规划柏油路长 6 km,路宽 7 m,建筑物 10 座,预计投资 360 万元。

8. 坝顶路

将展区大坝坝顶进行硬化,规划柏油路长 7.5 km,路宽 7 m,预计投资 241 万元。

9. 村内道路建设

建设村内道路共计 42 km,路宽 5 m,概算投资 1 260 万元。

(四)项目投资估算

项目投资共计 5 796 万元,其中:

海东、海西—永莘路投资 320 万元;

张东、张西—胜坨镇北外环路投资 400 万元;

胜干南路投资 260 万元;

顺堤路投资 2 300 万元;

垦利镇西尚村生产路投资 335 万元;

展新路投资 320 万元;

展北路建设投资 360 万元;

坝顶路投资 241 万元;

村内道路建设投资 1 260 万元。

六、黄河南展宽区林网建设项目

(一)项目建设的必要性

进行林网的合理规划建设,使其在农村经济可持续发展中发挥重要作用。项目的建设在粮食增产、农业增效和农民增收中具有保障作用。通过加强林网建设,改善农村生态状况和人居环境,建设绿色生态屏障,构建农业防灾减灾体系,保证农业增效和粮食增产,推进农村产业结构调整,促进农村人口就业和农民增收,充分发挥林业的多功能效益,因地制宜地制定新农村绿化战略对策和措施,对于加快社会主义新农村建设步伐,促进南展宽区经济社会持续快速发展有着重大意义。

(二)项目建设目标

以改善生态环境、美化家园为目标,以调整产业结构和转变农业增长方式为主线,将黄河南展宽区初步建成以林木为主体,总量适宜、分布合理、植物多样、景观优美的城乡森林生态网络体系。通过主要干道沿线、河渠堤坝绿化、庭院绿化网络建设,达到"林网标准化、道路林荫化、庭院美化、环境优化"的目标,保护和改善生态环境,全面推进城乡绿化美化向纵深发展,改善和优化社会经济环境,全面提高农业和农村经济发展质量,扎实推进社会主义新农村建设。

(三)项目建设内容

1. 城乡绿化一体化工程

(1)镇、村、房台绿化带。以美化环境为建设重点,对村、房台进行统一绿化,达到村在林中、房在园中、人在景中的绿化格局。

(2)水系林带。以保持水土、防风固沙、护坡护岸、涵养水源为主要功能,对尚未绿化或绿化标准较低的河道、干渠、水库等,按照水利征用地范围实施绿化,有条件的要进一步提高绿化标准。

(3)路域林带。以防风固土、改良土壤、美化环境为主要目标,以新建、改建、扩建道路为绿化重点,建设高标准绿化林带,按建设标准进行规划设计。

(4)农田林网。将农田防护林网建设与农田水利工程、中低产田改造、灌区基础设施改造等农村基础设施建设和展区综合开发共同推进,切实提高农业综合生产能力。

2. 沿堤绿化工程

在堤背一侧的近堤区建设高标准绿化带,形成完善的沿堤生态防护林体系。根据展区植被现状,在淤背区以外营造生态林,主要建设防风固沙林和桑榆林果相结合的生态经济林带,最大宽度控制在 50 ~ 100 m。

3. 特色林业基地

依托展区内原已种植的 1 333.3 hm^2 桑树,大力发展桑树养蚕产业,扩大种植面积,使桑园种植面积达到 2 666.7 hm^2,桑树的种植不但改变了沙碱地的生长条件,有效阻止了沙土的东侵,同时增加了农民收入。

依托现有的 20 hm^2 南展宽区冬枣园,扩大种植,使其种植规模达到 133.3 hm^2,将展区建设成一流的绿色果品生产基地。

建设速生林基地,引导发展经济林业,促进农民增收。安排更新速生杨面积 800 hm^2,在邻近处新造速生杨 200 hm^2,使速生杨基地达到 1 000 hm^2 的规模,形成具有较强生态防护功能与景观功能的一道独特风景线。

(四)项目投资估算

项目总投资 3 500 万元,其中:

城乡绿化一体化工程建设投资 500 万元;

沿堤绿化工程建设投资 2 200 万元；

特色林业基地建设投资 800 万元。

七、黄河南展宽区电力与通信建设项目

（一）电力建设

1. 项目建设的必要性

电力不仅是国民经济的基础产业，也是促进农村经济社会发展的重要支柱。加快新农村电力设施建设，推动农电事业可持续发展，是落实"生产发展、生活宽裕、乡风文明、村容整洁、管理民主"的社会主义新农村建设总体要求的具体体现。快速推进新农村电力建设，使电力成为促进新农村"生产发展"的先行官，对于不断满足新农村"生活宽裕"日益增长的用电需求，提高农村电力发展水平，构建社会主义和谐社会，促进农村电力建设事业健康和持续发展具有十分重要的意义。

2. 项目建设目标

计划将展区内的电网重新安装，改造为一级电力设备。通过建设新型农网，科学规划，提升装备科技含量，形成结构优化、布局合理、技术适用、供电质量高、电能损耗低的农村电网，为展区提供安全、经济、可靠的电力保障，大力提高展区电力化水平。

3. 项目建设内容

1）龙居镇电力设施建设

龙居镇对各村电网重新改造，具体电网设施测算如下：

（1）老于、王家：444 户、160 kVA；

（2）刘家、小麻湾：200 户、80 kVA；

（3）麻一、麻二、麻三、谢何、董王：729 户、315 kVA；

（4）圈张、林家、陈家：226 户、80 kVA；

（5）赵家：470 户、160 kVA；

（6）三里、北李、曹店：762 户、315 kVA；

（7）打渔张、蒋家：329 户、160 kVA；

用电户数：3 160 户，配变：1 270 kVA。

（8）老于村房台至打渔张村房台，铺设 10 kV 线路 14 km。

2）董集乡展区电力设施建设

董集乡展区需架设 6 kV 高压线路，线路长 25 km。村内高低压线路沿主要街道架设，每村安装容量 50 kVA 的变压器 1 台，总计安装 20 台，架设 380 V 供电线路 30 km，架设村内低压 220 V 线路 15 km。

3）胜坨镇展区电力设施建设

胜坨镇展区需将宁海线、闸西线、坨九零甲线、史水线四条高压线路改造为一级电力设备，全长约 61.1 km，安装镇直变压器 3 台，安装 50 kVA 的变压器 27 台、100 kVA 的变压器 52 台、200 kVA 的变压器 13 台。线路计划沿规划区外架设。

4）垦利镇西尚村电力设施建设

需新安装 150 kVA 变压器 1 台，架设 380 V 供电线路 1 500 m，架设村内低压 220 V

线路 2 000 m。

4. 项目投资估算

电力项目总投资 2 948.71 万元,其中:

龙居镇投资 342.21 万元;

董集乡投资 900 万元;

胜坨镇投资 1 676 万元;

垦利镇投资 30.5 万元。

(二)通信建设

1. 项目建设的必要性

在当前新农村建设、农业产业结构调整步伐加快的关键时期,推进信息化新农村建设,广泛普及运用信息网络手段,对于普及农业科技、调整农业结构、推销农副产品、提高农民素质和加强农村基层组织建设等许多方面,都具有全方位的重要意义。实现展区信息化,既是推进社会主义新农村建设和统筹城乡发展的重要依托,又是社会主义新农村建设和城乡统筹发展的重要内容。

2. 项目建设目标

加强展区通信设施建设,加快实施"通信覆盖工程",提高通信质量和电话普及率,实现展区通信全覆盖,固定电话普及率达到80%。

3. 项目建设内容

在展区内各乡镇驻地设置服务网点。通信线路建议采用地下管道敷设通信电缆方式。为留有发展余地,建议通信管道按以下标准设计,主干道 24 孔,一般街道 6～12 孔。建设"一乡(镇)一厅"(每个乡镇建成一个自办营业厅)、"一村一点"(每个行政村建立一个村级便民服务点),实现"村村通电话"和"一乡一站(信息服务站)、一村一话",即乡镇有 1 个信息服务站、IP 公话超市,每个自然村有 1 部有人值守的公用电话。

4. 项目投资估算

项目预计总投资约 100 万元。

八、黄河南展宽区文教卫生建设项目

(一)项目建设的必要性

黄河南展宽区经济发展的滞后,制约了农村各项工作的开展,导致文化教育、医疗卫生等社会公益事业落后。展区内面积狭小,村庄人口密集,经济条件差,无力进行大的公益设施建设,造成目前大部分村庄的社会公益基础设施不完善,严重制约了文教、卫生等公益事业的发展。为完善展区公益设施,改善群众生活条件,急需对文教卫生等各项公益性设施进行统一规划建设。

(二)项目建设的规模

对展区学校、社区卫生服务站、电视闭路线安装进行了统一规划建设,共建设学校及幼儿园 14 所,建筑面积达 11 835 m²,社区卫生服务站 13 处,实施有线电视户户通工程,铺设光缆 44.6 km,建设文化大院 2 处,建筑面积达 1 792 m²。

(三)项目建设内容

1. 学校及幼儿园建设

1)龙居镇展区学校建设

根据村庄、人口布局,计划按省级规范化标准要求,拟新建曹店、麻湾2所小学,每所建筑面积各 1 600 m²,共计 3 200 m²。在老于、麻湾、曹店新建 3 所幼儿园,建筑面积 720 m²。

2)董集乡展区学校建设

董集乡南展宽区内拟建设杨庙小学及幼儿园,选址在杨庙大街东侧 300 m 处,征地 1.33 hm²,淤积房台土方 2 万 m³。幼儿园按照东营市一类标准建设,规模 6 个班以上,建设幼儿活动间、盥洗室、活动室等 43 间,厕所 1 个。小学按照山东省农村小学一类标准建设,需建 3 层楼 1 栋,计 1 790 m²,平房 9 间,警卫室 1 间,厕所 1 个。

3)胜坨镇展区学校建设

胜坨镇按照山东省农村小学二类标准建设农村幼儿园及小学共 7 所。

(1)周家、宋家幼儿园。在两村交界处,占地 0.33 hm²,建设教室 9 间、办公室 3 间、活动室 3 间、微机室 2 间、图书室 2 间、寝室 3 间、盥洗室 2 间、餐厅伙房 4 间、保健室 1 间、门卫传达室 2 间,建筑面积约 725 m²。

(2)海东、义和幼儿园。在两村交界处,占地 0.33 hm²,建设教室 9 间、办公室 3 间、活动室 3 间、微机室 2 间、图书室 2 间、寝室 3 间、盥洗室 2 间、餐厅伙房 4 间、保健室 1 间、门卫传达室 2 间,建筑面积约 725 m²。

(3)海西、苏刘幼儿园。在两村交界处,占地 0.33 hm²,建设教室 9 间、办公室 3 间、活动室 3 间、微机室 2 间、图书室 2 间、寝室 3 间、盥洗室 2 间、餐厅伙房 4 间、保健室 1 间、门卫传达室 2 间,建筑面积约 725 m²。

(4)南五村幼儿园。位于林子村南侧,占地 0.33 hm²,建设教室 9 间、办公室 3 间、活动室 3 间、微机室 2 间、图书室 2 间、寝室 3 间、盥洗室 2 间、餐厅伙房 4 间、保健室 1 间、门卫传达室 2 间,建筑面积约 725 m²。

(5)大张幼儿园。位于大张村房台东,占地 0.33 hm²,建设教室 9 间、办公室 3 间、活动室 3 间、微机室 2 间、图书室 2 间、寝室 3 间、盥洗室 2 间、餐厅伙房 4 间、保健室 1 间、门卫传达室 2 间,建筑面积约 725 m²。

(6)张东、张西幼儿园。在两村交界处,占地 0.33 hm²,建设教室 9 间、办公室 3 间、活动室 3 间、微机室 2 间、图书室 2 间、寝室 3 间、盥洗室 2 间、餐厅伙房 4 间、保健室 1 间、门卫传达室 2 间,建筑面积约 725 m²。

(7)大张小学。在大张村房台南。占地 2.33 hm²,建设教室 36 间、办公室 6 间、实验室 3 间、仪器室 2 间、图书室 3 间、阅览室 3 间、微机室 3 间、音美器材室 2 间、体育器材室 3 间、餐厅伙房 4 间、车棚 4 间、门卫传达室 2 间,建筑面积约 1 775 m²。

2. 社区卫生服务站建设

1)龙居镇展区卫生服务站建设

在龙居镇老于、麻湾建设农村社区卫生服务站 2 处,建筑面积 252 m²。

2)董集乡展区卫生服务站建设

董集乡展区需新建农村社区卫生服务站 3 处,分别是:罗家村 1 处、小街村 1 处、大王村 1 处。按照东营市农村社区卫生服务站标准建设。

3）胜坨镇展区卫生服务站建设

胜坨镇展区规划新建社区卫生服务站 7 处,分别是:梅家、林子、许家、吴家、卞家 5 个行政村 1 处,周家、宋家 2 个行政村 1 处,前彩、西街、王院、棘刘 4 个行政村 1 处,大张、胥家、陈家、新张、小张 5 个行政村 1 处,海东、义和 2 个行政村 1 处,苏家 1 处,戈武 1 处。按照东营市农村社区卫生服务站建设标准,每处占地 500 m²。

4）垦利镇展区卫生服务站建设

在垦利镇西尚村新建房台中间位置建设社区卫生服务站 1 处。

3. 电视闭路线布置规划

东营项目区,实施有线电视户户通工程,铺设光缆 12 km,村内线路按房屋的实际规划情况铺设。

垦利项目区,自临黄大提与南展大堤分界点开始,沿新淤房台架设一条光缆线路,贯通所有搬迁村庄,线路走向自垦利镇西尚村经胜坨镇至董集乡的罗家村。架设光缆干线总长 32. 6 km,安装入户设备 11 670 套。

4. 文化大院建设

为丰富展区群众的精神文化生活,计划在龙居镇新建居住区和垦利镇展区各建 1 处高标准的文化大院,建筑面积共 1 792 m²。

(四)项目投资估算

项目总投资 2 603. 96 万元,其中:

展区学校建设投资 1 514. 2 万元;

展区社区卫生服务站建设投资 340. 5 万元;

展区电视闭路线布置建设投资 529. 26 万元;

展区文化大院建设投资 220 万元。

九、黄河南展宽区劳动力就业技能培训项目

(一)项目建设的必要性

加快农民的科技知识和就业转移技能培训,提高农民的科技文化素质,促进农村劳动力向非农产业和城镇有序、快速转移,是建设现代农业、解决"三农"问题、全面建设小康社会的重要途径,是加快展区经济社会发展的必然要求。为进一步提高展区农村劳动力科技文化素质,提高就业技能,加快广大农民脱贫致富奔小康的步伐,并推进农村劳动力向非农产业和城镇转移,切实搞好展区农民就业技能培训工作十分重要。因此,大力开展农民科技和转移就业技能培训,提高农村劳动力的科技文化素质和转移就业能力,对于推进农业和农村经济发展具有重要的战略意义,也是从根本上解决农业、农村和农民问题的有效途径。

(二)项目培训目标

以普及先进实用的农业技术、提高农户创业能力为目标,通过开展多层次、多渠道、多形式的农业实用技术培训、农技人员岗位培训和专业人员的农业技术培训,培养适应现代农业建设要求,有文化、懂技术、会经营的新型农民。

(三)项目培训内容

1. 农业科技知识与技能培训

(1)种植业培训。重点围绕无公害农产品、绿色食品种植技术、标准化生产、工厂化育苗、设施农业、粮棉栽培技术、农村能源、农业机械、农村经济管理等方面知识进行,计划培训 5 000 人。

(2)畜牧业培训。重点围绕奶牛、肉牛、肉羊、鸡、猪等的科学饲养管理及疫病防治技术,苜蓿栽培、病虫害防治及饲料作物青贮技术知识进行,计划培训 3 000 人。

(3)林果业培训。重点围绕冬枣标准化生产、速生林规范化管理、果品储藏保鲜、花卉优质苗木栽培繁育、林产品加工、耐盐作物种植及病虫害防治等实用技术进行,计划培训4 000 人。

2. 劳动力转移培训与就业

主要是对拟向非农产业、城镇转移的劳动力,开展转移就业前的引导性培训和岗位培训。围绕制造、建筑、商业、工业、餐饮、家政服务等行业的职业技能,政策、法律法规知识,安全常识和公民道德规范,农产品流通,劳务输出渠道等知识进行。有针对性地举办农村劳动力专项技能定向培训,计划转移培训农村劳动力 3 000 人,转移就业 3 000 人。

(四)项目投资估算

本项目总投资约 300 万元。

第二节　项目进度计划

一、项目建设计划及年限

由于解决展区人民居住问题迫在眉睫,先进行房台建设规划,按照先急后缓、先试点后推开的步骤实施规划改造,房台建设由政府投资,房屋建设投资以居民为主,政府资助进行。

供水工程是村镇规划建设的重要基础设施建设,坚持供水工程建设与房台村庄统一规划,整体推进。主管线建设投资由政府负担,入户管线铺设投资由居民自己承担。

展区道路建设按照县区统一规划,乡镇分头施工进行,建设顺序为先建设乡镇和村庄间道路,然后修筑村内道路。

水利基础设施建设,先进行排河治理及节水灌溉工程建设,后建沉沙池及水库。

结合全市新编的第二轮土地利用规划,争取相应的土地整理项目。

林网建设中的城乡绿化工程结合房台及道路规划进行建设,林业特色基地建设及沿黄绿化工程按规划进度安排。

电力与通信建设可与房台规划建设同步实施。

文教卫生建设按照先学校、幼儿园,后社区卫生服务站、电视闭路线、文化大院的顺序安排。

农民培训项目按照培训内容来安排。

项目规划建设总年限 14 年。各方要加大运作力度,争取早日完成项目建设。

二、项目建设进度计划

(一)黄河南展宽区房台建设项目

2010年10月至2012年6月,实施垦利镇、胜坨镇、董集乡、龙居镇的新淤房台工程。

2012年10月至2013年12月,将各村镇2/3的人口迁出,在新淤房台落户。按照国家水利工程要求和各村村庄规划,全面实施老村改造。

(二)黄河南展宽区土地整理项目

2011年4月至2013年5月,实施四干南于刘王家片266.7 hm^{2}土地治理工程、董集乡土地整理工程。

2013年6月至2018年5月,实施麻湾片土地整理工程,老于滩土地灌排综合治理工程,胜坨镇六干北十五村及戈武、郑王、王营土地整理工程。

2018年6月至2023年12月,实施曹店片1 333.3 hm^{2}土地整理工程、胜坨镇沿黄南五村片土地整理工程、垦利镇西尚村30 hm^{2}中低产田改造工程。

(三)黄河南展宽区城乡供水一体化工程项目

2011年12月至2014年12月,实施完成垦利镇、胜坨镇、董集乡供水工程建设。

2013年1月至2014年6月,实施龙居镇供水工程建设。

(四)黄河南展宽区水利基础设施建设项目

2010年12月至2013年12月,实施排河治理工程、节水灌溉工程。

2012年6月至2015年12月,实施路东干渠沉沙池、南展水库工程。

2013年5月至2014年4月,实施曹店水库建设工程。

(五)黄河南展宽区道路建设项目

2011年7月至2013年12月,完成村间干道的修筑。

2013年1月至2013年12月,完成村内道路修筑。

(六)黄河南展宽区林网建设项目

2011年10月至2013年12月,实施城乡绿化一体化工程及林业特色基地建设。

2012年1月至2015年5月,实施沿黄绿化工程建设。

2012年6月至2018年12月,实施沿堤绿化工程。

(七)黄河南展宽区电力通信建设项目

2011年5月至2013年4月,实施电力设施建设工程。

2011年12月至2013年12月,实施通信设施建设工程。

(八)黄河南展宽区文教卫生建设项目

2012年7月至2014年8月,实施学校及幼儿园建设。

2013年10月至2015年12月,实施社区卫生服务站建设。

2013年1月至2013年12月,实施文化大院及电视闭路线布置。

(九)黄河南展宽区劳动力就业技能培训项目

2012年1月至2012年12月,进行农业科技知识与技能培训。

2013年1月至2013年12月,进行劳动力转移与就业培训。

项目进度见表15-1。

表 15-1 项目进度计划表

序号	项目	进度		
		2010~2015年	2016~2020年	2021~2025年
1	黄河南展宽区房台建设项目	▬▬▬		
2	黄河南展宽区土地整理项目	▬▬▬		
3	黄河南展宽区城乡供水一体化工程项目	▬▬▬		
4	黄河南展宽区水利基础设施建设项目	▬▬▬		
5	黄河南展宽区道路建设项目	▬▬		
6	黄河南展宽区林网建设项目	▬▬		
7	黄河南展宽区电力与通信建设项目	▬		
8	黄河南展宽区文教卫生建设项目	▬▬		
9	黄河南展宽区劳动力就业技能培训项目	▬▬		

第十六章　环境影响综合评价

本章重点是针对展区分项规划和发展项目所做的环境影响综合评价,是依据《中华人民共和国环境保护法》《中华人民共和国大气污染防治法》《大气环境质量标准》、《环境空气质量标准》《中华人民共和国水污染防治法》《建筑施工场界噪声限值》等,对规划和建设项目实施后可能造成的环境影响进行分析、预测和评估,提出预防或者减轻不良环境影响的对策和措施,对展区环境进行跟踪监测的方法和制度,使项目的实施能从源头预防环境污染和生态破坏问题。

第一节　展区建设总体环境评价

一、建设社会主义新农村的环境影响

根据山东省委、省政府的总体部署,本规划确定将建设社会主义新农村作为规划编制工作的战略定位。展区社会主义新农村的建设必将使农村人居环境的综合整治和农民生态家园建设出现一个新面貌。规划将以展区农村的环境优化、美化为目标,积极推进环境保护和村庄整理;实施"三清四改五化"工程,以"三清"(清理粪堆、清理垃圾堆、清理杂草堆)、"四改"(改水、改厕、改灶、改圈)为重点,以"五化"(硬化、净化、亮化、绿化、美化)为目标,彻底解决展区农村"脏、乱、差"的问题,创造整洁、舒适、文明的生活环境和靓丽的村容村貌。规划还注重建设农村生态体系,将按照"三三一"的布局原则,实施展区林网建设,采取镇、村、房台三级点状结构植树造林,形成绿树环抱村舍的田园景观;沿临黄大堤和南展大堤、道路、灌排渠三线为主干,营造绿色林带;同时在成方连片的广阔农田绿化区内,建设林网体系,从而使整个展区达到"林网标准化、道路林荫化、庭院美化、环境优化"的目标。总之,社会主义新农村建设将给展区环境带来清新、整洁、绿树成荫的崭新风貌。

二、展区国土整治的环境影响

展区的主要建设内容,如在沿黄堤外侧建设新型居民区,实施"三网"绿化工程和土地整理项目、开展水利设施建设、统一规划道路布局,等等,这些工程在总体上构成了展区国土整治的规划内容,将有力地促进展区形成合理、高效、集约的土地利用结构,有利于促进土地集约利用,增加优质耕地面积,实现耕地总量动态平衡;有利于经济的发展和农业生产水平的提高以及农业增产、农民增收;有利于精神文明和农村社会的全面发展;有利于实现土地用途管制。展区的国土综合整治将使规划区出现村庄绿荫环抱、道路绿带镶嵌、河岸绿树成行、居处绿水环绕的新气象。

三、展区产业发展的环境影响

本研究对展区各业发展主要规划了一批无污染且对环境带来良好影响的产业和项目。农民收入的提高,将主要依靠地处城郊和土地无污染的优势,大力发展无公害绿色农产品供给城市来实现。农、林、牧、渔结构合理的第一产业将有利于环境的绿化、美化;编织、黑陶制作等将以劳动密集和手工工艺为主,对周边环境无污染。

种植业、林业的发展可以增加展区绿化面积,增加植被面积和树木的数量。绿色作物可以吸收空气中的二氧化碳和有毒气体,增加空气湿度,涵养水源,吸收噪声,吸附空气中的粉尘和固体小颗粒,能改善和美化展区环境。

畜牧业和水产业的发展能够带动与促进大农业内部形成生态链的良性循环,使展区农业发展层次化、立体化,充分利用各类生物资源,形成生态、高效和绿色的农业格局。

生物质能产业能够实现秸秆、薪柴的气化,生成的气体可用于发电、供热,避免了秸秆燃烧造成的空气污染;有利于拓展农业功能和改善农民生产生活条件,促进区域经济发展和农民增收;有利于发挥农业对能源的支持作用,缓解能源供应紧张局面;有利于保护和改善生态环境。

旅游业号称"无烟工业","亲近黄河口农家乐生态旅游"项目可带动起一批生态环境治理工程,并向展区人民和广大游客宣传关注生态、爱护生态环境的新理念,促进展区可持续发展。

第二节　工程项目的环境影响分析与治理措施

从总体上看,本规划的实施有利于改善展区生态环境,但在工程项目的建设过程中会对展区大气环境、水环境造成轻度污染,某些工序会产生噪声和固体废弃物,对此应在进行科学预测分析的基础上,有针对性地制定治理措施,保证将环境污染降到最低限度。

一、展区工程项目实施的环境影响分析

(一)大气环境

项目建设过程中,机械燃油会造成一定的空气污染,燃料燃烧产生的二氧化碳、氮氧化合物及燃料不充分燃烧产生的一氧化碳将会增加,其中柴油燃烧产生的碳氢化合物、氮氧化合物以及微粒(PT)影响较为严重。规划的实施涉及众多的土地整理、物料运输以及建筑物的拆除,这些过程也会产生大量的粉尘和固体悬浮颗粒,从而对项目区及周边大气环境造成不利影响。

(二)水环境

项目施工过程中,机械用水、清洗机械用水、剩余油污以及机械废水排放都会对水环境造成不利影响。施工过程中机械设备以及车辆的跑冒滴漏现象将会对地面、土壤及水环境产生不利影响。另外,项目建设过程中的施工生活污水也将对水源造成一定的污染。

项目建成后居民生产生活所排放的废水将在一定程度上对地表水造成污染。项目区内种植业过度施用农药、化肥会降低农产品的环保标准,并有可能对地下水造成污染。

（三）噪声

施工车辆运输施工过程中的机械噪声以及鸣笛都会产生高分贝噪声。施工过程中的机械噪声是项目的主要噪声污染源，另外，住房的拆除、道路的修筑过程都会产生噪声，对周边居民及生物造成不利影响。

（四）固体废弃物

规划项目建设期产生的固体废弃物主要在土地整理、房屋拆迁和道路整平过程中产生，主要的固体废弃物种类是弃土和建筑垃圾，主要成分包括钢筋混凝土、废弃的砖瓦、旧墙体等。

二、环境污染治理措施

（一）大气环境保护措施

项目建设过程中，选用先进的、废气排放少的机械设备，使用高品质燃油，从最大限度上减轻对大气造成的污染，并对设备实施定期检查，发现问题及时处理，保证设备正常运作。施工过程确保设备无超负荷运作，合理利用能源，确保达到节能、环保的双重作用。

固体废弃物和弃土的运送过程中，工程车辆加盖防尘幔，对路面进行防尘喷水处理，设置专门的人员及时清扫路面，限定车速，减少扬尘和固体悬浮颗粒的产生。

展区内应严格执行项目审批制度，拒绝高污染项目的建设，积极实施绿化工程，增加植树造林面积，以改善大气环境。

（二）水环境保护措施

项目的整个施工建设过程中确保各个用水环节合理适量。明确和保护水源地，做到统一取水，用水定点、定量，减少浪费和水资源污染。对建设过程中产生的废水进行统一处理和回用，清洗机车设备用水尽量使用二次回用水，达到节约用水、减少水污染的双重目的。严格管理车辆及设备，对设备出现的跑冒滴漏现象进行及时处理，保证对项目区的水源不产生污染。

项目建成后居民生活区建设统一的供排水管体系。生活废水按规定排入污水管道，制造有机肥或做其他处理。农业生产过程中严格控制施用化肥和农药的品种及数量，严格限制使用毒性高的农药，以减少对土壤及地下水的污染。

（三）噪声防护措施

施工机械及工程车辆均选择低噪、高效、节能的设备，并在施工过程中及时检修，确保在人口密集区的噪声污染达到最小。工程车辆操作和行驶过程中尽量减少鸣笛，高噪声设备进行降噪处理，如对设备底座加紧加固，对设备各零部件做好紧固工作以减少设备运作时振动产生的噪声。夜间施工时尽量避免高噪声设备操作，减少夜间施工时间，居民区附近不进行夜间施工，以减少噪声对周围居民的影响。

（四）固体废弃物的处理

对项目实施过程中的弃土和房屋拆迁过程中产生的固体废弃物，要进行初步的粉碎处理，粉碎过程中喷水防尘，处理后的固体废物可用来进行项目区的整平、有机肥制作，剩余的固体废物进行统一的定点填埋。

规划项目建成后，居民生活区建设垃圾收集点，设置专门的清扫和垃圾运送人员，对垃圾及时清扫和收集,收集后的垃圾统一运送至垃圾处理厂进行处理。

(五)规划项目的节能降耗

项目需动用大量的机械设备,必然消耗大量的燃料和电力。针对项目施工高耗能高耗电的情况,要制定完善的解决措施。一是施工选用先进的节能设备,做好检修工作,保证不出现跑冒滴漏现象。二是根据工程项目的规模选择合适的机械设备,确保不出现低负荷和超负荷运转现象,合理利用能源。三是燃料统一配送,严格管理,设置专门的监督人员,落实节能管理制度。

第三节 环境影响评价结论

本规划产业布局的重点就是充分发挥展区环境清洁、无污染的优势,大力发展生态高效产业,其中建设的以粮棉、蔬菜、经济林、水产品为主导的绿色生产基地为规划的主要内容。这一布局的实施必将对规划区环境产生良好的影响作用。其中林网建设工程将在展区形成立体生态防护体系,吸收二氧化碳,释放清洁空气,使展区生产与人居环境更加优美舒适;生物质能产业的发展将促进清洁能源普及使用,减少作物秸秆燃烧带来的空气污染;水利管网建设将使规划区水循环条件更加优越,有利于改善生活环境和各类生物的养育与培植;生态旅游可促使人们更加关注和爱护生态环境;项目区的房台建设和居民生活区的规划也充分考虑了环保与生态因素,实行完善的防污、治污措施。项目建成后对优化该地区的生态环境,改善小气候,维持生态平衡都将起到非常重要的作用。但是在规划实施期间,机械设备运行过程等将对区内环境造成轻度污染,机械作业及施工流程中的噪声、生产生活中的垃圾污染物等也将对区内环境带来负面影响。对此本章已提出有效的防治措施,从而使施工过程对环境的影响降到最低限度,努力实现各种废弃物、污染物的社区化规范管理。

第十七章　展区建设投资估算与效益分析

第一节　投资估算与资金筹措

一、近期发展项目投资估算

本规划在对黄河南展宽区各个重点规划项目进行综述的基础上,根据有关规定和市场价格,结合实际情况,运用科学的预测方法,对规划区各项目进行投资估算,预计总投资62 467.75 万元,其中垦利县投资 46 154.54 万元,东营区投资 16 313.21 万元。

(一)黄河南展宽区房台建设项目

(1)龙居镇展区房台建设投资 2 345 万元;

(2)董集乡展区房台建设投资 3 531 万元;

(3)胜坨镇展区房台建设投资 3 336.32 万元;

(4)垦利镇展区房台建设投资 960.8 万元。

(二)黄河南展宽区土地整理项目

(1)龙居镇四干至五干区域土地开发项目投资 2 300 万元;

(2)龙居镇四干南王家片 266.7 hm² 土地治理投资 650 万元;

(3)龙居镇赵家滩土地整理项目投资 370 万元;

(4)董集乡展区土地整理项目投资 3 955.86 万元;

(5)胜坨镇南五村片土地整理项目投资 1 020 万元;

(6)胜坨镇六干北十五村及戈武、郑王、王营土地整理项目投资 3 200 万元;

(7)垦利镇西尚村 30 hm² 中低产田改造项目投资 35.5 万元。

(三)黄河南展宽区城乡供水一体化工程项目

(1)龙居镇供水工程投资 517 万元;

(2)董集乡供水工程投资 586 万元;

(3)胜坨镇供水工程投资 3 510 万元;

(4)垦利镇西尚村供水工程投资 19 万元。

(四)黄河南展宽区水利基础设施建设项目

(1)排河治理工程投资 6 138.60 万元,其中:

南展排水沟建设工程投资 2 350 万元;

五六干合排西延工程投资 709.6 万元;

清户沟疏浚治理工程投资 313 万元;

广利河疏浚治理工程投资 712 万元;

董集乡南展宽区西排沟疏浚治理工程投资 205 万元;

董集乡南展宽区七支渠疏浚治理工程投资 127 万元；

胜坨镇展区宁海大排沟治理工程投资 186 万元；

胜坨镇展区清户大排沟治理工程投资 98 万元；

胜坨镇展区顺堤大排沟治理工程投资 78 万元；

胜坨镇南展堤张东泄水闸新建工程投资 500 万元；

对原清户排进行扩建投资 293.40 万元；

改建穿南展大堤大孙排水闸工程投资 566.6 万元。

（2）节水灌溉工程投资 3 949 万元，其中：

路南干渠渠系建设投资 1 200 万元；

路东干渠渠系建设投资 1 685 万元；

董集乡展区一支渠、二支渠渠系建设投资 1 064 万元。

（3）路东干渠沉沙池新建工程投资 1 295 万元，其中：

围坝筑造投资 485 万元；

截渗沟投资 70 万元；

新建沉沙池进水闸投资 40 万元；

新建路南干渠渡槽及附桥投资 60 万元；

沉沙池扬水站改造及迁占费投资 40 万元；

迁占费 600 万元。

（4）南展水库新建工程投资 5 300 万元，其中：

工程开挖土方投资 3 000 万元；

湖岸衬砌投资 2 100 万元；

建设进水闸、排水闸投资 200 万元。

（5）曹店水库新建工程投资 4 200 万元。

（五）黄河南展宽区道路建设项目

（1）海东、海西—永莘路投资 320 万元；

（2）张东、张西—胜坨镇北外环路投资 400 万元；

（3）胜干南路投资 260 万元；

（4）顺堤路投资 2 300 万元；

（5）垦利镇西尚村 8 条生产路投资 335 万元；

（6）展新路建设投资 320 万元；

（7）展北路建设投资 360 万元；

（8）坝顶路建设投资 241 万元；

（9）村内道路建设投资 1 260 万元。

（六）黄河南展宽区林网建设项目

（1）城乡绿化一体化工程建设投资 500 万元；

（2）沿黄绿化工程建设投资 2 200 万元；

（3）特色林业基地建设投资 800 万元。

（七）黄河南展宽区电力与通信建设项目

（1）电力规划投资 2 948.71 万元；

（2）通信规划投资约 100 万元。

（八）黄河南展宽区文教卫生建设项目

（1）展区学校建设投资 1 514.2 万元；

（2）展区社区卫生服务站建设投资 340.5 万元；

（3）展区电视闭路线布置建设投资 529.26 万元；

（4）展区文化大院建设投资 220 万元。

（九）黄河南展宽区劳动力就业技能培训项目

展区劳动力就业技能培训规划投资约 300 万元。

规划投资估算见表 17-1。

表 17-1　投资估算表　　　　　　　　（单位：万元）

序号	规划项目	东营区	垦利县	投资总额
1	黄河南展宽区房台建设项目	2 345.00	7 828.12	10 173.12
2	黄河南展宽区土地整理项目	3 320.00	8 211.36	11 531.36
3	黄河南展宽区城乡供水一体化工程项目	517.00	4 115.00	4 632.00
4	黄河南展宽区水利基础设施建设项目	5 765.00	15 117.60	20 882.60
5	黄河南展宽区道路建设项目	2 181.00	3 615.00	5 796.00
6	黄河南展宽区林网建设项目	1 230.00	2 270.00	3 500.00
7	黄河南展宽区电力与通信建设项目	372.21	2 676.50	3 048.71
8	黄河南展宽区文教卫生建设项目	478.00	2 125.96	2 603.96
9	黄河南展宽区劳动力就业技能培训项目	105.00	195.00	300.00
	合计	16 313.21	46 154.54	62 467.75

二、展区发展资金筹措

展区建设投资应立足于以社会多元筹资方式为主，政府给予启动、引导、补助、扶持的办法进行筹措。根据展区人口约 5.6 万人，主体工程投资约 6 亿元的总规模，建议按展区人口每人 1 万元的指标筹措资金：

（1）争取国家政策支持。论证和申报土地开发整理项目、农田水利建设项目、农业综合开发项目等，争取国家有关部门和省的项目资金支持，争取从农业综合开发资金中按展区项目需求予以立项、划拨。

（2）申请黄委会的政策扶持。申请黄委会的防洪区村庄拆迁、移民建房等补偿资金，以及通过房台建设展宽黄河大坝的补贴资金。

（3）本着合理划分事权原则，由市、区、县分级负担相关工程建设投资。还可通过财政贴息的方式对居民公益性建设项目给予资金支持。

（4）争取油田的资金支持。当初始建南展宽工程的主要目的是保护油田生产安全。1961 年在黄河右岸探明了丰富的油气,国家石油部鉴于麻湾—王庄窄河段 20 世纪 50 年代曾两次决口,提出了"确保右岸堤防"的议题;1968 年黄河左岸又发现滨南油田,石油部又提出"两岸一齐确保"的要求。为此,首先兴建了南展工程。因此,应由胜利油田支持南展宽区部分发展建设资金。

（5）鼓励吸引社会资金投入展区发展项目的建设和经营。坚持"谁建设、谁管理、谁受益"的原则,鼓励和吸引社会资金,按照市场化机制运作,以独资、合资、承包、租赁、股份合作等方式投资建设。

（6）落实农村税费改革等相关政策,鼓励农民投资建设家园。积极探索符合市场经济要求的投资投劳新机制、新办法,积极引导和组织农民通过股份制、股份合作制和独立投资等形式,大力发展农村各项建设事业和住房建设。

第二节　综合效益分析

本规划是综合性的,包括房台、水利、交通等公共基础设施建设,其规划后产生的效益也是综合性的。在进行效益分析时,不能按照传统项目的效益分析方法进行,必须结合分项规划将经济、社会、生态效益统一起来综合分析,合理布局产业规划,不断调整展区农业产业结构,提高其综合生产能力,关注长远利益,统筹兼顾,确保展区经济能够快速、持续和健康发展。

一、经济效益分析

规划的实施将有力地增强黄河南展宽区的经济发展实力,特别是各分项规划的实施将对展区各业发展起到积极的推动作用,有利于带动整个地区的产业结构优化,使展区经济在规划期限内赶上或超过周边地区发展水平。在大力发展冬枣园、桑园、速生杨等经济林果业建设的同时,带动其他养殖业的发展,林业、养殖业经济成为推动展区经济发展新的增长点,基本脱离传统的农业种植业的发展模式,实现经济的快速增长,提高农民收入水平。计划到 2015 年,展区农民人均纯收入达到 11 430 元,比 2010 年增长 78.53%,年均增长 12.29%;到 2020 年,展区农民人均纯收入达到 20 000 元,比 2015 年增长74.98%,年均增长 11.84%,达到全市平均水平。

二、社会效益分析

规划的实施对黄河南展宽区社会经济的稳定发展和人民生活水平的不断提高将起到重要的促进作用,将彻底改变展区人民贫困面貌,缩小项目区经济社会发展与周边区域的差距,解决长期以来展区迟迟未能解决的居住、饮水安全等民生问题,改善群众生产、生活条件,改善当地落后的基础设施、生产设施。规划的实施将使展区建设更快地融入全市社会主义新农村建设的轨道上来。

规划的实施将会增加就业机会,有效转移剩余劳动力,缓解就业压力,稳定社会,增加生活保障源,确保经济健康发展,增加农民收入。

三、生态效益分析

规划的实施将有效地改善生态环境,黄河大堤及近堤区的绿化防止了水土流失。特别是林网规划的建设,将实现镇、村、房台绿化带,水系林带,路域林带,农田林网相互交织的林网格局,从而强化水土保持,改善当地小气候,减少自然灾害的发生,改善大气质量,使乡村环境更为优美。

总之,黄河南展宽区通过规划建设,当地的环境将大为改善,社会日趋稳定繁荣,经济综合实力、可持续发展水平将会上一个新台阶,初步建成经济繁荣、环境优美、文明进步、人民生活富裕的新展区。

第十八章　规划实施的保障措施

第一节　加强领导,建立展区社会主义新农村建设领导小组

社会主义新农村建设,是党中央、国务院的重大战略部署,涉及面广,任务艰巨,是一项长期、艰巨而复杂的系统工程。各级政府及各部门均应把展区社会主义新农村建设作为中心工作,放在突出位置,切实加强领导。各乡镇(街道)党委、政府要把展区社会主义新农村建设放在重中之重的位置,坚持党政"一把手"亲自抓,形成党委领导、政府主导、农民主体、部门协作、社会参与的工作机制。展区各乡镇要成立社会主义新农村建设领导小组,领导小组下设办公室,负责组织、协调和督促工作。深入开展调查研究,及时解决新农村建设中遇到的矛盾和问题,及时总结推广新农村建设的经验。

一、加强领导

展区各级党政领导一定要认真领会中央建设社会主义新农村的20字方针要求,切实加强组织领导。主要领导要亲自抓,分管农村工作的领导要具体抓,既要当好参谋,更要解决好建设中的具体问题和矛盾。要加强舆论宣传工作。各宣传媒体要紧紧围绕展区新农村建设这个主题,抓好党的十七大会议精神的学习和宣传。要采取多种形式广泛宣传新农村建设的重要意义,营造新农村建设的浓厚氛围,推动基层干部和农民群众自觉投身到新农村建设中来。各乡镇(村)涉农部门要建立定期研究工作制度,及时了解新农村建设和基层组织建设工作动态,切实帮助基层解决存在的突出问题。各乡镇领导干部要建立新农村建设工作示范点,发挥好示范带头作用。要充分发挥党的政治优势,集聚各方智慧,整合各方资源,统筹各方力量,推动全展区社会主义新农村建设的顺利进行。

二、强化责任

各乡镇(村)党委、政府要对本乡镇(村)新农村建设工作负总责,党政主要领导作为第一责任人要切实担负起新农村建设的重要责任。要切实以新农村建设统揽农村各项工作,把加强基层组织建设作为推进全展区社会主义新农村建设的重要措施,纳入重要议事日程,狠抓工作落实。切实保证新农村建设工作有人管、有人抓。要建立领导分工责任制,落实工作职责,不断推进新农村建设各项工作。各乡镇党委书记为展区新农村建设的第一责任人,分管领导为直接责任人。要将新农村建设工作作为展区工作的重中之重,责任明确,精力集中,按要求做好各项工作,确保展区新农村建设取得明显成效。

三、形成合力

社会主义新农村建设工作是一项复杂的系统工程,各行各业、各部门都应义不容辞地

帮助支持,要明确职能分工,搞好配合协作,形成齐抓共管的工作合力。财政、国土、交通、金融、劳动、卫生、教育、文化、建设、农业等部门应主动把推动新农村建设纳入本部门的工作内容,细化目标,明确任务,强化责任,努力提高服务水平,把各项支持帮助措施落到实处。农民是建设社会主义新农村的主体,要尊重农民意愿,充分发挥农民的主观能动性,坚决禁止强迫命令,利用建设新农村的名义加重农民负担,不能新增乡村债务。

四、严格考评

要把展区社会主义新农村建设工作纳入乡镇和村委综合实绩考核的内容,制定科学的考核目标体系,进行严格考核,奖惩分明。对新农村建设中绩效显著的单位和个人,将给予一定物质奖励。

第二节　统筹协调,保障展区建设按规划实施

一、加强统筹协调

加强制度协调、规划协调和政策协调。统筹协调政策目标和政策手段,搞好财政政策、产业政策、区域政策、社会政策和政绩考核间的配合。统筹协调长期发展与短期发展,近期措施要有利于解决长期性发展难题,改革体制、制定政策、安排投资、确定发展速度,都要充分考虑可持续性,防止急于求成。

二、建立健全规划管理体制

展区发展规划要与黄河三角洲高效生态经济规划相衔接,重点规划和专项规划要与总体规划衔接,特别是土地利用规划、重大基础设施布局规划、产业发展规划等事关经济发展全局的重要规划都要搞好衔接。对事关展区经济社会发展全局的关键领域和薄弱环节,要通过实施专题规划和小区详规来落实与解决,特定产业或行业的发展要通过实施行业规划来完成。进一步发挥规划的调控作用,促进投资结构和产业结构调整,有效地节约和利用资源。认真编制好年度计划,落实好总体规划的目标和任务。加强对规划实施的跟踪分析、监测和预警。规划实施期间,政府职能部门要运用各种科学分析方法,定期跟踪分析展区国民经济运行情况,对重大项目的实施情况等进行监督、检查。对经济运行中出现的新情况、新问题要及时采取相应的对策措施。建立规划中期评估制度,分阶段接受检查和评估。按照"谁组编、谁组织"的原则,由规划组织编制部门组织,请有关专家及部门参与对规划执行期间规划内容实施情况的客观分析与评价,对规划实施中出现的问题提出整改意见,提出相应的对策措施。规划实施进度情况要定期向各级各部门及社会公告,广泛听取群众意见,接受社会监督,保证规划的全面完成。

三、狠抓规划落实

各级领导干部都要增强抓落实的本领,把工夫放在抓落实上。要建立领导督察与综合协调部门督察、定期督察和不定期督察、平时督察与年终考核督察相结合的方法,完善

督察机制。县区、乡镇政府要把展区建设作为督察工作的重点内容,对展区建设的重点工作、重点项目开展定期督察,确保展区建设的各项政策措施落到实处。

第三节 分类指导,加强对重点产业的支持

一、分类指导

为更好地落实本规划,要建立分类指导的实施机制。对于产业发展方向、招商引资等发展重点,政府主要是维护公平竞争,充分发挥市场配置资源的导向作用;对于优化经济结构、增强自主创新能力、建设社会主义新农村、建设资源节约型和环境友好型社会等重点任务,政府要通过体制机制创新和完善法规政策,为市场主体营造良好的制度和政策环境;对于义务教育、文体卫生、社会保障、社会救助、促进就业以及减少贫困等公共服务领域的任务,政府各相关部门要切实履行职能;对于产业布局和功能区划,主要通过产业规划和空间战略发展规划等专项规划予以落实。

二、支持重点产业发展

通过外引内培、培新育小、分类指导,促进产业的发展。按照"引进一个龙头企业,形成一个产业集群"的思路,瞄准展区的重要大项目、重大投资和关键技术,着力引进具有产业带动能力的较大型企业。积极围绕支柱产业和龙头企业抓产业链的延伸招商,增强各相关产业之间的关联度和依存度,改善产业生态环境,延伸产业链条,降低生产成本,形成集聚优势。

三、建立展区重点产业、重大项目建设目标责任制

明确重大工程建设和管理的领导分工,将责任制落到实处,列入干部政绩考核的重要内容,进行奖惩。切实抓好重点工程项目的管理和监督,严格执行基本建设项目管理程序,实行按规划立项,按项目管理,按设计施工,按效益考核,并强化组织、工程、资金、信息四个方面的管理。根据规划实施和社会监督情况,适时对发展规划进行调整和修订,把规划提出的各项目标落到实处。建立重大项目建设激励机制,对贡献突出的单位和个人,给予表彰或奖励,对失职、渎职的,追究其责任。各部门要把项目建设中的节能、降耗列入议事日程,纳入本区域、本部门年度计划和中长期发展规划,认真组织,精心实施。建立展区建设审计制度,确保重大工程的投资效益。

第四节 分步推进,做好年度实施计划

一、对规划提出的任务目标进行年度分解

编制规划是履行政府职能、引导促进展区发展的重要手段。要适应各阶段经济发展的要求,必须吃透总体规划的任务部署,做好各项目标的年度分解工作,以实现规划的分

步推进,保持各项工作的连续性。为增强规划的可操作性,要将规划的有关内容按照轻重缓急,遴选出需要立即起步或急需解决的重点任务,抓紧做出具体安排和部署。

二、科学编制年度计划

年度计划是对总体规划的年度分解,是实施总体规划的主要手段。科学编制年度计划,做好规划衔接和综合平衡,有利于确保总体规划顺利实施。各有关部门都要在各自的职责范围内,建立严格的工作责任制,以编制年度计划为手段,针对所负责领域的任务把总体规划的目标任务一一分解落实,并对总体规划各个阶段的实施步骤做出明确安排,有计划、分步骤地组织实施。

第五节　强化法制建设,完善规划的监督管理修订机制

加强法制建设是展区发展的重要保障。要广泛深入地学习宣传执行国家有关法律,法规,加快制定和完善展区建设的地方性规章,逐步形成以国家法律法规为依据、与地方性规章相配套的展区建设法律法规体系。

一、制定和完善地方行政规章

要从三个方面来配套:一是规划的基本法规和各个单项法规配套,二是技术法规与经济法规及行政法规配套,三是国家立法与地方立法配套。有了这三个配套,才能形成比较完备的法规体系。严格执法,依法行政,持之以恒,树立有法必依、违法必究的风尚。在实施规划管理中真正做到按程序办事,保证展区各项建设按规划有序进行。

二、动员全社会共同参与规划的实施

要充分发挥群众的舆论监督作用,促使社会各界统一思想、形成共识,共建黄河南展宽区。提高规划的透明度,除涉密内容外,规划实施内容、考评结果和调整部分要及时公布,保障社会公众对规划的知情权和监督权。

三、对规划落实情况进行跟踪分析

要建立面向结果的追踪问效机制,特别要加强对重大项目建设、农民安置等重点任务的跟踪反馈。注意听取社会各界、广大群众对规划实施的意见和建议,及时根据客观情况的变化对不合实际的规划内容进行修改,加强规划的社会监督和舆论监督,引导企业和社会各界关心、积极参与展区的现代化建设。

参 考 文 献

［1］黄委会山东黄河河务局.山东黄河志［M］.济南:山东新华印刷厂,1988.

［2］黄委会黄河河口管理局.东营市黄河志［M］.济南:齐鲁书社,1995.

［3］水利电力部水文水利调度中心.黄河冰情［R］.1984.

［4］黄委会勘测规划设计研究院.小浪底水库初期运用方式研究报告［R］.1999.

［5］金光炎.水文统计计算［M］.北京:水利出版社,1980.

［6］包锡成.包锡成文集［M］.郑州:黄河水利出版社,1999.

［7］黄委会工务处,清华大学水利工程系.黄河下游凌汛［M］.北京:科学出版社,1979.

［8］黄委会勘测规划设计研究院.黄河下游2001年至2005年防洪工程建设可行性研究报告［R］.2002.

［9］黄河水利科学研究院.花园口—艾山河段凌汛期河道槽蓄水量及防凌措施分析［R］.2003.

［10］黄委会水文局.黄河小浪底水库运用后下游凌情变化研究［R］.2003.

［11］黄委会勘测规划设计研究院.凌汛期三门峡、小浪底水库联合运用后下游来水分析［R］.2003.